普通高等教育"十一五"国家级规划教材
高职高专机电工程类规划教材

机 械 制 图

（非 机 械 类 专 业）

第 3 版

金大鹰 主编

机械工业出版社

本书是在普通高等教育"十一五"国家级规划教材——高职非机械类专业《机械制图》第2版的基础上，为适应学生就业岗位群职业能力的要求，按最新制图国家标准修订而成的。

本书与第2版相比，适当降低了理论要求，更换了部分较难的图例，突出了看图能力的培养，增加了看图示例。全书共分九章，内容包括：制图的基本知识和基本技能、投影的基本知识、立体的表面交线、组合体、机件的表达方法、常用零件的特殊表示法、零件图、装配图和计算机绘图。

本书可作为高职、高专及成人高等院校（60～90学时）非机械类或近机械类各专业的通用教材，也可供电大、函授等其他类型学校和培训班及工程技术人员使用或参考。

图书在版编目（CIP）数据

机械制图：非机械类专业/金大鹰主编．—3版．—北京：机械工业出版社，2013.5（2019.8重印）

普通高等教育"十一五"国家级规划教材．高职高专机电工程类规划教材

ISBN 978-7-111-42392-8

Ⅰ.①机… Ⅱ.①金… Ⅲ.①机械制图—高等职业教育：技术学校—教材 Ⅳ.①TH126

中国版本图书馆CIP数据核字（2013）第092290号

机械工业出版社（北京市百万庄大街22号 邮政编码100037）
责任编辑：杨民强 封面设计：姚 毅 责任印制：张 博
北京铭成印刷有限公司印刷
2019年8月第3版第10次印刷
184mm×260mm·17.25印张·423千字
31 001—32 000册
标准书号：ISBN 978-7-111-42392-8
定价：39.00元

凡购本书，如有缺页、倒页、脱页，由本社发行部调换

电话服务	网络服务
服务咨询热线：010-88379833	机 工 官 网：www.cmpbook.com
读者购书热线：010-88379649	机 工 官 博：weibo.com/cmp1952
	教育服务网：www.cmpedu.com
封面无防伪标均为盗版	金 书 网：www.golden-book.com

前　言

本书是在普通高等教育"十一五"国家级规划教材——高职非机械专业《机械制图》第2版的基础上，根据当前教改需求，按最新制图国家标准修订而成的。

根据高等（专科）职业学校非机械专业学生就业岗位群职业能力的要求，这次修订突出了以培养学生的看图能力为主线。与第2版相比，适当降低了理论要求，更换了部分较难的图例，增加了识读第三角视图和计算机绘图实例等内容，删除了房屋建筑图，并调整优化了部分章节的内容。

本书具有如下特点：

1. 在体系的编排上：①从投影作图开始，即将看图与画图揉在了一起，并以轴测图画法为媒介，着力阐明物、图之间相互的转化关系；②将"线框的含义"提前在第二章（几何体投影之后）详细讲述，并随之编入了"识读一面视图"等内容。这样，在识读一面视图时，将使学生加深理解线框的含义（即运用线框去分析"面与面"间的相对位置和"体与体"间的凸凹关系）；提早了解"一面视图不能确定物体形状"等一系列看图要领问题；强化看图时的逆向思维训练，有助于打通看图思路，培养构形能力和积累基本体的形象储备。在组合体读图阶段，上述知识还将予以强调，这种螺旋式的讲授有利于提高学生的看图技能。

2. 在内容的处理上：①以组合体为界，此前的内容重在打基础，写得较为详尽，例题、例图也都较多（教学、练习时数应向该部分倾斜）；此后的部分写得较为粗浅，全面介绍了生产图样应具备的内容。②看图内容"不断线"，即从点、直线、平面→几何体→简单体→切割体→相贯体→组合体到剖视图→常用零件连接图→零件图→装配图的每一部分都编写了看图内容。应该指出，有些部分（如几何体、切割体、剖视图等）的看图题例较多，且有一定难度，但不需要教师逐题讲解（希望引导），也并非要求学生都得看懂。我们是想结合教学进程随时为学生提供一些与其相适应的看图材料（类似带答案的选做题），使他们从中悟出一些对看图有益的东西。

由于各校的专业特点、教学要求和教学时数不尽相同，所以教学中可以对书中内容进行增、删或对前后顺序进行调整。

3. 与本书配套使用的习题集，内容充实，题型多，寓意深，角度新。习题有一定余量，为教师取舍及学生多练提供了方便。此外，还编排了一部分难度较大的看图题，并附有标准答案或立体图，供学生自学。同时，又开辟了"章首寄语"和"做题前必读"等内容，并开设"整合知识""调理思路""释疑解惑""指破迷津"和"学法指南"等栏目。主要内容有：本章知识介绍、内容体系剖析、重要内容梳理、疑难问题解惑、关键图例展示、作图思路引导，以及以往师生教与学的经验传授和教训告诫等。我们相信，这些悉心策划的栏目，必将成为广大学生的良师益友。

本书适用于高等职业技术学院、高等工程专科学校以及成人高等院校非机械类或近机械类各专业的制图教学，也可供电大、函授等其他类型学校和培训班使用或参考。

参加本书修订工作的有：金大鹰、刘宇、高鑫、杜庆斌、林春江、王忠海。由金大鹰任主编。

由于我们的水平所限，书中的缺点在所难免，诚请读者批评指正。

编 者

为了更好地配合教师使用本教材，金大鹰主编特意编写了《高等职业学校机械制图教学法建议》，将教材的编写思想、体系结构以及教学、教法建议汇总成册，免费赠予任课老师。如有老师需要，请告知详细通信地址及联系电话，以方便邮寄。另外，对于教材、习题集使用中发现的问题、错误以及新的建议、新的想法，也请一并告知，以便我们今后继续完善，将本教材做成更高层次的精品。

联系方式：100037　北京百万庄大街22号机械工业出版社汽车分社　杨民强

电话：010-88379771　　传真：010-68329090　　E-mail：ymq010@163.com

为方便教学，本套教材配备了"机械制图教学课件"和"机械制图习题集答案"（PDF格式），凡选用本套教材的教师均可登录机械工业出版社教材服务网www.cmpedu.com，注册之后免费下载。

目 录

前言
绪论 ··· 1
第一章 制图的基本知识和基本技能 ··· 4
 第一节 制图的基本规定 ··· 4
 第二节 尺寸注法 ·· 10
 第三节 绘图工具、仪器及其使用 ·· 14
 第四节 几何作图 ·· 17
 第五节 平面图形的画法 ·· 22
 第六节 徒手画图的方法 ·· 24
第二章 投影的基本知识 ·· 27
 第一节 投影法的基本概念 ··· 27
 第二节 三视图 ··· 28
 第三节 点的投影 ·· 32
 第四节 直线的投影 ··· 36
 第五节 平面的投影 ··· 41
 第六节 几何体的投影 ·· 46
 第七节 识读一面视图 ·· 56
 第八节 几何体的轴测图 ··· 61
第三章 立体的表面交线 ·· 68
 第一节 截交线 ··· 68
 第二节 相贯线 ··· 78
第四章 组合体 ··· 86
 第一节 组合体的形体分析 ··· 86
 第二节 组合体视图的画法 ··· 88
 第三节 组合体的尺寸标注 ··· 92
 第四节 看组合体视图的方法 ·· 95
第五章 机件的表达方法 ·· 103
 第一节 视图 ·· 103
 第二节 剖视图 ··· 106
 第三节 断面图 ··· 113
 第四节 其他表达方法 ··· 116
 第五节 看剖视图 ·· 119
 第六节 第三角画法 ··· 125
第六章 常用零件的特殊表示法 ··· 130
 第一节 螺纹 ·· 130

第二节　螺纹紧固件 ··· 135
　　第三节　齿轮 ··· 141
　　第四节　键联结、销联接 ·· 146
　　第五节　滚动轴承 ·· 151
　　第六节　弹簧 ··· 154
第七章　零件图 ··· 158
　　第一节　零件图的视图选择 ··· 159
　　第二节　零件图的尺寸标注 ··· 161
　　第三节　表面结构的表示法 ··· 166
　　第四节　极限与配合 ·· 172
　　第五节　几何公差 ·· 178
　　第六节　热处理知识简介 ·· 182
　　第七节　零件上常见的工艺结构 ··· 183
　　第八节　零件测绘 ·· 187
　　第九节　看零件图 ·· 193
第八章　装配图 ··· 200
　　第一节　概述 ·· 200
　　第二节　装配图的表达方法 ··· 202
　　第三节　装配图的尺寸标注、技术要求、零件序号及明细栏 ······ 204
　　第四节　部件测绘 ·· 206
　　第五节　装配图的画法 ·· 207
　　第六节　装配结构简介 ·· 210
　　第七节　看装配图 ·· 211
第九章　计算机绘图 ··· 221
　　第一节　AutoCAD 2012 的基本操作 ·· 221
　　第二节　AutoCAD 2012 的基本图形绘制 ································· 228
　　第三节　AutoCAD 2012 的基本编辑命令 ································· 236
　　第四节　AutoCAD 2012 的注释图形 ·· 240
　　第五节　AutoCAD 2012 的尺寸标注 ·· 244
　　第六节　AutoCAD 2012 的图形打印 ·· 246
　　第七节　AutoCAD 2012 的绘图实例 ·· 248
附录 ··· 253

绪 论

根据投影原理、标准或有关规定，表示工程对象，并有必要的技术说明的图，称为图样。

本课程所研究的图样主要是机械图，用它来准确地表达机件的形状和尺寸，以及制造和检验该机件时所需要的技术要求，如图0-1所示。图中给出了拆卸器和横梁的立体图，这种图看起来很直观，但是它还不能把机件的真实形状、大小和各部分的相对位置确切地表示出来，因此生产中一般不采用这种图样。实际生产中使用的图样是用相互联系着的一组视图（平面图），如图0-1所示的装配图和零件图，它们就是用两个视图表达的。这种图虽然立体感不强，但却能够满足生产、加工零件和装配机器的一切要求，所以在机械行业中被广泛地采用。

在现代化的生产活动中，无论是机器的设计、制造、维修，或是船舶、桥梁等工程的设计与施工，都必须依据图样才能进行。图0-1下部的直观图即表示依据图样在车床上加工轴零件的情形。图样已成为人们表达设计意图、交流技术思想的工具和指导生产的技术文件。因此，作为一名工程技术人员，必须具有画、看机械图的本领。

机械制图就是研究机械图样的绘制（画图）和识读（看图）规律的一门学科。

一、本课程的性质、任务和要求

"机械制图"是高等（专科）职业院校最重要的一门技术基础课。其主要任务是：

1）掌握正投影法的基本理论和作图方法。
2）能够正确执行制图国家标准及其有关规定。
3）能够正确使用常用的绘图工具和计算机绘图，并具有徒手绘制草图的技能。
4）掌握绘制和阅读机械图样的基本技能。
5）培养创新精神和实践能力、团队合作与交流能力、良好的职业道德，以及严谨细致的工作作风和认真负责的工作态度。

二、本课程的学习方法

1. 要注重形象思维

制图课主要是研究怎样将空间物体用平面图形表示出来，怎样根据平面图形将空间物体的形状想象出来的一门学科，其思维方法独特（注重形象思维），故学习时一定要抓住"物""图"之间相互转化的方法和规律，注意培养自己的空间想象能力和思维能力。不注意这一点，即便学习很努力，也很难取得好的效果。

2. 要注重基础知识

制图是门新课，其基础知识主要来自于本课自身，即从投影概念开始，到点、直线、平面、几何体的投影……一阶一阶地砌垒而成。基础打好了，才能为进入"组合体"的学习搭好铺垫。

组合体在整个制图教学中具有重要地位，是训练画图、标注尺寸，尤其是训练看图的关键阶段。可以说，能够绘制、读懂组合体视图，画、看零件图就不会有问题了。因此应特别

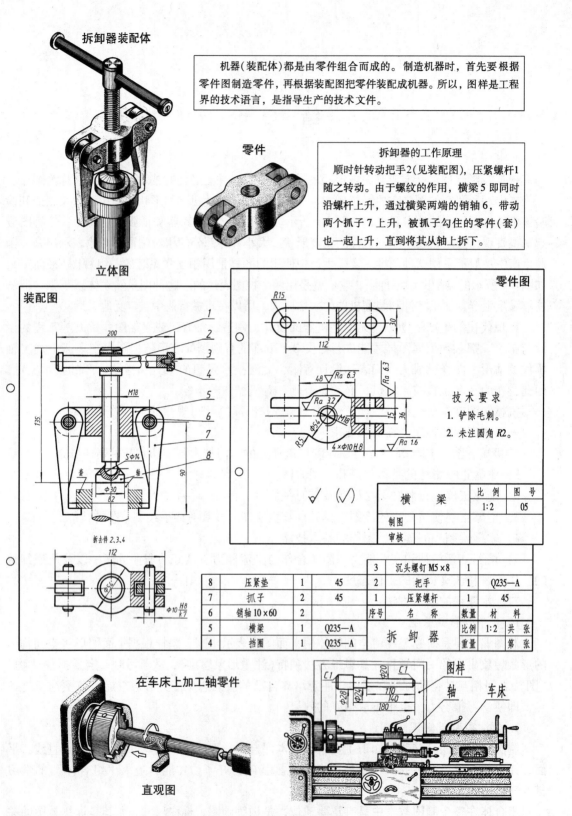

图 0-1 装配体、装配图,零件、零件图及依据图样加工零件的示例

注意组合体及其前段知识的学习，掌握画图、看图、标注尺寸的方法，否则此后的学习将会严重受阻，甚至很难完成本课的学习任务了。

  3. 要注重作图实践

  制图课的实践性很强，"每课必练"是本课的又一突出特点。就是说，若想学好这门课，使自己具有画图、看图的本领，只有完成一系列作业，认认真真、反反复复地"练"才能奏效。

  综上所述，本课是以形象思维为主的新课，学习时切勿采用背记的方法；注意打好知识基础；只有通过大量的作图实践，才能不断提高看图和画图能力，达到本课最终的学习目标，为毕业后的工作创造一个有利的条件。

第一章 制图的基本知识和基本技能

第一节 制图的基本规定

图样是工程界的共同语言,为了便于生产、技术管理以及同国外进行技术交流,国家质量监督检验检疫总局发布了国家标准《技术制图》与《机械制图》,它对图样的内容、格式和表达方法等都作了统一规定,绘图时必须严格遵守。

现以"GB/T 4458.1—2002《机械制图 图样画法 视图》"为例,说明标准的构成。

国家标准(简称"国标")由标准号(GB/T 4458.1—2002)和标准名称(机械制图 图样画法 视图)两部分构成。"GB"是国标两字的拼音缩写,与 GB 用斜线相隔的"T"表示"推荐性标准","4458.1"表示标准序号,"2002"表示标准的批准年号;标准名称则表示这是机械制图标准图样画法中的视图部分。

本节将介绍制图标准中的图纸幅面、比例、字体和图线等基本规定中的主要内容。

一、图纸幅面和格式(GB/T 14689—2008)

1. 图纸幅面

为了使图纸幅面统一,便于装订和保管以及符合缩微复制原件的要求,绘制技术图样时,应按以下规定选用图纸幅面。

1)应优先采用基本幅面(表1-1)。基本幅面共有五种,其尺寸关系如图1-1所示。

表1-1 图纸幅面

(单位:mm)

代号	$B \times L$	a	c	e
A0	841×1189	25	10	20
A1	594×841		10	20
A2	420×594		10	10
A3	297×420		5	10
A4	210×297		5	10

注:a、c、e 为留边宽度,参见图1-2、图1-3。

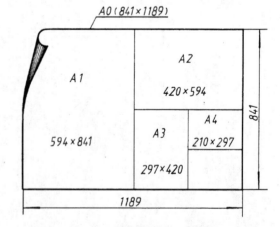

图1-1 基本幅面的尺寸关系

2)必要时,也允许选用加长幅面。但加长幅面的尺寸必须是由基本幅面的短边成整数倍增加后得出。

2. 图框格式

在图纸上必须用粗实线画出图框,其格式分为留装订边(图1-2)和不留装订边(图1-3)两种。同一产品的图样只能采用一种格式,其尺寸按表1-1 的规定。

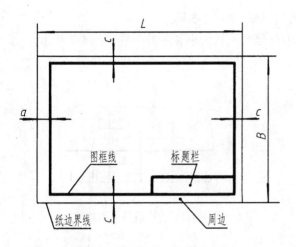 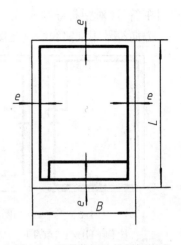

图 1-2　留装订边的图框格式　　　　图 1-3　不留装订边的图框格式

3. 标题栏的方位与看图方向

(1) 标题栏的格式　每张图纸上都必须画出标题栏。标题栏的格式和尺寸应按 GB/T 10609.1—2008 的规定画出(标题栏的长度为 180mm)，但在制图作业中建议采用图 1-4 的格式和尺寸。

图 1-4　制图作业标题栏的格式

(2) 标题栏的方位与看图方向　看图方向与标题栏的方位密切相联，共有两种情况：

第一种(正常)情况——按看标题栏的方向看图，即以标题栏中的文字方向为看图方向(图 1-2、图 1-3)。这是当 A4 图纸竖放，其他基本幅面图纸横放(标题栏位于图纸右下角,其长边均为水平方向)时的看图方向。

第二种(特殊)情况——按方向符号指示的方向看图(图 1-5、图 1-6)，即令画在对中符号上的等边三角形(即方向符号)位于图纸下边后看图。这是当 A4 图纸横放，其他基本幅面图纸竖放，其标题栏均位于图纸右上角时所绘图样的看图方向。这种情况是为利用预先印制的图纸而规定的。但当将 A4 图纸横放，其他图纸竖放画新图时，其标题栏的方位和看图方向也必须与上述规定相一致。

对中符号位于图纸各边中点处，为粗实线短画，线宽不小于 0.5mm，长度为从纸边界开始至伸入图框内约 5mm。这是为了使复制图样和缩微摄影时定位方便而画出的。各号图纸(含加长幅面)均应画

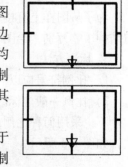

图 1-5　A4 图纸横放

出对中符号(对中符号伸入标题栏的部分可省略不画,如图1-5所示)。

方向符号用细实线绘制在图纸下边的对中符号处,其大小和所处位置如图1-7所示。

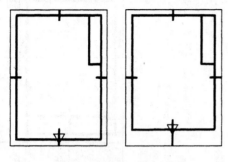

图1-6　大于A4的图纸竖放

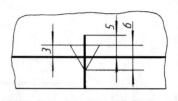

图1-7　方向符号大小和位置

二、比例(GB/T 14690—1993)

1. 术语

(1) 比例　图中图形与其实物相应要素的线性尺寸之比。

(2) 原值比例　比值为1的比例,即1:1。

(3) 放大比例　比值大于1的比例,如2:1等。

(4) 缩小比例　比值小于1的比例,如1:2等。

2. 比例系列

1) 需要按比例绘制图样时,应由表1-2的"优先选择系列"中选取适当的比例。

2) 必要时,也允许从表1-2的"允许选择系列"中选取。

表1-2　比例系列

种　类	优先选择系列	允许选择系列
原值比例	1:1	—
放大比例	5:1　　2:1 $5\times10^n:1$　$2\times10^n:1$　$1\times10^n:1$	4:1　　2.5:1 $4\times10^n:1$　$2.5\times10^n:1$
缩小比例	1:2　　1:5　　1:10 $1:2\times10^n$　$1:5\times10^n$　$1:1\times10^n$	1:1.5　　1:2.5　　1:3 $1:1.5\times10^n$　$1:2.5\times10^n$　$1:3\times10^n$ 1:4　　1:6 $1:4\times10^n$　$1:6\times10^n$

注:n为正整数。

为了从图样上直接反映出实物的大小,绘图时应尽量采用原值比例。因各种实物的大小与结构千差万别,绘图时,应根据实际需要选取放大比例或缩小比例。

3. 标注方法

1) 比例符号应以":"表示。比例的表示方法如1:1、1:2、5:1等。

2) 比例一般应标注在标题栏中的比例栏内。

不论采用何种比例,图形中所标注的尺寸数值必须是实物的实际大小,与图形的比例无关,如图1-8所示。

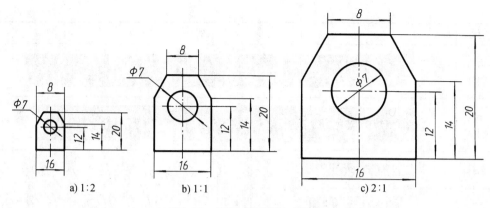

图 1-8　图形比例与尺寸数字

三、字体 (GB/T 14691—1993)

1. 基本要求

1) 在图样中书写的汉字、数字和字母,都必须做到"字体工整、笔画清楚、间隔均匀、排列整齐"。

2) 字体高度(用 h 表示)的公称尺寸系列为:1.8,2.5,3.5,5,7,10,14,20mm。如需要书写更大的字,其字体高度应按 $\sqrt{2}$ 的比率递增。字体高度代表字体的号数。

3) 汉字应写成长仿宋体字,并应采用国家正式公布的简化字。汉字的高度 h 不应小于 3.5mm,其字宽一般为 $h/\sqrt{2}$。

书写长仿宋体字的要领是:横平竖直、注意起落、结构匀称、填满方格。初学者应打格子书写。首先应从总体上分析字形及结构,以便书写时布局恰当,一般部首所占的位置要小一些。书写时,笔画应一笔写成,不要勾描。另外,由于字型特征不同,切忌一律追求满格,对笔画少的字尤其应注意,如"月"字不可写得与格子同宽;"工"字不要写得与格子同高;"图"字不能写得与格子同大。

4) 字母和数字分 A 型和 B 型。A 型字体的笔画宽度(d)为字高(h)的 1/14,B 型字体的笔画宽度(d)为字高(h)的 1/10。在同一图样上,只允许选用一种型式的字体。

5) 字母和数字可写成斜体和直体。斜体字字头向右倾斜,与水平基准线成 75°。

2. 字体示例

汉字、数字和字母的示例见表 1-3。

表 1-3　字体

字体		示　　　例
长仿宋体汉字	10 号	字体工整、笔画清楚、间隔均匀、排列整齐
	7 号	横平竖直　注意起落　结构均匀　填满方格
	5 号	技术制图石油化工机械电子汽车航空船舶土木建筑矿山井坑港口纺织焊接设备工艺
	3.5 号	螺纹齿轮端子接线飞行指导驾驶舱位挖填施工引水通风闸阀坝棉麻化纤

(续)

字体		示例
拉丁字母	大写斜体	ABCDEFGHIJKLMNOPQRSTUVWXYZ
	小写斜体	abcdefghijklmnopqrstuvwxyz
阿拉伯数字	斜体	0123456789
	正体	0123456789
罗马数字	斜体	ⅠⅡⅢⅣⅤⅥⅦⅧⅨⅩ
	正体	ⅠⅡⅢⅣⅤⅥⅦⅧⅨⅩ

字体的应用：

$\phi 20^{+0.010}_{-0.023}$　$7°^{+1°}_{-2°}$　$\dfrac{3}{5}$

$10JS5(\pm 0.003)$　$M24\text{-}6h$

$\phi 25\dfrac{H6}{m5}$　$\dfrac{II}{2:1}$　$\dfrac{A\frown}{5:1}$

$\sqrt{\ }Ra\ 6.3$　$R8$　5%　$\sqrt{\ }\ 3.50$

四、图线（GB/T 17450—1998、GB/T 4457.4—2002）

1. 线型及图线尺寸

机械图样中主要采用如下九种图线，其名称、线型、宽度和一般应用见表1-4。

表1-4　机械制图的线型及其应用（摘自 GB/T 4457.4—2002）

图线名称	线型	图线宽度	一般应用
粗实线	———————	d	1）可见轮廓线 2）可见棱边线
细实线	———————	$d/2$	1）尺寸线及尺寸界线 2）剖面线 3）过渡线
细虚线	— — — — —	$d/2$	1）不可见轮廓线 2）不可见棱边线
细点画线	— · — · — · —	$d/2$	1）轴线 2）对称中心线 3）剖切线
波浪线	~~~~~~~	$d/2$	1）断裂处的边界线 2）视图与剖视图的分界线
双折线	—∧—∧—∧—	$d/2$	1）断裂处的边界线 2）视图与剖视图的分界线
细双点画线	— ·· — ·· —	$d/2$	1）相邻辅助零件的轮廓线 2）可动零件的极限位置的轮廓线 3）成形前的轮廓线 4）轨迹线
粗点画线	— · — · — · —	d	限定范围表示线
粗虚线	— — — — —	d	允许表面处理的表示线

粗线、细线的宽度比例为 2:1（粗线为 d，细线为 $d/2$）。图线的宽度应根据图纸幅面的大小和所表达对象的复杂程度，在 0.13，0.18，0.25，0.35，0.5，0.7，1，1.4，2mm 数系中选取（常用的为 0.25，0.35，0.5，0.7，1mm）。在同一图样中，同类图线的宽度应一致。

2. 图线的应用

图线的应用示例如图 1-9 所示。

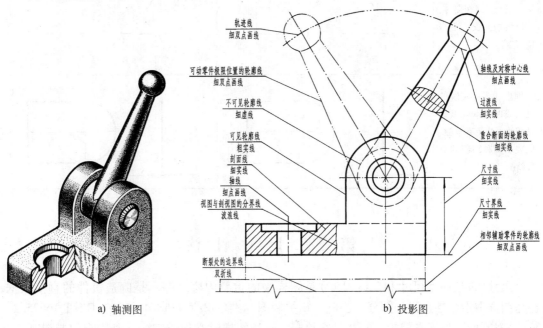

a) 轴测图　　　　　　　　　　　　　b) 投影图

图 1-9　图线应用示例

3. 图线的画法（表 1-5）

表 1-5　图线的画法

注意事项	图　例	
	正　确	错　误
细点画线应以长画相交。细点画线的起始与终了应为长画		
中心线应超出圆周约 5mm，较小圆形的中心线可用细实线代替，超出图形约 3mm		

(续)

注意事项	图例	
	正 确	错 误
细虚线与细虚线相交,或与实线相交时,应以线段相交,不得留有空隙		
细虚线为粗实线的延长线时,不得以短画相接,应留有空隙,以表示两种图线的分界线		

第二节 尺 寸 注 法

尺寸(包括线性尺寸和角度尺寸)是图样中的重要内容之一,是制造机件的直接依据,也是图样中指令性最强的部分。因此,相关制图标准(GB/T 4458.4—2003、GB/T 16675.2—2012)对其标注作了专门规定,这是在绘制、识读图样时必须遵守的,否则会引起混乱,甚至给生产带来损失。

一、标注尺寸的基本规则

1) 机件的真实大小应以图样上所注的尺寸数值为依据,与图形的大小及绘图的准确度无关。

2) 图样中的尺寸以毫米为单位时,不需标注单位的符号或名称,如采用其他单位,则必须注明相应的单位符号。

3) 对机件的每一尺寸,一般只标注一次,并应标注在反映该结构最清晰的图形上。

4) 标注尺寸的符号和缩写词,应符合表1-6的规定。

表1-6 常用的符号和缩写词

名 称	符号和缩写词	名 称	符号和缩写词
直径	ϕ	45°倒角	C
半径	R	深度	▼
球直径	$S\phi$	沉孔或锪平	⊔
球半径	SR	埋头孔	∨
厚度	t	均布	EQS
正方形	□	弧长	⌒

二、尺寸的组成

一个完整的尺寸,一般应包括尺寸数字、尺寸线、尺寸界线和表示尺寸线终端的箭头或斜线(图1-10)。

1) 尺寸界线和尺寸线均用细实线绘制。线性尺寸的尺寸线两端要有箭头与尺寸界线接触。尺寸线和轮廓线的距离不应小于7mm,如图1-10所示。

轮廓线或中心线可代替尺寸界线。但应记住:尺寸线不可被任何图线或其延长线代替,必须单独画出。

2) 尺寸线终端可以有箭头、斜线两种形式。箭头的形式如图1-11a所示(图c的画法不正确),适用于各种类型的图样(机械图样中一般采用箭头);斜线用细实线绘制,其方向以尺寸线为准,逆时针旋转45°,如图1-11b所示。当尺寸线的终端采用斜线形式时,尺寸线与尺寸界线必须相互垂直。同一张图样中,只能采用一种尺寸线终端形式。

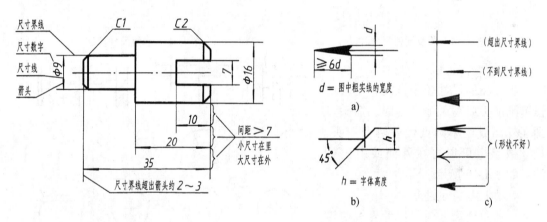

图1-10 尺寸的组成及标注示例　　　图1-11 尺寸线终端的两种形式

3) 对线性尺寸的尺寸数字,一般应填写在尺寸线的上方(也允许注在尺寸线的中断处),如图1-10所示。

尺寸数字的方向,应按图1-12所示的方向填写,并应尽可能避免在图示30°范围内标注尺寸。当无法避免时,可按图1-13所示的形式标注。

尺寸数字不允许被任何图线所通过。当不可避免时,必须把图线断开。

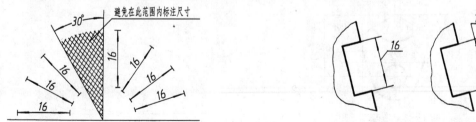

图1-12 尺寸数字的方向　　　图1-13 30°范围内尺寸数字注法

三、常见尺寸的注法

1. 线性尺寸

标注线性尺寸时,尺寸线必须与所标注的线段平行。尺寸界线一般应与尺寸线垂直,并超出尺寸线 2~3mm。当有几条互相平行的尺寸线时，大尺寸应注在小尺寸外面，以免尺寸线与尺寸界线相交，如图 1-10 所示。

2. 圆、圆弧及球面尺寸

圆须注出直径，且在尺寸数字前加注符号"φ"，注法如图 1-14a 所示；圆弧须注出半径，且在尺寸数字前加注符号"R"，注法如图 1-14b 所示；标注球面的直径或半径时，应在符号"φ"或"R"前加注符号"S"，如图 1-15a、b 所示。

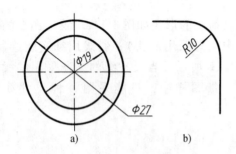

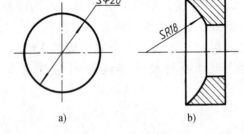

图 1-14　圆及圆弧尺寸注法

图 1-15　球面尺寸注法

3. 小尺寸的注法

当标注的尺寸较小，没有足够的位置画箭头或写尺寸数字时，箭头可画在外面或用小圆点代替两个箭头，尺寸数字也可以写在外面或引出标注，如图 1-16 所示。

4. 角度尺寸的注法

标注角度尺寸时，尺寸界线应沿径向引出。尺寸线是以角度顶点为圆心的圆弧。角度的数字一律写成水平方向，一般填写在尺寸线的中断处，必要时可以写在尺寸线的上方或外面，也可引出标注，如图 1-17a、b 所示。图 1-17a 为标注角度的实例。

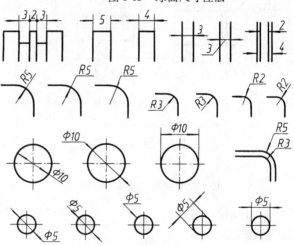

图 1-16　小尺寸的注法

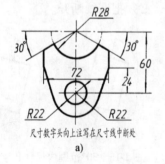

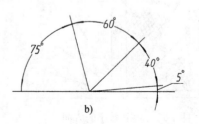

图 1-17　角度尺寸的注法

5. 光滑过渡处的尺寸注法

光滑过渡处的尺寸，应用细实线将轮廓线延长，从它们的交点处引出尺寸界线，如图1-18所示。

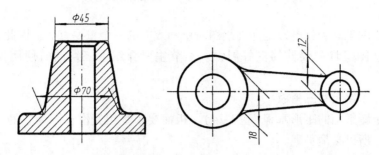

图1-18 光滑过渡处的尺寸注法

6. 弦长、弧长的尺寸注法

标注弦长的尺寸界线应平行于该弦的垂直平分线（图1-19）；标注弧长的尺寸界线应平行于该弧所对圆心角的角平分线（图1-20），但当弧度较大时，可沿径向引出（图1-21）。

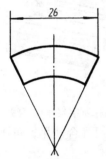 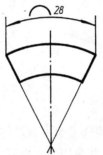 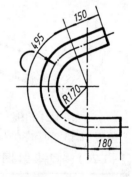

图1-19 弦长的注法　　　图1-20 弧长的注法　　　图1-21 大弧长的注法

7. 大半径圆弧的尺寸注法

当圆弧的半径过大时，或在图纸范围内无法标出其圆心位置时，可按图1-22a的形式标注，若不需要标注其圆心位置时，可按图1-22b的形式标注。

8. 对称图形的尺寸注法

当对称机件的图形只画出一半或略大于一半时，尺寸线应略超过对称中心线或断裂处的边界，此时仅在尺寸线的一端画出箭头，如图1-23所示。

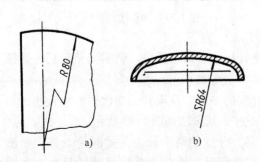 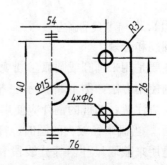

图1-22 大半径圆弧的尺寸注法　　　图1-23 对称图形的尺寸注法

第三节　绘图工具、仪器及其使用

正确使用绘图工具和仪器，是提高绘图质量和效率的一个重要方面。因此，必须养成正确使用、维护绘图工具和仪器的良好习惯。本节主要介绍手工绘图时使用仪器和工具的方法。

一、图板、丁字尺和三角板

图板是固定图纸用的矩形木板（图1-24），板面要求平坦光滑；因为它的左侧边作为丁字尺的导向边，所以必须平直。

丁字尺是画水平线用的长尺。画图时，应将尺头紧靠图板的左边。画水平线时，必须从左向右，如图1-25所示。

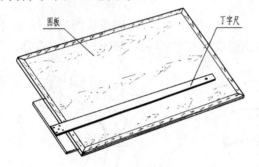

图1-24　图板和丁字尺

图1-25　用丁字尺画水平线

三角板由45°的和30°—60°的两块合成为一副。将三角板和丁字尺配合使用，可画出垂直线（图1-26）、倾斜线（图1-27）和一些常用的角度线。

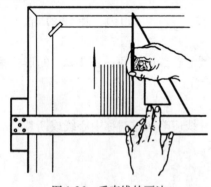

图1-26　垂直线的画法

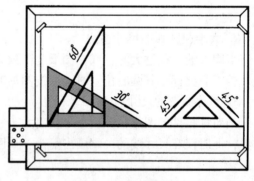

图1-27　倾斜线的画法

二、圆规和分规

圆规主要是用来画圆或圆弧。圆规的附件有钢针插脚、铅芯插脚、鸭嘴插角和延伸插杆等。圆规的使用方法如图1-28所示。

画圆时应注意：圆规的钢针应使用有台阶的针尖的一端，且钢针尖应比铅芯稍长些，如图1-29所示。当画半径较大的圆时，需接上延伸插杆，其画法如图1-30所示。

分规是用来截取尺寸、等分线段和圆周的工具。分规的两个针尖并拢时应对齐，如图1-31a所示；调整分规两脚间距离的手法，如图1-32所示；用分规截取尺寸的手法，如图1-33所示。

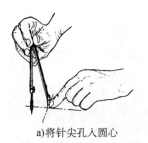 

a)将针尖孔入圆心　　b)圆规向画线方向倾斜　　c)画大圆时,圆规两脚垂直纸面

图 1-28　圆规的用法

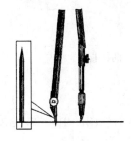 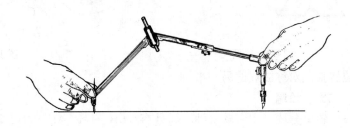

图 1-29　针脚应比铅芯稍长　　图 1-30　加入延伸插杆用双手画较大半径的圆

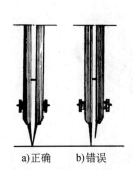 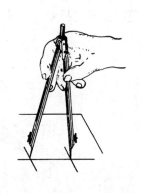 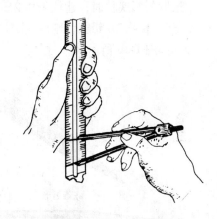

a)正确　b)错误

图 1-31　针尖对齐　　图 1-32　调整分规的手法　　图 1-33　截取尺寸的手法

三、比例尺

比例尺俗称三棱尺(图 1-34),供绘制不同比例的图形。

使用时,将比例尺放在图纸的作图部位,根据所需的刻度用笔尖在图纸上作一记号(或用针尖扎一小孔)。当同一尺寸需要次数较多时,可用分规在其上量出(如图 1-33,注意勿损尺面),再在图线上截取。

比例尺只用来量取尺寸,不可作直尺画线用。

四、曲线板

曲线板用于绘制不规则的非圆曲线。使用时,应先徒手将曲线上各点轻轻地依次连成光滑的曲线,然后在曲线上找出足够的点,如图 1-35 那样,至少应使其画线边通过 *1*、*2*、*3* 点,在画出 *1*、*2*、*3* 点后,再移动曲线板,使其重新与 *3* 点相吻合,并画出 *3* 到 *4* 乃至 *5* 点间的曲线,以此类推,完成非圆曲线的作图。

描画对称曲线时,最好先在曲线板上标上记号,然后翻转曲线板,便能方便地按记号的

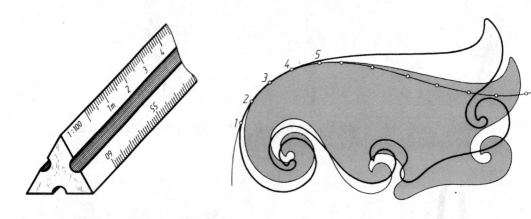

图 1-34　比例尺　　　　　　　　　图 1-35　曲线板

位置描画对称曲线的另一半。

五、铅笔

铅笔分硬、中、软三种。标号有：6H、5H、4H、3H、2H、H、HB、B、2B、3B、4B、5B 和 6B 等 13 种。6H 为最硬，HB 为中等硬度，6B 为最软。

绘制图形底稿时，建议采用 2H 或 3H 铅笔，并削成尖锐的圆锥形；描黑底稿时，建议采用 HB、B 或 2B 铅笔，削成扁铲形。铅笔应从没有标号的一端开始使用，以便保留软硬的标号，如图 1-36 所示。

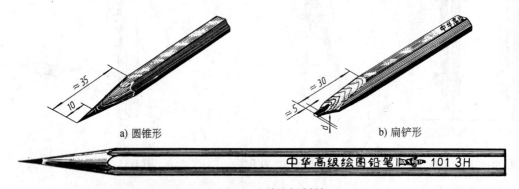

a) 圆锥形　　　　　　　　b) 扁铲形

c) 从无字端削起

图 1-36　铅笔的削法

六、绘图纸

绘图纸的质地坚实，用橡皮擦拭不易起毛。必须用图纸的正面画图。识别方法是用橡皮擦拭几下，不易起毛的一面即为正面。

画图时，将丁字尺尺头靠紧图板，以丁字尺上缘为准，将图纸摆正，然后绷紧图纸，用胶带纸将其固定在图板上。当图幅不大时，图纸宜固定在图板左下方，图纸下方应留出足够放置丁字尺的地方，如图 1-37 所示。

除上列工具和用品外，必备的绘图用品还有橡皮、小刀、砂纸、胶带纸等。

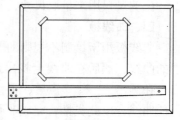

图 1-37　固定图纸的位置

第四节 几何作图

机件的形状虽然多种多样，但它们都是由各种基本的几何图形所组成的。因此，绘制机械图样时，应当首先掌握常见几何图形的作图原理和作图方法。

一、等分作图

1. 等分线段

（1）试分法 如图 1-38 所示，欲将线段 AB 五等分，可先将分规的开度调整至 $\approx \frac{AB}{5}$ 长，然后在线段 AB 上试分，得 N 点（N 点也可能在端点 B 之外）；然后再调整分规，使其长度增加（或缩减）为 $\approx \frac{BN}{5}$，而后重新试分，通过逐步逼近，即可将线段 AB 五等分。

（2）平行线法 如图 1-39 所示，欲将线段 AB 五等分，可先过 A 点作任意直线 AC，并在 AC 上以适当长度截取五等分，得 1′、2′、3′、4′、5′各点；然后连接 5′B，并过 AC 线上其余各点作 5′B 的平行线，分别交 AB 于 1、2、3、4，即为所求的等分点。

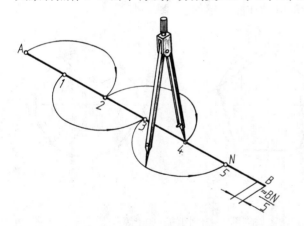

图 1-38 用试分法等分线段　　　　　　　　图 1-39 用平行线法等分线段

2. 等分圆周及作正多边形

（1）圆周的三、六、十二等分 可有两种作图方法。用圆规的作图方法如图 1-40 所示。用 30°~60°三角板和丁字尺配合的作图方法，如图 1-41 所示。

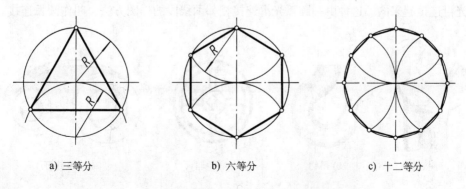

a) 三等分　　　　　　b) 六等分　　　　　　c) 十二等分

图 1-40 用圆规三、六、十二等分圆周

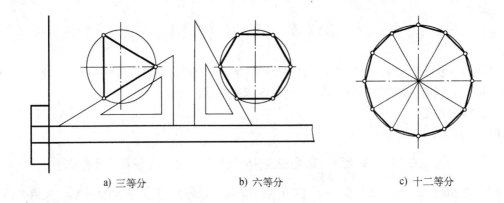

a) 三等分　　　b) 六等分　　　c) 十二等分

图 1-41　用三角板三、六、十二等分圆周

在上述作图中，将各等分点依次连线，即可分别作出圆的内接正三角形、正六边形和正十二边形。如需改变其三角形和正六边形的方位，可通过调整圆心的位置或三角板的放置方法来实现。

（2）圆周的五、十等分　将圆周五、十等分的作图步骤如下（图 1-42）：

1) 二等分半径 OB，得点 M。

2) 以点 M 为圆心，MC 长为半径画弧，与直径相交于点 N。

3) 线段 CN 即为内接正五边形的一个边长，以此长度在圆周上连续截取，即得五个等分点，过一等分点依次连线即为圆的内接正五边形（图 1-42a）。

4) 线段 ON 的长度（图 1-42b）即为内接正十边形一边的长度，过一等分点依次连线即得正十边形。

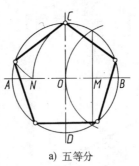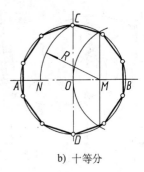

a) 五等分　　　b) 十等分

图 1-42　圆的五、十等分

二、圆弧连接

有些机件常常具有光滑连接的表面（图 1-43）。因此，在绘制它们的图形时，就会遇到圆弧连接的问题。例如，图 1-44 所示的图形（图 1-43a 扳手的轮廓图）就是由圆弧与直线或圆弧与圆弧光滑连接起来的。这种由一圆弧光滑连接相邻两线段的作图方法，叫作圆弧连接。

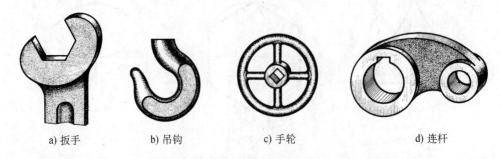

a) 扳手　　　b) 吊钩　　　c) 手轮　　　d) 连杆

图 1-43　机件的连接形式

1. 圆弧连接的作图原理

圆弧连接实质上就是圆弧与直线或圆弧与圆弧相切,其作图关键就是求出连接弧的圆心和切点(图1-44)。下面分别讨论。

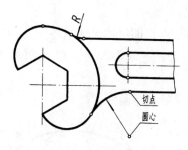

图1-44 扳手轮廓图

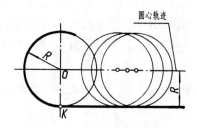

图1-45 圆与直线相切

(1) 圆与直线相切 与已知直线相切的圆,其圆心轨迹是一条直线(图1-45)。该直线与已知直线平行,间距为圆的半径 R。自圆心向已知直线作垂线,其垂足 K 即为切点。

(2) 圆与圆相切 如图1-46所示,与已知圆相切的圆,其圆心轨迹为已知圆的同心圆。同心圆的半径,根据相切情况而定,即:两圆外切时,为两圆半径之和(图1-46a);两圆内切时,为两圆半径之差(图1-46b)。其切点在两圆心的连线(或其延长线)与圆周的交点处。

a) 外切

b) 内切

图1-46 圆与圆相切

2. 用圆弧连接相交两直线

1) 当两直线相交成钝角或锐角时(图1-47),其作图步骤如下:

① 作与已知角两边分别相距为 R 的平行线,交点 O 即为连接弧圆心。

② 自 O 点分别向已知角两边作垂线,其垂足 M、N 即为切点。

③ 以 O 为圆心,R 为半径在两切点 M、N 之间画连接圆弧即为所求。

2) 当两直线相交成直角时(图1-48),其作图步骤如下:

① 以角顶为圆心,R 为半径画弧,交直角两边于 M、N。

② 以 M、N 为圆心,R 为半径画弧,相交得连接弧圆心 O。

③ 以 O 为圆心,R 为半径在 M、N 间画连接圆弧即为所求。

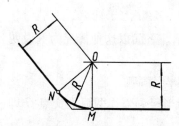
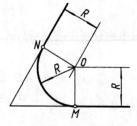

图1-47 圆弧连接相交两直线

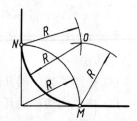

图1-48 直角弧的作法

3. 用圆弧连接一已知直线和一已知圆弧

(1) 连接弧与已知弧外切　以已知半径 r 画弧，连接直线 AB，并外切于半径为 R 的圆弧（图1-49），其作图步骤如下：

1) 先以 O 为圆心，以 $r+R$ 为半径画弧。

2) 作距 AB 为 r 的平行线 KL，使其交所画圆弧于 O_1 点，即得连接弧圆心。

3) 连接 O 和 O_1，与圆弧相交于 M 点，再由 O_1 作 AB 的垂线得 N 点，则 M 和 N 两点即为切点。

4) 再以 O_1 为圆心，以 r 为半径画 MN 弧，即得所求的连接圆弧。

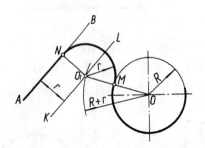

图1-49　画弧连接直线和外切已知弧

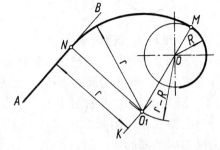

图1-50　画弧连接直线和内切已知弧

(2) 连接弧与已知弧内切　以已知半径 r 画弧，连接直线 AB，并内切于半径为 R 的已知圆弧，如图1-50所示。

这一问题的作图步骤与外连接相同，因为是内切，故连接弧的圆心是平行线 K 与半径为 $r-R$ 的圆弧的交点。

4. 用圆弧连接已知两圆弧

这种连接可分为如下三种情况：

1) 连接弧与两圆弧外切（图1-51）。

2) 连接弧与两圆弧内切（图1-52）。

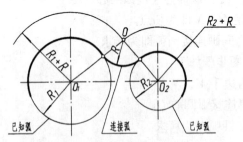

图1-51　画弧外切于两圆弧

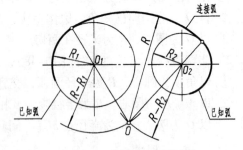

图1-52　画弧内切于两圆弧

3) 连接弧与一圆弧外切，与另一圆弧内切，如图1-53所示。下面以这种情况为例说明作图的方法。

① 按"外切"的几何关系，先以 O_1 为圆心，以 R_1+R 为半径画弧。

② 按"内切"的几何关系，再以 O_2 为圆心，以 $R-R_2$ 为半径画弧，两弧的交点 O 即为连接弧圆心。

③ 将连接弧圆心 O 分别与 O_1 和 O_2 相连接，则得连线与已知圆弧的交点 m 和 n，即为

④ 以 O 为圆心，R 为半径画 $\overset{\frown}{mn}$，即得所求的连接圆弧。

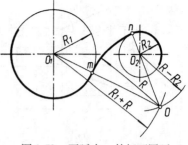

图 1-53 画弧内、外切两圆弧

综上所述，可归纳出圆弧连接的画图步骤：

1）根据圆弧连接的作图原理，求出连接弧的圆心。

2）求出切点。

3）用连接弧半径画弧。

4）描深——为保证连接光滑，一般应先描圆弧，后描直线。当几个圆弧相连接时，应依次相连，避免同时连接两端。

三、斜度和锥度

1. 斜度

斜度是指一直线对另一直线或一平面对另一平面的倾斜程度。其大小用两直线或两平面夹角的正切来表示（图 1-54a），即：

$$斜度 = \tan\alpha = \frac{CB}{AB} = \frac{H}{L}$$

在图样中，斜度常以 $1:n$ 的形式标注。图 1-54b 为斜度 $1:6$ 的作法：由 A 在水平线 AB 上取 6 个单位长度得 D；由 D 作 AB 的垂线 DE，取 DE 为一个单位长度。连接 A 和 E，即得斜度为 $1:6$ 的斜线。

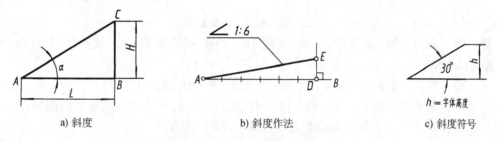

a) 斜度　　　　　　b) 斜度作法　　　　　　c) 斜度符号

图 1-54 斜度

斜度的符号用细实线绘制，绘制方法见图 1-54c，标注方法见图 1-54b。要注意，斜度符号中斜线所示的方向应与斜度的方向一致。

2. 锥度

锥度是指圆锥的底圆直径与圆锥高度之比。如果是锥台，则是两底圆直径之差与锥台高度之比（图 1-55a），即：锥度 $C = \dfrac{D}{L} = \dfrac{D-d}{l} = 2\tan\dfrac{\alpha}{2}$。

在图样中，锥度常以 $1:n$ 的形式标注。图 1-55b 为锥度 $1:6$ 的作法：由 S 在水平线上取 6 个单位长度得 O。由 O 作 SO 的垂线，分别向上和向下量取半个单位长度，得 A 和 B。过 A 和 B 分别与 S 相连，即得 $1:6$ 的锥度。

锥度的标注方法如图 1-55b 所示，即锥度符号应配置在基准线上，符号的方向应与锥度方向一致。锥度符号的画法如图 1-55c 所示。

四、椭圆

绘图时，除了直线和圆弧外，还会遇到一些非圆曲线。这里只介绍椭圆的近似画法。

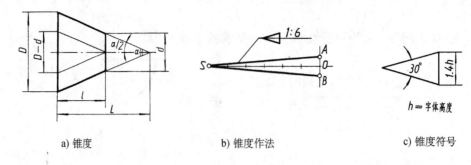

a) 锥度　　　　　b) 锥度作法　　　　　c) 锥度符号

图 1-55　锥度

已知相互垂直且平分的长轴 AB 和短轴 CD，其椭圆的近似画法如图 1-56 所示。

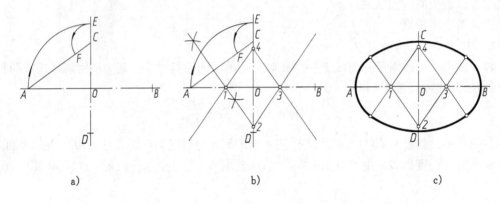

a)　　　　　　　　b)　　　　　　　　c)

图 1-56　椭圆的近似画法

第一步：画出长轴 AB 和短轴 CD。连接 AC，并在 AC 上截取 CF，使其等于 AO 与 CO 之差 CE（图 1-56a）；

第二步：作 AF 的垂直平分线，使其分别交 AO 和 OD（或其延长线）于 1 和 2 点。以 O 为对称中心，找出 1 的对称点 3 及 2 的对称点 4，此 1、2、3、4 各点即为所求的四圆心。连接 21、23、41、43 并延长，切点即应在此延长线上（图 1-56b）。

第三步：分别以 2 和 4 为圆心，2C（或 4D）为半径画两大弧。再分别以 1 和 3 为圆心，1A（或 3B）为半径画两小弧，即完成椭圆的作图（图 1-56c）。

第五节　平面图形的画法

平面图形由许多线段连接而成，这些线段的相对位置和连接关系，靠给定的尺寸来确定。画图时只有通过分析尺寸和线段间的关系，才能明确该平面图形应从何处着手，以及按什么顺序作图。

一、尺寸分析

平面图形中的尺寸，按其作用可分为两类：

(1) 定形尺寸　用于确定线段的长度、圆弧的半径（或圆的直径）和角度大小等的尺寸，称为定形尺寸。如图 1-57 中的 30、R15、R60、R30、R7、R5、90°等。

(2) 定位尺寸　用于确定线段在平面图形中所处位置的尺寸，称为定位尺寸。如图 1-57 中的尺寸 25 确定了长圆形的两圆心距离；尺寸 85 间接地确定了 R5 的圆心位置；尺寸

55 确定了 $R50$ 圆心的一个坐标值。

定位尺寸须从尺寸基准出发进行标注。确定尺寸位置的几何元素称为尺寸基准。在平面图形中，几何元素指点和线。图 1-57 中的 A 即作为上下（高度）方向的尺寸基准，B 作为左右（长度）方向的尺寸基准。

标注尺寸时，应首先确定图形长度方向和高度方向的基准，再依次注出各线段的定位尺寸和定形尺寸。

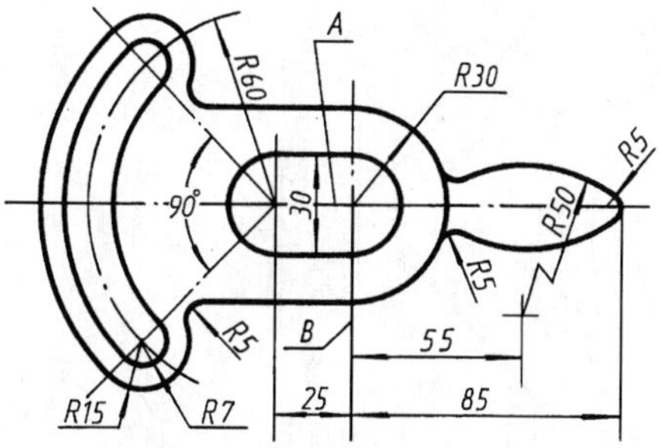

图 1-57 平面图形

二、线段分析

平面图形中的线段，根据其定位尺寸的完整与否，可分为三类（这里只讲圆弧连接的作图问题。因为圆弧半径属定形尺寸，通常是已知的，所以给圆弧分类，主要是看其圆心的定位尺寸是否完整）。

（1）已知圆弧　圆心具有两个定位尺寸的圆弧，如图 1-57 中的 $R30$。

（2）中间圆弧　圆心具有一个定位尺寸的圆弧，如图 1-57 中的 $R50$。

（3）连接圆弧　圆心没有定位尺寸的圆弧，如图 1-57 中的 $R5$。

作图时，由于已知圆弧有两个定位尺寸，故可直接画出；而中间圆弧虽然缺少一个定位尺寸，但它总是和一个已知线段相连接，利用相切的条件便可画出；连接圆弧由于缺少两个定位尺寸，所以惟有借助于它和已经画出的两条线段的相切条件才能画出来。

作图时，应先画已知圆弧，再画中间圆弧，最后画连接圆弧。

三、绘图的方法和步骤

1. 准备工作

1）分析图形的尺寸及其线段。

2）确定比例，选用图幅，固定图纸。

3）拟定具体的作图顺序。

2. 绘制底稿

1）画底稿的步骤如图 1-58 所示。

2）画底稿时，应注意以下几点：

① 画底稿用 3H 铅笔，铅芯应经常修磨以保持尖锐。

② 在底稿上，各种线型均暂不分粗细，并要画得很轻很细。

③ 作图力求准确。

④ 画错的地方，在不影响画图的情况下，可先作记号，待底稿完成后一齐擦掉。

3. 铅笔描深底稿

（1）描深底稿的步骤

1）先粗后细——一般应先描深全部粗实线，再描深全部细虚线、细点画线及细实线等，这样既可提高绘图效率，又可保证同一线型在全图中粗细一致，不同线型之间的粗细也符合比例关系。

2）先曲后直——在描深同一种线型（特别是粗实线）时，应先描深圆弧和圆，然后描深直线，以保证连接圆滑。

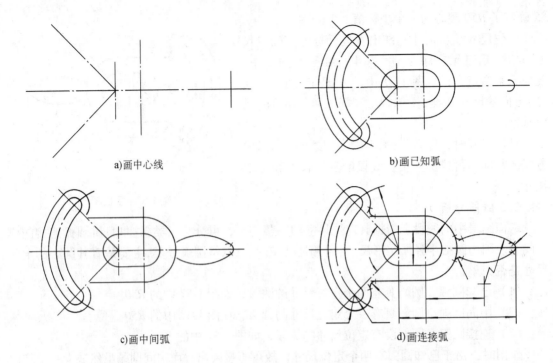

图1-58 平面图形的画图步骤

3)先水平、后垂斜——先用丁字尺自上而下画出全部相同线型的水平线,再用三角板自左向右画出全部相同线型的垂直线,最后画出倾斜的直线。

4)画箭头、填写尺寸数字、标题栏等,此步骤可将图纸从图板上取下来进行。

描深后的图,如图1-57所示。

(2)描深底稿的注意事项

1)在铅笔描深以前,必须全面检查底稿,修正错误,把画错的线条及作图辅助线用软橡皮轻轻擦净。

2)用HB、B或2B铅笔描深各种图线,用力要均匀一致,以免线条浓淡不匀。

3)为避免弄脏图面,要保持双手和三角板及丁字尺的清洁。描深过程中,应经常用毛刷将图纸上的铅芯浮末扫净,并应尽量减少三角板在已描深的图线上反复推摩。

4)描深后的图线很难擦净,故要尽量避免画错。需要擦掉时,可用软橡皮顺着图线的方向擦拭。

第六节 徒手画图的方法

徒手图也称草图。它是以目测估计图形与实物的比例,按一定画法要求徒手(或部分使用绘图仪器)绘制的图。在生产实践中,经常需要人们借助于画图来记录或表达技术思想,因此徒手画图是工程技术人员必备的一项重要的基本技能。在学习本课的过程中,应通过实践,逐步地提高徒手绘图的速度和技巧。

画草图的要求:①画线要稳,图线要清晰。②目测尺寸要准(尽量符合实际),各部分比例要匀称。③绘图速度要快。④标注尺寸无误,字体工整。

画草图的铅笔比用仪器画图的铅笔软一号，削成圆锥形，画粗实线时笔尖要秃些，画细线时笔尖要细些。

要画好草图，必须掌握徒手绘制各种线条的基本手法。

一、握笔的方法

手握笔的位置要比用仪器绘图时高些，以利于运笔和观察目标。笔杆与纸面成45°~60°角，执笔要稳而有力。

二、直线的画法

画直线时，手腕靠着纸面，沿着画线方向移动，保证图线画得直。眼要注意终点方向，便于控制图线。

徒手绘图的手法如图1-59所示。画水平线时，图纸可放斜一点，不要将图纸固定住，以便随时可将图纸转动到画线最为顺手的位置，如图1-59a所示。画垂直线时，自上而下运笔，如图1-59b所示。画斜线时的运笔方向如图1-59c所示。为了便于控制图形大小比例和各图形间的关系，可利用方格纸画草图。

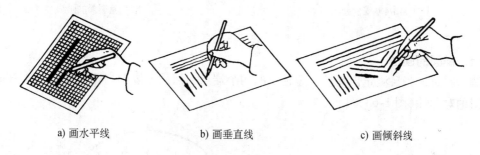

a) 画水平线　　　b) 画垂直线　　　c) 画倾斜线

图1-59　直线的徒手画法

三、常用角度的画法

画30°、45°、60°等常用角度，可根据两直角边的比例关系，在两直角边上定出几点，然后连线而成，如图1-60a、b、c所示。若画10°、15°、75°等角度，则可先画出30°的角后再二等分、三等分得到，如图1-60d所示。

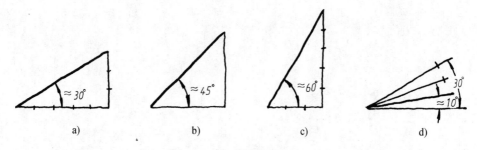

图1-60　角度线的徒手画法

四、圆的画法

画小圆时，先定圆心，画中心线，再按半径大小在中心线上定出四个点，然后过四点分两半画出（图1-61a）。画较大的圆时，可增加两条45°斜线，在斜线上再根据半径大小定出四个点，然后分段画出（图1-61b）。

五、圆弧的画法

画圆弧时，先将两直线徒手画成相交，然后目测，在分角线上定出圆心位置，使它与角

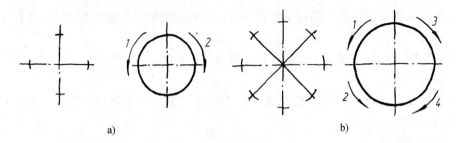

图 1-61 圆的徒手画法

两边的距离等于圆角半径的大小。过圆心向两边引垂线，定出圆弧的起点和终点，并在分角线上也定出一圆周点，然后画圆弧把三点连接起来（图 1-62）。

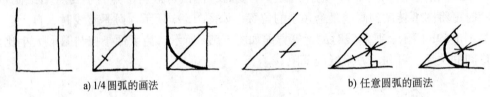

a) 1/4 圆弧的画法　　　　　　　　　b) 任意圆弧的画法

图 1-62 圆弧的徒手画法

六、椭圆的画法

画椭圆时，先目测定出其长、短轴上的四个端点，然后分段画出四段圆弧，画图时应注意图形的对称性（图 1-63）。

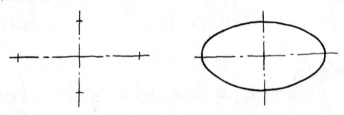

图 1-63 椭圆的徒手画法

第二章 投影的基本知识

第一节 投影法的基本概念

一、投影法的基本概念

当日光或灯光照射物体时,在地面或墙上就会出现物体的影子,这就是我们在日常生活中所见到的投影现象。人们将这种现象进行科学总结和抽象,提出了投影法。

如图 2-1 所示,将矩形薄板 ABCD 平行地放在平面 P 之上,然后由 S 点分别通过 A、B、C、D 各点向下引直线并将其延长,使它们与平面 P 交于 a、b、c、d,则 □abcd 就是矩形薄板 ABCD 在平面 P 上的投影。点 S 称为投射中心,得到投影的面(P)称为投影面,直线 Aa、Bb、Cc、Dd 称为投射线。这种投射线通过物体向选定的面投射,并在该面上得到图形的方法,称为投影法。

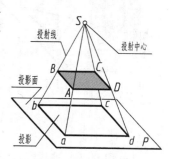

图 2-1　中心投影法

二、投影法的分类

投影法分为中心投影法和平行投影法两种。

1. 中心投影法

投射线汇交一点的投影法,称为中心投影法。用这种方法所得的投影称为中心投影(图 2-1)。

2. 平行投影法

投射线相互平行的投影法,称为平行投影法。

在平行投影法中,按投射线是否垂直于投影面,又可分为斜投影法和正投影法。

(1) 斜投影法　投射线与投影面相倾斜的平行投影法。根据斜投影法所得到的图形,称为斜投影或斜投影图(图 2-2a)。

(2) 正投影法　投射线与投影面相垂直的平行投影法。根据正投影法所得到的图形,称为正投影或正投影图(图 2-2b),可简称为投影。

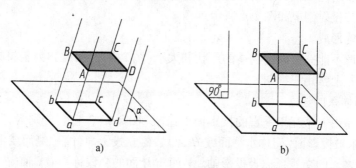

图 2-2　平行投影法

由于正投影法的投射线相互平行且垂直于投影面,所以当空间的平面图形平行于投影面时,其投影将反映该平面图形的真实形状和大小,即使改变它与投影面之间的距离,其投影形状和大小也不会改变,而且作图简便,具有很好的度量性,因此,绘制机械图样主要采用正投影法。

三、正投影的基本性质

(1) 显实性　当直线或平面与投影面平行时,则直线的投影反映实长、平面的投影反映实形的性质,称为显实性(图2-3a)。

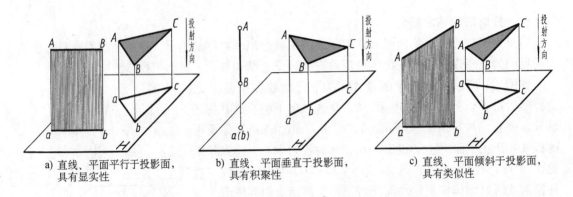

a) 直线、平面平行于投影面,具有显实性　　b) 直线、平面垂直于投影面,具有积聚性　　c) 直线、平面倾斜于投影面,具有类似性

图2-3　正投影的特性

(2) 积聚性　当直线或平面与投影面垂直时,则直线的投影积聚成一点、平面的投影积聚成一条直线的性质,称为积聚性(图2-3b)。

(3) 类似性　当直线或平面与投影面倾斜时,其直线的投影仍为直线、平面的投影仍与原来的形状相类似的性质,称为类似性(图2-3c)。

第二节　三　视　图

一、视图的基本概念

用正投影法绘制出的物体的图形,称为视图。

应当指出,视图并不是观察者看物体所得到的直觉印象,而是把物体放在观察者和投影面之间,将观察者的视线视为一组相互平行且与投影面垂直的投射线,对物体进行投射所获得的正投影图,其投射情况如图2-4所示。

二、三视图的形成

一面视图一般不能完全确定物体的形状和大小(图2-4)。因此,为了将物体的形状和大小表达清楚,工程上常用三视图。

1. 三投影面体系的建立

三投影面体系由三个互相垂直的投影面所组成(图2-5),它们分别为正立投影面(简称正面或 V 面)、水平投影面(简称水平面或 H 面)、侧立投影面(简称侧面或 W 面)。

三个投影面之间的交线,称为投影轴。V 面与 H 面的交线称为 OX 轴(简称 X 轴),它代表物体的长度方向;H 面与 W 面的交线称为 OY 轴(简称 Y 轴),它代表物体的宽度方向;V 面与 W 面的交线称为 OZ 轴(简称 Z 轴),它代表物体的高度方向。

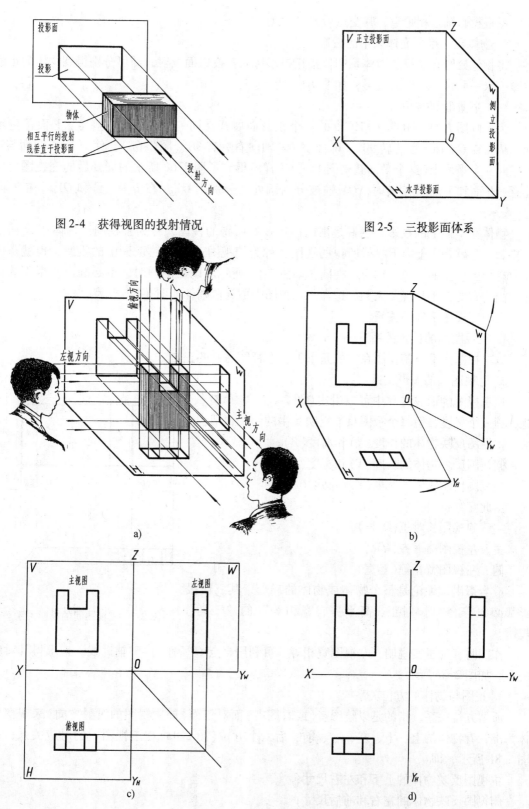

图 2-4 获得视图的投射情况

图 2-5 三投影面体系

图 2-6 三视图的形成过程

三根投影轴互相垂直，其交点 O 称为原点。

2. 物体在三投影面体系中的投影

将物体放置在三投影面体系中，按正投影法向各投影面投射，即可分别得到物体的正面投影、水平面投影和侧面投影，如图2-6a所示。

3. 三投影面的展开

为了画图方便，需将互相垂直的三个投影面展开在同一个平面上，规定：V 面保持不动，H 面绕 OX 轴向下旋转 90°，W 面绕 OZ 轴向右旋转 90°（图2-6b），使 H 面、W 面与 V 面在同一个平面上（这个平面就是图纸），这样就得到了图2-6c 所示的展开后的三视图。应注意：H 面和 W 面在旋转时，OY 轴被分为两处，分别用 OY_H（在 H 面上）和 OY_W（在 W 面上）表示。

物体在 V 面上的投影，也就是由前向后投射所得的视图，称为主视图；物体在 H 面上的投影，也就是由上向下投射所得的视图，称为俯视图；物体在 W 面上的投影，也就是由左向右投射所得的视图，称为左视图，如图2-6c 所示。以后画图时，不必画出投影面的范围，因为它的大小与视图无关。这样，三视图则更为清晰，如图2-6d 所示。

三、三视图之间的关系

1. 三视图间的位置关系

以主视图为准，俯视图在它的正下方，左视图在它的正右方。

2. 三视图间的投影关系

从三视图的形成过程中可以看出（图2-7），物体有长、宽、高三个尺度，但每个视图只能反映其中的两个，即：

主视图反映物体的长度（X）和高度（Z）；
俯视图反映物体的长度（X）和宽度（Y）；
左视图反映物体的宽度（Y）和高度（Z）。

由此归纳得出：

主、俯视图长对正（等长）；
主、左视图高平齐（等高）；
俯、左视图宽相等（等宽）。

应当指出，无论是整个物体或物体的局部，其三面投影都必须符合"长对正、高平齐、宽相等"的"三等"规律。

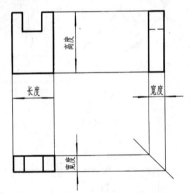

图2-7　三视图间的投影关系

作图时，为了实现俯、左视图宽相等，可利用自点 O 所作的 45°辅助线，来求得其对应关系，如图2-6c 所示。

3. 视图与物体的方位关系

所谓方位关系，指的是以绘图者（或看图者）面对正面（即主视图的投射方向）来观察物体为准，看物体的上、下、左、右、前、后六个方位（图2-8a）在三视图中的对应关系，如图2-8b 所示，即：

主视图反映物体的上下和左右尺寸；
俯视图反映物体的左右和前后尺寸；
左视图反映物体的上下和前后尺寸。

由图 2-8 可知，俯、左视图靠近主视图的一侧（里侧），均表示物体的后面；远离主视图的一侧（外侧），均表示物体的前面。

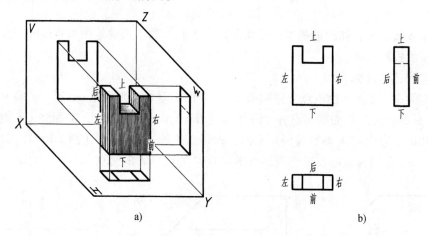

图 2-8 视图与物体的方位对应关系

四、三视图的作图方法与步骤

根据物体（或轴测图）画三视图时，首先应分析其结构形状，摆正物体（使其主要表面与投影面平行），选好主视图的投射方向，再确定绘图比例和图纸幅面。

作图时，应先画出三视图的定位线。然后，通常从主视图入手，再根据"长对正、高平齐、宽相等"的投影规律，按物体的组成部分依次画出俯视图和左视图。图 2-9a 所示的物体，其三视图的作图步骤如图 2-9b、c、d 所示（物体上不可见轮廓线、棱边线的投影用细虚线表示）。

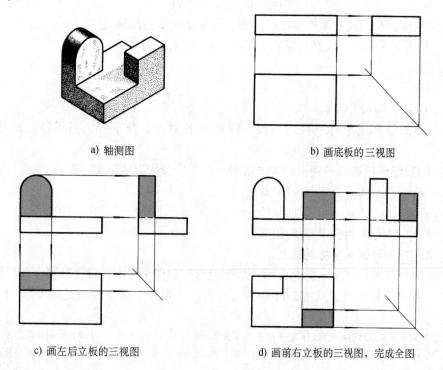

a) 轴测图　　　　　　　　　　b) 画底板的三视图

c) 画左后立板的三视图　　　　d) 画前右立板的三视图，完成全图

图 2-9 三视图的画图步骤

第三节 点的投影

点是组成线、面和体的最基本的几何元素。因此，为了正确地画出物体的三视图，首先必须掌握点的投影规律。

一、点的三面投影

设在空间有一点 A，由该点分别向 H、V、W 面引垂线，则垂足 a、a'、a'' 即为点 A 的三面投影[○]（图 2-10a）。移去空间点 A，将 H 面绕 OX 轴向下旋转 $90°$，W 面绕 OZ 轴向右旋转 $90°$（图 2-10b），使其与 V 面形成一个平面，即得点 A 的三面投影图（图 2-10c）。图中 a_X、a_Y（a_{YH}、a_{YW}）、a_Z 分别为点的投影连线与投影轴 OX、OY、OZ 的交点。

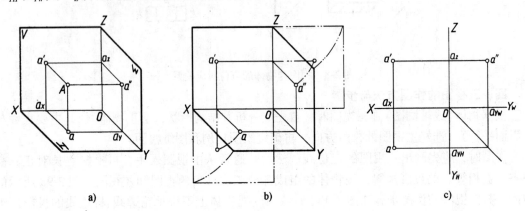

图 2-10 点的三面投影

研究由空间点得到其三面投影图的过程，可总结出点的投影规律。

1）点的两面投影的连线必定垂直于相应的投影轴，即：

$aa' \perp OX$；

$a'a'' \perp OZ$；

$aa_{YH} \perp OY_H$，$a''a_{YW} \perp OY_W$。

显然，点的投影规律与三视图的投影规律"长对正、高平齐、宽相等"的结论是一致的。

2）点的投影到投影轴的距离，等于空间点到对应投影面的距离，即：

$a'a_X = a''a_Y = Aa$（A 点到 H 面的距离）；

$aa_X = a''a_Z = Aa'$（A 点到 V 面的距离）；

$aa_Y = a'a_Z = Aa''$（A 点到 W 面的距离）。

二、点的投影与直角坐标的关系

点的空间位置可用直角坐标来表示。即把投影面当作坐标面，投影轴当作坐标轴，三个轴的交点 O 即为坐标原点。从图 2-11 中可以看出，空间点 A 到 W 面的距离 Aa'' 等于 OX 轴上

[○] 关于空间点及其投影的规定标记：空间点用大写字母，例如 A、B、C……；水平面投影用相应的小写字母，如 a、b、c……；正面投影用相应的小写字母加一撇，如 a'、b'、c'……；侧面投影用相应的小写字母加两撇，如 a''、b''、c''……

的线段 Oa_X 的长度。我们把 Oa_X 的长度叫作 A 点的 X 坐标,并以 x 表示其大小。对其他两个方向作类似的推导,即可得出下面的坐标与距离的关系:

$x = Oa_X = A$ 点到 W 面的距离 Aa'';
$y = Oa_Y = A$ 点到 V 面的距离 Aa';
$z = Oa_Z = A$ 点到 H 面的距离 Aa。

点 A 的坐标的规定书写形式为 $A(x,y,z)$。

可见,点的投影与其坐标值是一一对应的。因此,我们可以直接从点的三面投影图中量得该点的坐标值。反之,根据所给定的点的坐标值,可按点的投影规律画出其三面投影图。

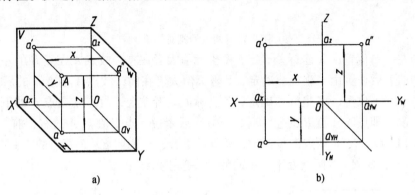

图 2-11 点的投影与直角坐标的关系

例 2-1　已知点 $A(17,10,20)$,求作点 A 的三面投影图。

作图步骤如图 2-12 所示。

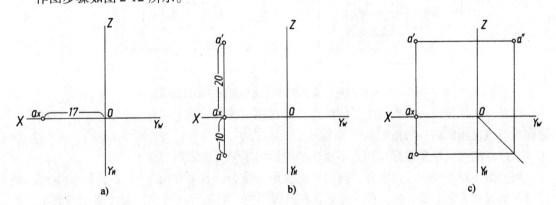

图 2-12 已知点的坐标求作投影图

1) 画出投影轴 OX、OY_H、OY_W、OZ。
2) 在 OX 轴上量取 $Oa_X = 17$mm,见图 2-12a。
3) 过 a_X 作 OX 轴的垂线,并量取 $a'a_X = 20$mm,$aa_X = 10$mm,见图 2-12b。
4) 过 a 作 OX 轴的平行线与 $\angle Y_W OY_H$ 的角平分线相交,过交点作 OY_W 轴的垂线与过 a' 所作 OZ 轴的垂线相交于 a'',即得点 A 的三面投影图,见图 2-12c。

三、两点的相对位置

两点在空间的相对位置,可以由两点同面投影的坐标差来确定,如图 2-13 所示。

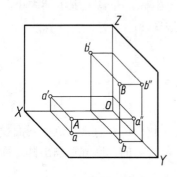 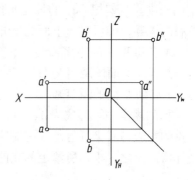

图2-13 两点的相对位置

两点的左、右位置由 X 坐标差确定，X 坐标值大者在左，故点 A 在点 B 的左方；
两点的前、后位置由 Y 坐标差确定，Y 坐标值大者在前，故点 A 在点 B 的后方；
两点的上、下位置由 Z 坐标差确定，Z 坐标值大者在上，故点 A 在点 B 的下方。
总起来说，即点 A 在点 B 的左、后、下方。或者说，点 B 在点 A 的右、前、上方。

在图 2-14 所示 E、F 两点的投影中，e' 和 f' 重合，这说明 E、F 两点的 X、Z 坐标相同，$x_E = x_F$、$z_E = z_F$，即 E、F 两点处于对正面的同一条投射线上。

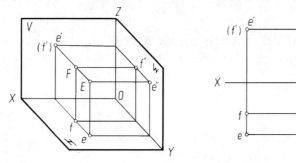

图2-14 利用两点不重影的坐标大小判别重影点的可见性

可见，共处于同一条投射线上的两点，必在相应的投影面上具有重合的投影。这两个点被称为对该投影面的一对重影点。

重影点的可见性需根据这两点不重影的投影的坐标大小来判别。

例如图 2-14 中，e'、f' 重合，但水平面投影不重合，且 e 在前、f 在后，即 $y_E > y_F$。所以对 V 面投影来说，E 可见，F 不可见。在投影图中，对不可见的点，需加圆括号表示。如图 2-14 中，对不可见点 F 的 V 面投影，加圆括号表示为 (f')。

四、读点的投影图

读图是本课程的学习重点，从最基本的几何元素（点）开始讨论读图问题，有利于培养正确的读图思维方式，从而为识读体的投影图打好基础。

例 2-2 识读 A、B 两点的三面投影图（图 2-15a）。

读两点的投影图，首先应分析每个点的空间位置，再根据其坐标确定两点的相对位置。

从图中可见，点 B 的 V、W 面投影 b'、b'' 分别在 OX、OY_W 轴上，说明点 B 的 Z 坐标为 0，点 B 在 H 面上，水平投影 b 与其重合（点 A 的分析从略）。

判别 A、B 两点的空间位置：

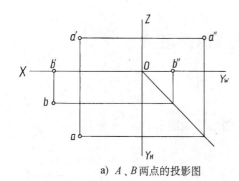
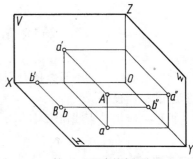

a) A、B两点的投影图　　　　　　b) A、B两点的空间位置

图2-15　识读A、B两点的三面投影图

左右相对位置：$x_B - x_A = 7$mm，故点A在点B右方7mm；
前后相对位置：$y_A - y_B = 9$mm，故点A在点B前方9mm；
上下相对位置：$z_A - z_B = 9$mm，故点A在点B上方9mm。
即点A在点B的右方7mm，前、上方各9mm处。

至此，看图的任务似乎已经完成。其实不然，还应在此基础上，通过"想象"建立起空间概念，即在脑海中呈现出如图2-15b那样的立体状态，这样才算真正将图看懂。

下面，以识读点A的投影图（图2-16a）为例，说明"想象"点A空间位置的过程，具体如图2-16b、c所示。

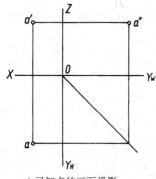
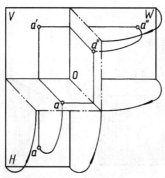
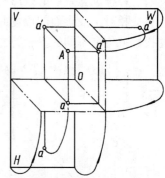

a) 已知点的三面投影　　b) 将H、W面转回90°，使其与V面垂直　　c) 过a、a'、a"分别作V、H、W面的垂线，交点即为所求

图2-16　根据投影图想象空间点位置的过程

由于图2-16b、c这种图比较难画，所以通常可以其简化的轴测图（画法如图2-17所示）代替，其直观效果与图2-16b、c是一样的。

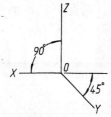
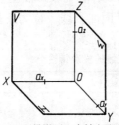
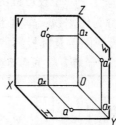
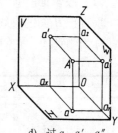

a) 画轴测轴OX、OY、OZ　　b) 画投影面，在轴上取点的坐标　　c) 作点A的三面投影　　d) 过a、a'、a"分别作H、V、W面的垂线，交点A即为点A的轴测图

图2-17　作点的轴测图的步骤

第四节　直线的投影

本节所研究的直线，均指直线的有限长度——线段。

一、直线的三面投影

直线的投影一般仍是直线（图2-18a），其作图步骤如图2-18b、c所示。

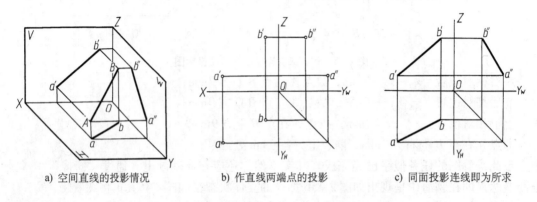

a) 空间直线的投影情况　　b) 作直线两端点的投影　　c) 同面投影连线即为所求

图 2-18　直线的三面投影

二、各种位置直线的投影特性

直线相对于投影面的位置共有三种情况：①垂直；②平行；③倾斜。由于位置不同，直线的投影就各有不同的投影特性，如图2-19所示。

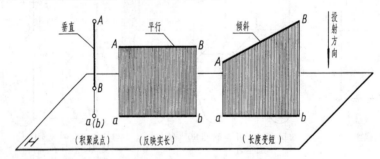

图 2-19　直线对投影面的三种位置

1. 特殊位置直线

（1）投影面垂直线　　垂直于一个投影面的直线，称为投影面垂直线。

垂直于 H 面的直线，称为铅垂线；垂直于 V 面的直线，称为正垂线；垂直于 W 面的直线，称为侧垂线。它们的投影图例及其投影特性，见表2-1。

表 2-1　投影面垂直线的投影特性

名　称	铅垂线（⊥H）	正垂线（⊥V）	侧垂线（⊥W）
实例			

(续)

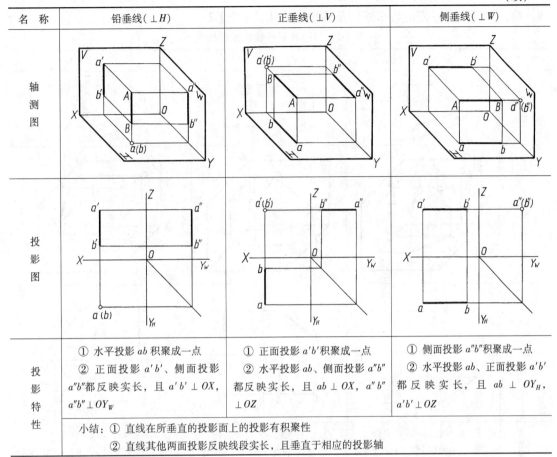

直线投影的内容几乎全都汇集于此表中,故在阅读表2-1时,应注意以下几点:

1) 表中的竖向内容(从上到下):"实例"说明直线取自于体(足见几何元素的投影绝非虚无缥缈);"轴测图"表示直线的空间投射情状;"投影图"为投影结果——平面图;"投影特性"是投影规律的总结。它们示出了由"物"到"图"的转化(画图)过程。反过来——自下而上,则表明由"图"到"物"的转化(读图)过程。阅读时,就是要抓住物(轴测图)、图(投影图)的相互转化,并应将这种思路、方法贯穿到本课程学习的始终。由于看图是学习重点,所以应特别强化这种逆向训练,其方法是:根据"投影特性"中的文字表述内容,画出投影草图,再据此勾勒出轴测图。由于这些都是在想象中进行的,所以对培养空间想象能力和思维能力有莫大帮助。此外,还应对表中的图、文进行横向比较,找出异同点,以利于总结投影规律。

2) 要熟记(各种位置直线)名称及投影图特征,其程度应达到:说出直线的名称,即可画出其三面投影图;一看投影图,便能说出其直线的名称。

3) 要反复地练,变着法地练。比如,可将教室的墙面当作投影面或自作投影箱,以铅笔当直线进行比试等(表2-2～表2-4均应采用以上阅读方法)。

(2) 投影面平行线 平行于一个投影面的直线,统称为投影面平行线。

平行于 H 面的直线，称为水平线；平行于 V 面的直线，称为正平线；平行于 W 面的直线，称为侧平线。它们的投影图例及其投影特性，见表2-2。

表 2-2 投影面平行线的投影特性

名 称	水平线（∥H）	正平线（∥V）	侧平线（∥W）
实例	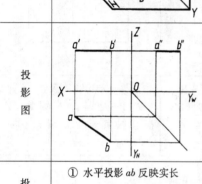	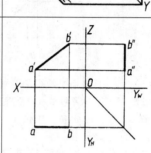	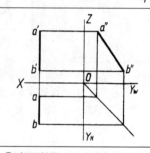
轴测图			
投影图			
投影特性	① 水平投影 ab 反映实长 ② 正面投影 a'b'∥OX，侧面投影 a″b″∥OY_W，且都小于实长	① 正面投影 a'b' 反映实长 ② 水平投影 ab∥OX，侧面投影 a″b″∥OZ，且都小于实长	① 侧面投影 a″b″ 反映实长 ② 水平投影 ab∥OY_H，正面投影 a'b'∥OZ，且都小于实长
	小结：① 直线在所平行的投影面上的投影反映实长 ② 直线其他两面投影平行于相应的投影轴		

2. 一般位置直线

对三个投影面都倾斜的直线，称为一般位置直线。

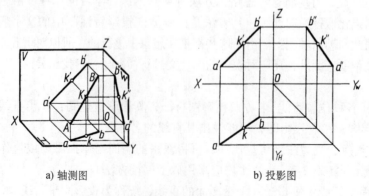

a) 轴测图　　　　　　b) 投影图

图 2-20　一般位置直线、直线上点的投影

如图 2-20 所示，因为一般位置直线的两端点到各投影面的距离都不相等，所以它的三面投影都与投影轴倾斜，并且均小于线段的实长。

三、直线上的点

如图 2-20a、b 所示，点在直线上，则点的投影必在该直线的同面投影上。反之，如果点的各投影均在直线的各同面投影上，则点必在该直线上。

图 2-21 表示了已知直线 AB 的三面投影和直线上点 C 的水平投影 c，求点 C 的正面投影 c' 和侧面投影 c'' 的作图情况。

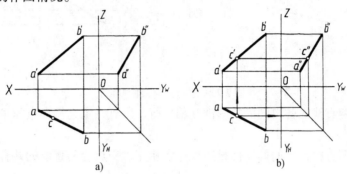

图 2-21 求直线上点的投影

四、读直线的投影图

读直线的投影图就是根据直线的投影，想象直线的空间位置（一般位置直线、水平线、正平线、铅垂线……）。

例如，识读图 2-22a 所示 AB 直线的投影图。

根据三面投影均为直线且与各投影轴都倾斜的情况，可以判定 AB 为一般位置直线，其"走向"为：从左、前、下方向右、后、上方倾斜，其想象方法与想象点的空间位置一脉相传（如图 2-22b 所示），其简化画法仍可以图 2-22c 所示的轴测图代替，这里就不多述了。

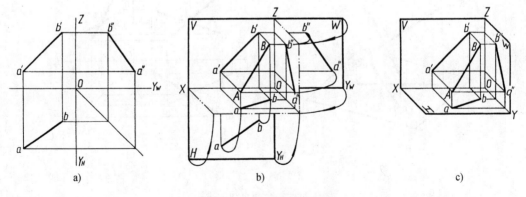

图 2-22 识读直线的投影图

五、两直线的相对位置

空间两直线的相对位置有平行、相交和交叉等三种情况，现将其投影特性分别叙述。

1. 平行两直线

空间互相平行的两直线，它们的各组同面投影也一定互相平行。

如图 2-23 所示，$AB/\!/CD$，则 $ab/\!/cd$、$a'b'/\!/c'd'$、$a''b''/\!/c''d''$。

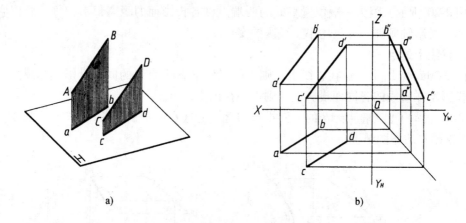

图 2-23 平行两直线的投影

反之，如果两直线的各组同面投影都互相平行，则可判定它们在空间也一定互相平行。

2. 相交两直线

空间相交的两直线，它们的同面投影也一定相交，交点为两直线的共有点，且应符合点的投影规律。

如图 2-24 所示，直线 AB 和 CD 相交于点 K，点 K 是直线 AB 和 CD 的共有点。根据点属于直线的投影特性，可知 k 既属于 ab，又属于 cd，即 k 一定是 ab 和 cd 的交点。同理，k′ 必定是 a′b′ 和 c′d′ 的交点；k″ 也必定是 a″b″ 和 c″d″ 的交点。由于 k、k′ 和 k″ 是同一点 K 的三面投影，因此，k、k′ 的连线垂直于 OX 轴，k′ 和 k″ 的连线垂直于 OZ 轴。

反之，如果两直线的各组同面投影都相交，且交点符合点的投影规律，则可判定这两直线在空间也一定相交。

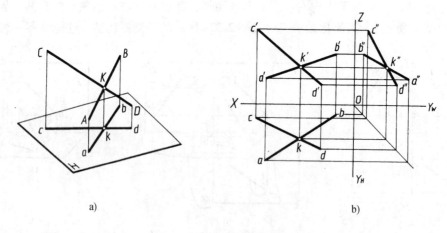

图 2-24 相交两直线的投影

3. 交叉两直线

在空间既不平行也不相交的两直线，叫交叉两直线，又称异面直线，如图 2-25 所示。

因 AB、CD 不平行，它们的各组同面投影不会都平行（可能有一两组平行）；又因 AB、CD 不相交，各组同面投影交点的连线不会垂直于相应的投影轴，即不符合点的投影规律。

反之，如果两直线的投影不符合平行或相交两直线的投影规律，则可判定为空间交叉两直线。

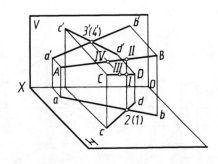 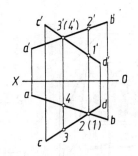

图 2-25 交叉两直线的投影

那么，ab、cd 的交点又有什么意义呢？它实际上是 AB 上的 II 点和 CD 上的 I 点这一对重影点在 H 面上的投影。

从正面投影可以看出：$Z\,II > Z\,I$。对水平投影来说，II 是可见的，而 I 是不可见的，故标记为 $2(1)$。

$a'b'$ 与 $c'd'$ 的交点，则是 CD 上的 III 点和 AB 上的 IV 点这一对重影点在 V 面上的投影。由于 $Y\,III > Y\,IV$，III 可见而 IV 不可见，故标记为 $3'(4')$。

我们已经知道，共处于同一投射线的点，在该投射方向上是重影点。对于交叉两直线来说，在三个投射方向上都可能有重影点。重影点这一概念常用来判别可见性。

第五节 平面的投影

一、平面的投影

不在同一直线上的三点可确定一平面，因此平面可以用下列任何一组几何要素的投影来表示（图 2-26）。

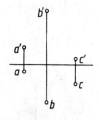 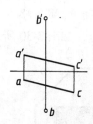 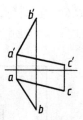 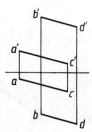 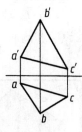

a) 不在同一直线上的三点   b) 一直线和线外一点   c) 相交两直线   d) 平行两直线   e) 任意平面图形

图 2-26 用几何元素表示平面

本节所研究的平面，多指有限面，即平面图形而言。

平面图形的投影，一般仍为与其相类似的平面图形。

例如，图 2-27a 所示 $\triangle ABC$ 的三面投影均为三角形。作图时，先求出三角形各顶点的投影（图 2-27b），然后将各点的同面投影依次引直线连接起来，即得 $\triangle ABC$ 的三面投影，如图 2-27c 所示。

平面除了用上述的表示法外，也可以用迹线表示。平面与投影面的交线，称为平面的迹线。图 2-28 中的平面 P，它与 H 面的交线叫作水平迹线，用 P_H 表示；与 V 面的交线叫作正面迹线，用 P_V 表示；与 W 面的交线叫作侧面迹线，用 P_W 表示。

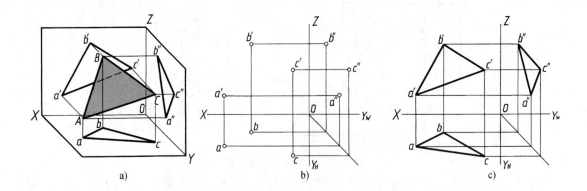

图 2-27 平面图形的投影

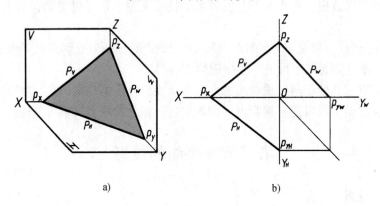

图 2-28 用迹线表示平面

用迹线表示特殊位置平面，在作图中经常用到。如图 2-29 所示，正垂面 P 的正面迹线 P_V 一定与 OX 轴倾斜（$P_H \perp OX, P_W \perp OZ$，为了简化，$P_H$ 和 P_W 可省略不画）；正平面 Q 的水平迹线 Q_H 和侧面迹线 Q_W 一定分别与 OX 轴和 OZ 轴平行，如图 2-30 所示。

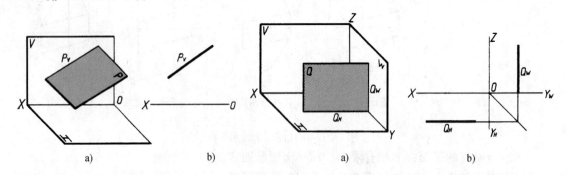

图 2-29 正垂面的迹线表示法　　图 2-30 正平面的迹线表示法

二、各种位置平面的投影特性

平面相对于投影面的位置共有三种情况：①平行于投影面；②垂直于投影面；③倾斜于投影面。

由于位置不同，平面的投影就各有不同的特性，如图 2-31 所示。

1. 特殊位置平面

（1）投影面垂直面 垂直于一个投影面，而倾斜于其他两个投影面的平面，称为投影面垂直面。

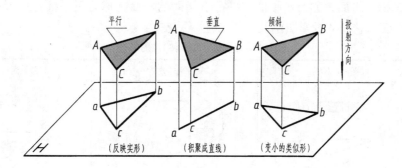

图 2-31 各种位置平面的投影特性

垂直于 H 面的平面，称为铅垂面；垂直于 V 面的平面，称为正垂面；垂直于 W 面的平面，称为侧垂面。它们的投影图例及投影特性见表2-3。

表 2-3 投影面垂直面的投影特性

名称	铅垂面($\perp H$)	正垂面($\perp V$)	侧垂面($\perp W$)
实例			
轴测图			
投影图			
投影特性	① 水平投影积聚成直线 ② 正面投影和侧面投影为原形的类似形	① 正面投影积聚成直线 ② 水平投影和侧面投影为原形的类似形	① 侧面投影积聚成直线 ② 正面投影和水平投影为原形的类似形
	小结：① 平面在所垂直的投影面上的投影，积聚成直线 ② 平面的其他两面投影均为原形的类似形		

（2）投影面平行面 平行于一个投影面，而垂直于其他两个投影面的平面，统称为投影面平行面。

平行于 H 面的平面，称为水平面；平行于 V 面的平面，称为正平面；平行于 W 面的平面，称为侧平面。它们的投影图例及投影特性，见表2-4。

表 2-4 投影面平行面的投影特性

名 称	水平面($/\!/H$)	正平面($/\!/V$)	侧平面($/\!/W$)
实例			
轴测图			
投影图			
投影特性	① 水平投影反映实形 ② 正面投影积聚成直线，且平行于 OX 轴 ③ 侧面投影积聚成直线，且平行于 OY_W 轴	① 正面投影反映实形 ② 水平投影积聚成直线，且平行于 OX 轴 ③ 侧面投影积聚成直线，且平行于 OZ 轴	① 侧面投影反映实形 ② 正面投影积聚成直线，且平行于 OZ 轴 ③ 水平投影积聚成直线，且平行于 OY_H 轴
	小结：① 平面在所平行的投影面上的投影反映实形 ② 平面的其他两面投影均积聚成直线，且平行于相应的投影轴		

2. 一般位置平面

对三个投影面都倾斜的平面，称为一般位置平面。

由于一般位置平面对三个投影面都倾斜（图 2-27），所以它的三面投影都不可能积聚成直线，也不可能反映实形，而是小于原形的类似形。

三、平面上的直线和点

直线在平面上的条件是：①直线经过平面上的两点；②直线经过平面上的一点，且平行于平面上的另一已知直线。

点在平面上的条件是：如果点在平面的某一直线上，则此点必在该平面上。

根据上述条件可知，在平面上取点，必先在平面上取直线，而在平面上取直线，又必先在平面上取点，因此在平面上取点和在平面上取线是互为因果、相互制约的。

例 2-3 已知△ABC 平面上点 E 的正面投影 e′和点 F 的水平投影 f，试求它们的另一面投影（图 2-32a）。

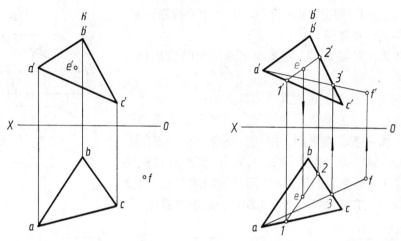

图 2-32 求平面上的点的投影

分析 因为点 E、F 在△ABC 平面上，故过点 E、F 在△ABC 平面上各作一条直线，则点 E、F 的两个投影必在相应直线的同面投影上（即过已知点先在平面上取直线，再在该线上取点）。

作图 作图步骤如图 2-32b 所示。

1）过 E 作直线 Ⅰ Ⅱ 平行 AB，即过 e′作 1′2′∥a′b′，再求出水平投影 12；然后过 e′作 OX 轴的垂线与 12 相交，交点即为点 E 的水平投影 e。

2）过 F 和定点 A 作直线，即过 f 作直线的水平投影 fa，则 fa 交 bc 于 3，再求出正面投影 a′3′；然后过 f 作 OX 轴的垂线与 a′3′的延长线相交，交点即为点 F 的正面投影 f′。

例 2-4 已知四边形 ABCD 的正面投影和 BC、CD 两边的水平投影，试完成四边形的水平投影（图 2-33a）。

分析 BC 和 CD 是相交二直线，现已知其两面投影，故该平面是已知的。而点 A 是属

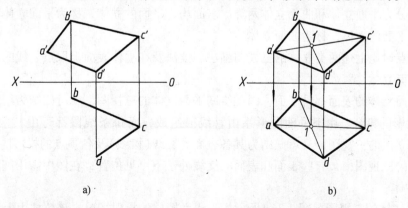

a)　　　　　　　　　　　　b)

图 2-33 完成四边形的水平投影

于该平面的一点,故可应用求平面上点的方法求点 A 的水平投影。

作图 作图步骤如图 2-33b 所示。

1) 连接 $b'd'$ 和 bd,再连接 $a'c'$,并与 $b'd'$ 相交于 $1'$。
2) 由 $1'$ 引 OX 轴的垂线,并与 bd 相交于 1。
3) 连接 $c1$ 并延长,与从 a' 向 OX 轴所作的垂线交于 a,即为点 A 的水平投影。
4) 连 ab 和 ad,即完成四边形 $ABCD$ 的水平投影。

四、读平面的投影图

读平面投影图的要求是:想象出所示平面的形状和空间位置。

下面以图 2-34 为例,说明其读图方法。

根据三面投影均为类似形的情况,可判定该平面的原形是三角形,为一般位置平面。据此,还应进一步想象平面的具体形象(如空间位置、倾斜方向等),其想象过程见图 2-35,图 2-35c 为想象的结果(此图即为轴测图)。因读图思路与识读点、直线的投影图基本相同,故不再赘述。

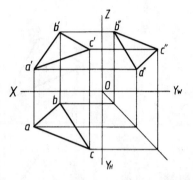

图 2-34 读平面的三面投影图

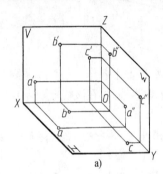
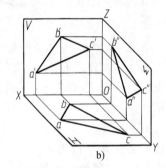
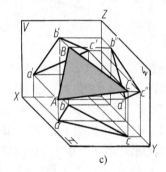

图 2-35 读平面投影图的思维过程

第六节 几何体的投影

几何体分为平面立体和曲面立体两类。表面均为平面的立体,称为平面立体;表面为曲面或曲面与平面的立体,称为曲面立体。

本节重点讨论上述两类立体的三视图画法、读法及在立体表面上取点、线的作图问题。

一、平面立体

由于平面立体的表面都是平面,因此绘制平面立体的三视图,就可归结为绘制各个表面(棱面)的投影的集合。由于平面图形系由直线段组成,而每条线段都可由其两端点确定,因此作平面立体的三视图,又可归结为其各表面的交线(棱线)及各顶点的投影的集合。

在立体的三视图中,有些表面和表面的交线处于不可见位置,在图中需用细虚线表示。

1. 棱柱体

(1) 棱柱体的三视图 图 2-36a 所示为一正六棱柱的投射情况。该棱柱由上、下两个底面(正六边形)和六个棱面(长方形)组成。由于上、下两底面均为水平面,所以其水平投影重合并反映实形，正面和侧面投影分别积聚为两条平行于相应投影轴的直线，两直线间的距离即为棱柱的高。棱面的前、后面为正平面，其他四个侧棱面都是铅垂面。它们的水平投影都积聚为直线，与上下两底面的水平投影的六条边重合；前、后棱面的正面投影反映实形，侧面投影积聚成直线。四个侧棱面的正面和侧面投影都是类似形。棱柱的六条铅垂棱线的水平投影积聚在上、下底面的水平投影的六个角点上；它们的正面和侧面投影都反映实长。

画正六棱柱的三视图时，先画出水平投影正六边形，再根据投影规律作出其他两投影，即为正六棱柱的三视图，如图 2-36b 所示。

（2）棱柱体表面上的点　在平面立体表面上取点、取线的方法与在平面上取点、取线的方法是一样的，但在体表面上取点时，必须首先确定该点是在平面立体的哪一个表面上。若点在某个表面上，则该点的投影必在该表面的各同面投影范围内。若该表面的投影可见，则该点的同面投影也可见；反之为不可见。因此在求体表面上点的投影时，应先分析该点所在表面的投影特性，然后再根据点的投影规律求得。

如已知正六棱柱表面 $ABCD$ 上点 M 的正面投影 m'，求它的水平投影 m 和侧面投影 m''。由于棱面 $ABCD$ 为铅垂面，可利用它的水平投影 $abcd$ 具有的积聚性求得 m，再根据 m' 和 m 求得 m''。同理，已知 n 可求得 n' 和 n''（如图 2-36 所示）。

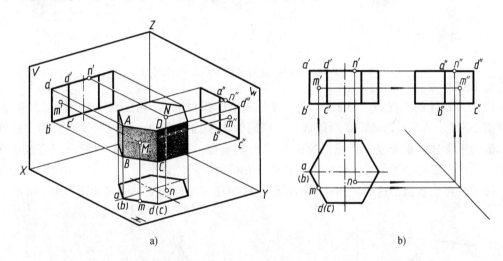

图 2-36　正六棱柱的三视图及表面上的点

画、看几何体的三视图，熟记形体特征和视图特征，丰富其形象储备，是深入学习复杂图形绘制与识读的基础。因此，本节对各种几何体都编排了较多看图题例，希望读者自行阅读，以期做到"见一个几何体就能忆出它的三视图，看其三视图就能想象出它所反映的立体形状"（图 2-37 示出了一些常见的棱柱体及其三视图，以供识读）。

纵观上述的棱柱体，可总结出它们的形体特征：棱柱体都是由两个平行且相等的多边形底面和若干个与其相垂直的矩形侧面所组成；其三视图的特征是：一个视图为多边形，其他两个视图的外形轮廓均为矩形线框。

画棱柱体的三视图时，应先画出多边形（顶、底面的投影重合，反映该体的形状特征），再画其另两面投影，然后将两底面对应顶点的同面投影用直线连接起来，即完成作图。

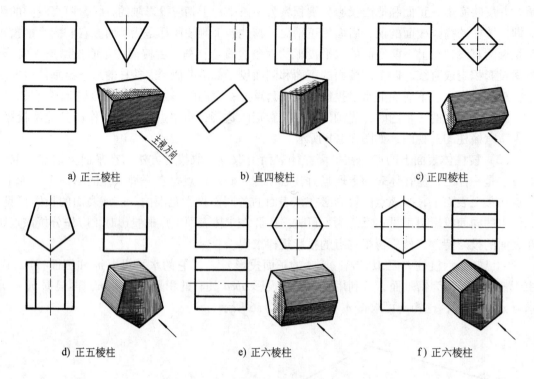

a) 正三棱柱　　b) 直四棱柱　　c) 正四棱柱

d) 正五棱柱　　e) 正六棱柱　　f) 正六棱柱

图 2-37　不同位置的棱柱体及其三视图

2. 棱锥体

（1）棱锥体的三视图　图 2-38a 为一正三棱锥的投射情况。正三棱锥由底面△ABC 及三个棱面△SAB、△SBC 和△SAC 所组成。其底面为水平面，它的水平投影反映实形，正面投影和侧面投影分别积聚成一直线。棱面 SAC 为侧垂面，因此侧面投影积聚成一直线，水平投影和正面投影都是类似形。棱面△SAB 和△SBC 为一般位置平面，它的三面投影均为类似形。按其相对位置画出这些表面的三面投影，即为正三棱锥的三视图，如图 2-38b 所示。

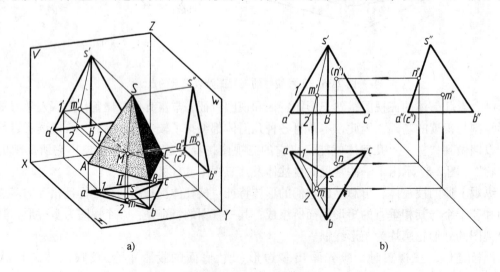

a)　　　　　　　　　　　　b)

图 2-38　正三棱锥的三视图及表面上的点

（2）棱锥体表面上的点 如图 2-38 所示，已知棱面△SAB 上点 M 的正面投影 m′和棱面△SAC 上点 N 的水平投影 n，试求点 M、N 的其他投影。因棱面△SAC 是侧垂面，它的侧面投影 s″a″(c″)具有积聚性，因此 n″必在 s″a″(c″)上，可直接由 n 作出 n″，再由 n″和 n 求出 (n′)。棱面△SAB 是一般位置平面，过锥顶 S 及点 M 作一辅助线 S Ⅱ（图 2-38b 中即过 m′作 s′2′，其水平投影为 s2），然后根据直线上点的投影特性，求出其水平投影 m，再由 m′、m 求出侧面投影 m″。若过点 M 作一水平辅助线 Ⅰ M，同样可求得点 M 的其余二投影。

图 2-39 示出一些常见的正棱锥体及其三视图。从中可总结出它们的形体特征：正棱锥体由一个正多边形底面和若干个具有公共顶点的等腰三角形侧面所组成，且锥顶位于过底面中心的垂直线上；其三视图的特征是：一个视图的外形轮廓为正多边形，其他两视图的外形轮廓均为三角形线框。

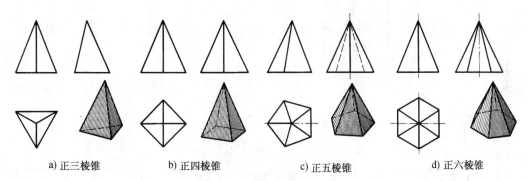

a) 正三棱锥　　　b) 正四棱锥　　　c) 正五棱锥　　　d) 正六棱锥

图 2-39　棱锥体及其三视图

画棱锥体的三视图，应先画底面多边形的三面投影，再画锥顶点的三面投影，将锥顶点与底面各顶点的同面投影用直线连接起来，即得棱锥体的三视图。

棱锥体被平行于底面的平面截去其上部，所剩的部分叫作棱锥台，简称棱台，如图 2-40 所示。其三视图的特征是：一个视图的内、外形轮廓为两个相似的正多边形；其他两个视图的外形轮廓均为梯形线框。

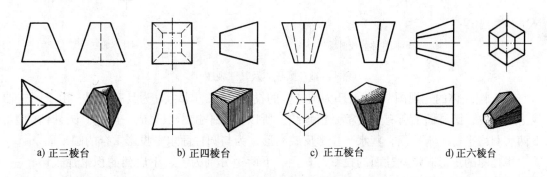

a) 正三棱台　　　b) 正四棱台　　　c) 正五棱台　　　d) 正六棱台

图 2-40　棱锥台及其三视图

二、曲面立体

由一条母线（直线或曲线）围绕轴线回转而形成的表面，称为回转面；由回转面或回转面与平面所围成的立体，称为回转体。

画回转体的三视图时，轴线的投影用细点画线绘制，圆的中心线用相互垂直的细点画线绘制，其交点为圆心。所画的细点画线均应超出轮廓线为 3～5mm。

圆柱、圆锥、球等都是回转体，它们的画法和回转面的形成条件有关，下面分别介绍。

1. 圆柱体

（1）圆柱面的形成　如图2-41a所示，圆柱面可看作一条直线AB围绕与它平行的轴线OO回转而成。OO称为回转轴，直线AB称为母线，母线转至任一位置时，称为素线。

圆柱体的表面是由圆柱面和上、下底圆平面所围成。

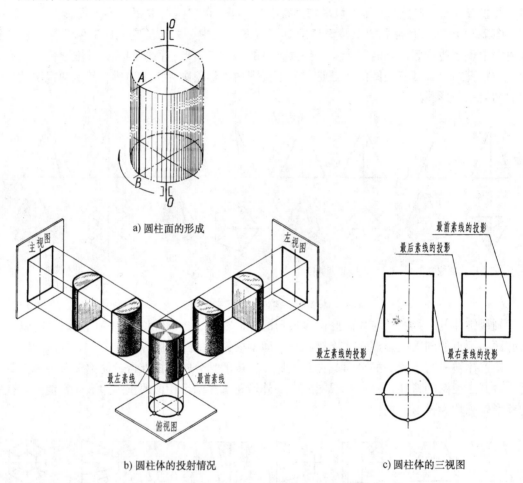

a) 圆柱面的形成

b) 圆柱体的投射情况

c) 圆柱体的三视图

图2-41　圆柱体及其三视图

（2）圆柱体的三视图　图2-41b为圆柱体的投射情况，图2-41c为其三视图。由于圆柱轴线为铅垂线，圆柱面上所有素线都是铅垂线，所以其水平投影积聚成一个圆。圆柱体的上、下两底圆均平行于水平面，其水平投影反映实形，为与圆柱面水平投影重合的圆平面。

主视图的矩形表示圆柱面的投影，其上、下两边分别为上、下底面的积聚性投影；左、右两边分别为圆柱面最左、最右素线的投影，这两条素线的水平投影积聚成两个点，其侧面投影与轴线的侧面投影重合。最左、最右素线将圆柱面分为前、后两半（图2-41b），是圆柱面由前向后的转向线，也是圆柱面在正面投影中可见与不可见部分的分界线。

左视图的矩形线框可与主视图的矩形线框作类似的分析。

下面，再看一个图例：轴线为侧垂线的圆柱体投射情况及其三视图（图2-42）。

综上所述，可总结出圆柱的形体特征：它由两个相等的圆底面和一个与其垂直的圆柱面

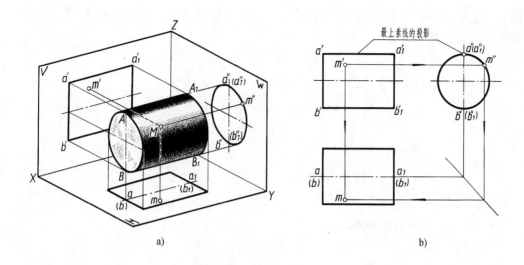

图 2-42 圆柱体的三视图及其表面上的点

所围成；其三视图的特征是：一个视图为圆，其他两个视图均为相等的矩形线框。

画圆柱体的三视图时，一般先画圆，再根据圆柱体的高度和投影规律画出其他两视图。

（3）圆柱体表面上的点 如图 2-42 所示，已知圆柱面上点 M 的正面投影 m'，求 m 和 m''。

由于圆柱的轴线为侧垂线，圆柱面上所有素线均是平行于轴线的侧垂线，其圆柱面的侧面投影积聚成一个圆，所以点 M 的侧面投影一定重影在圆周上。据此，作图时应先求出 m''，再由 m' 和 m'' 求出 m。因点 M 位于圆柱的上表面，所以其水平投影 m 为可见。

2. 圆锥体

（1）圆锥面的形成 如图 2-43a 所示，圆锥面可看作是一条直母线 SA 围绕和它相交的轴线 OO 回转而成。

（2）圆锥体的三视图 图2-43b所示为一圆锥体的投射情况，图2-43c为该圆锥体的三视图。由于圆锥轴线为铅垂线，底面为水平面，所以它的水平投影为一圆，反映底面的实形，同时也表示圆锥面的投影。

主视图、左视图均为等腰三角形，其下边均为圆锥底面的积聚性投影。主视图中三角形的左、右两边，分别表示圆锥面最左、最右素线的投影（反映实长），它们是圆锥面的正面投影可见与不可见部分的分界线；左视图中三角形的两边，分别表示圆锥面最前、最后素线的投影（反映实长），它们是圆锥面的侧面投影可见与不可见部分的分界线。上述四条线的其他两面投影，请读者自行分析。

圆锥的形体特征是：它由一个圆底面和一个锥顶位于与底面相垂直的中心轴线上的圆锥面所围成；其三视图的特征是：一个视图为圆，其他两视图均为相等的等腰三角形。

画圆锥体的三视图时，应先画底圆及顶点的各投影，再画出四条特殊位置素线的投影。

（3）圆锥体表面上的点 如图2-44所示，已知圆锥体表面上点 M 的正面投影 m'，求 m 和 m''。根据 M 的位置和可见性，可判定点 M 在前、左圆锥面上，因此，点 M 的三面投影均为可见。

作图可采用如下两种方法：

1）辅助素线法：如图2-44a所示，过锥顶 S 和点 M 作一辅助素线 SI，即在图2-44b中

连接 $s'm'$，并延长到与底面的正面投影相交于 $1'$，求得 $s1$ 和 $s''1''$；再由 m' 根据点在线上的投影规律求出 m 和 m''。

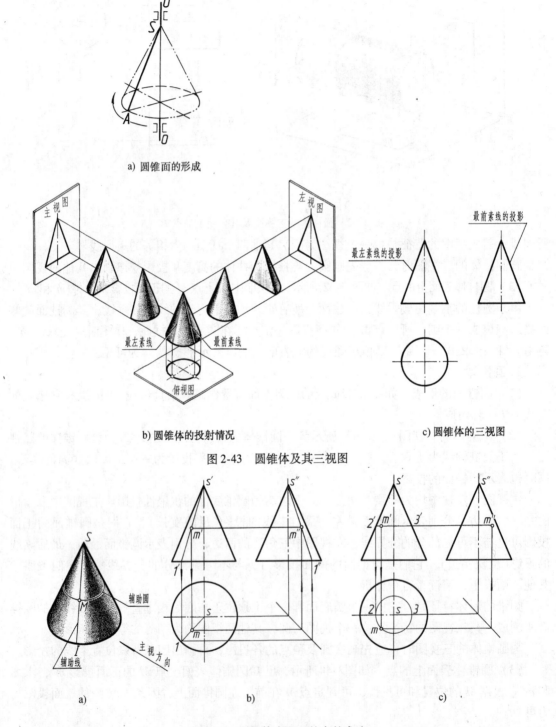

a) 圆锥面的形成

b) 圆锥体的投射情况

c) 圆锥体的三视图

图 2-43 圆锥体及其三视图

图 2-44 圆锥体表面上的点的求法

2) 辅助圆法：如图 2-44a 所示，过点 M 在圆锥面上作垂直于圆锥轴线的水平辅助圆（该圆的正面投影积聚为一直线），即过 m' 所作的 $2'3'$（图2-44c）的水平投影为一直径等于 $2'3'$ 的圆，圆心为 s，由 m' 作 OX 轴的垂线，与辅助圆的交点即为 m。再根据 m' 和 m 求出 m''。

圆锥体被平行于其底面的平面截去其上部，所剩的部分叫作圆锥台，简称圆台。圆台及其三视图如图2-45所示，其三视图的特征是：一个视图为两个同心圆；其他两个视图均为相等的等腰梯形（如图2-45b：俯视图的左、右两腰分别为圆台面最左、最右素线的投影，左视图的上、下两腰分别为圆台面最上、最下素线的投影，梯形的两底分别为两个底面的积聚性投影）。

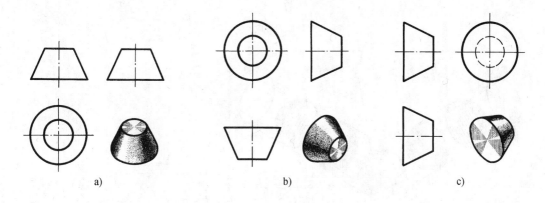

图 2-45　圆台及其三视图

3. 球

（1）球面的形成　如图2-46a所示，球面可看作一圆母线围绕它的直径回转而成。

（2）球的三视图　图2-46b所示为球的投射情况。图2-46c为球的三视图，它们都是与球直径相等的圆，均表示球面的投影。球的各个投影虽然都是圆，但各个圆的意义却不相同。主视图中的圆是平行于 V 面的圆素线 I（前、后半球的分界线，球面正面投影可见与不可见部分的分界线）的投影（图2-46b、c）；按此作类似分析，俯视图中的圆是平行于 H 面的圆素线 II 的投影；左视图中的圆是平行于 W 面的圆素线 III 的投影。这三条圆素线的其他两面投影，都与圆的相应中心线重合。

（3）球表面上的点　如图2-47a所示，已知圆球面上点 M 的水平投影 m，求其他两面投影。根据 M 的位置和可见性，可判定点 M 在前半球的左上部分，因此点 M 的三面投影均为可见。

作图应采用辅助圆法。即过点 M 在球面上作一平行于正面的辅助圆（也可作平行于水平面或侧面的圆）。因点在辅助圆上，故点的投影必在辅助圆的同面投影上。

作图时，先在水平投影中过 m 作 $ef // OX$，ef 为辅助圆在水平投影面上的积聚性投影，再画正面投影为直径等于 ef 的圆，由 m 作 OX 轴的垂线，其与辅助圆正面投影的交点（因 m 可见，应取上面的交点）即为 m'，再由 m、m' 求得 m''（图2-47b）。

4. 圆环

如图2-48a所示，圆环面可看作由一圆母线绕一条与圆平面共面但不通过圆心的轴线回转而成。

圆环的形体如同手镯。其三视图（图2-48b）的特征是：一个视图为两个同心圆（分别为最大、最小圆的投影，两圆之间的部分为圆环面的投影，这两个圆也是圆环上、下表面的分界线）；其他两个视图的外轮廓均为长圆形（它们都是圆环面的投影）。主视图中的两个小圆，

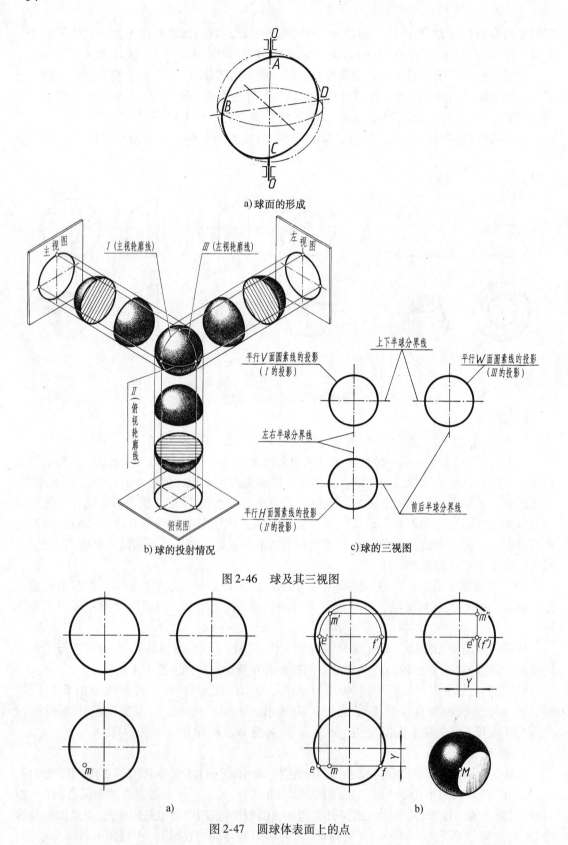

图 2-46 球及其三视图

图 2-47 圆球体表面上的点

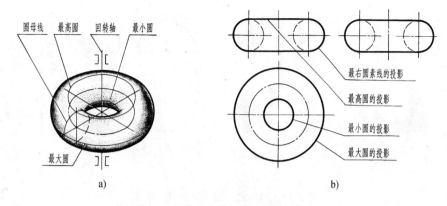

图 2-48 圆环面的形成及其视图分析

分别是平行于 V 面的最左、最右圆素线的投影,也是圆环前、后表面的分界线。圆的上、下两条公切线,分别为圆环最高圆和最低圆的投影。左视图也应作类似的分析。

5. 不完整的几何体

几何体作为物体的组成部分不都是完整的,也并非总是直立的。多看、多画些形体不完整、方位多变的几何体及其三视图,熟悉它们的形象,对提高看图能力非常有益。为此,下面给出了多种形式的不完整回转体及其三视图供读者识读,如图 2-49、图 2-50 所示。

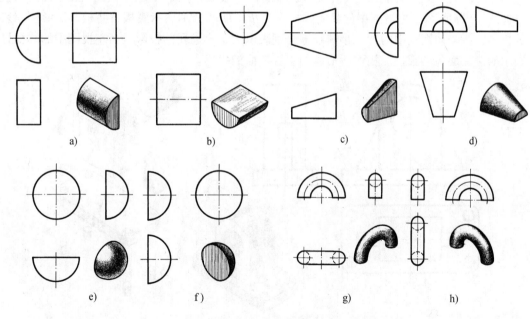

图 2-49 二分之一回转体及其三视图

阅读回转体的三视图时,应先看具有特征形状的视图,即先看具有圆(或其一部分)的视图,再根据其他两视图的外形轮廓线,先分析它是哪种回转体,属于哪一部分,处在什么位置,然后将它归属于完整的回转体及其三视图之中,并找准其具体位置。这样,在整体的提示下进行局部想象,往往会收到很好的学习效果。

值得一提的是,在看物记图、看图想物的过程中,不应忽略图中的细点画线。它往往是物体对称中心面、回转体轴线的投影或圆的中心线,在图形中起着基准或定位的重要作用。

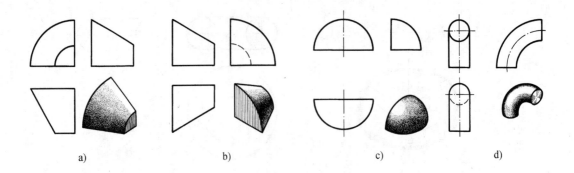

图 2-50 四分之一回转体及其三视图

弄清这个道理，对看图、画图、标注尺寸等都很有帮助。

第七节 识读一面视图

一、线框的含义

视图是由若干个线框组成的，因此，搞清线框的含义，对学习画图和看图都有帮助。

1）视图中的每个封闭线框，均表示物体的一个表面（平面、曲面及其组合面）或孔的投影。如图 2-51a 所示，主视图中的封闭线框Ⅰ、Ⅱ、Ⅲ就分别表示底板、肋板、U形柱前表面的投影；主、俯视图中的大、小圆线框分别表示大、小通孔的投影；而左视图中的线框Ⅵ则表示四棱柱面与半圆柱面相切所形成的组合表面的投影。

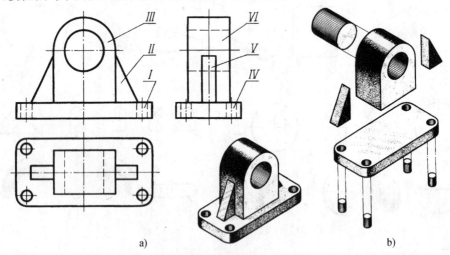

图 2-51 线框的含义

2）视图中相邻的两个封闭线框，表示物体上位置不同的两个表面的投影。图 2-51a 所示主视图中的Ⅰ、Ⅱ线框和Ⅱ、Ⅲ线框分别相邻，它们所表示的三个面的位置关系在俯视图中看得很清楚，即底板面在前，U形柱面居中，肋板面在后。对左视图中的Ⅳ、Ⅴ、Ⅵ线框作同样分析可知，底板面在左，肋板面居中，U形柱面在右。

3）在一个大封闭线框内所包括的各个小线框，一般是表示在大平面体（或曲面体）上凸出或凹下的各个小平面体（或曲面体）的投影。如图 2-51a、b 所示，俯视图中的大线框表示带有圆角的大四棱柱体(底板)的投影,其中的四个小圆线框表示在大四棱柱体上凹下的四个小圆孔(虚体)的投影,中间两组相邻的线框则表示在大四棱柱体上凸出的一个空心U形柱和两条肋板的投影。

在运用线框分析看图时,应注意以下两点:

1)由于几何体的视图大多是一个线框,如三角形、矩形、梯形和圆形等,因此,看图时可先假定"一个线框表示的就是一个几何体",然后根据该线框在其他视图中的对应投影,再确定此线框表示的是哪种几何体。这样就可以利用我们熟悉的几何体视图形状想象出其立体形状,如图 2-52 所示。

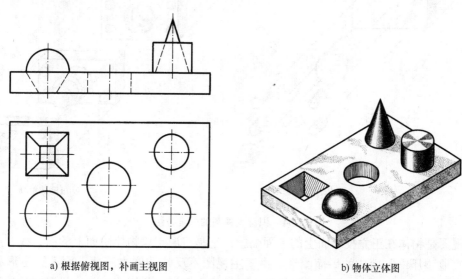

a) 根据俯视图,补画主视图　　　　　　b) 物体立体图

图 2-52　根据俯视图,补画主视图

2)线框的分法应根据视图形状而定。分的块可大可小,一个线框可作为一块,几个相连的线框也可以作为一块,只要与其他视图相对照,看懂该部分形体的形状就达到目的了。就是说,"线框的含义"是通过看图实践总结出的属于约定俗成的结论,故不要硬抠字眼和死板套用,当所看的视图难以划分线框或经线框分析不能奏效时,就不应采用此法,而应按"线"、"面"的投影特性去分析,进而将图看懂。

如图 2-53 左视图中六个相连的三角形线框,应将它们视为一块,运用几何体及其三视图的形状特征,知道它是正六棱锥的投影就行了。相反,若以每个小三角形线框的含义进行分析,不仅费解,也很难奏效。

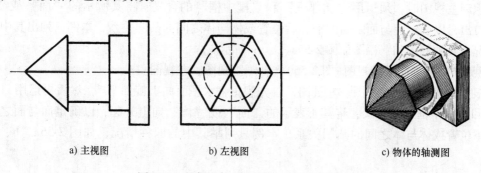

a) 主视图　　　　　　b) 左视图　　　　　　c) 物体的轴测图

图 2-53　根据已知的左视图,补画主视图

二、识读一面视图

下面，以识读图 2-54 所示的主视图为例加以说明。

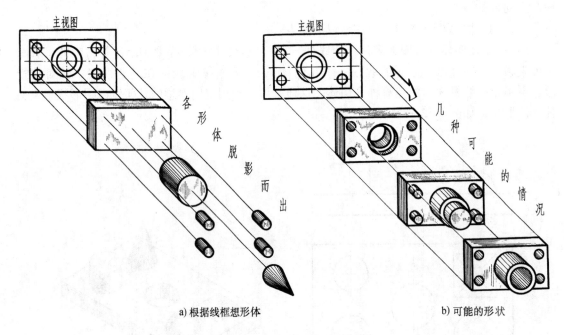

a) 根据线框想形体　　　　　　　　b) 可能的形状

图 2-54　识读主视图的思维方法

主视图是物体在正立投影面上的一面缩影，它是将属于该物体表面上的面、线、点由前向后径直地"压缩"而成的平面图形。由于主视图不反映物体之厚薄，而若想出形状又必须搞清其前后，因此，读图时就应像拉杆天线被拉出那样，使视图中每一线框表示的形体反向沿投射线"脱影而出"（图2-54a）。可是，哪些形体凸出、凹下或是挖空，它们究竟凸起多高、凹下多深，仅此一面视图是无法确定的，因为常常具有几种可能性（图2-54b）。由此可见，为了确定物体的形状，必须由俯、左视图加以配合。

由此可总结出识读一面视图的方法步骤：

1）对视图中的线框进行分析，将平面图形看成是"起鼓"（凸、凹）的"立体图形"。

2）尽量多地想出物体的可能形状（本例只列出三种）。

3）补画其他视图，将想出的物体定形、定位。

例 2-5　根据同一主视图（图 2-55），补画俯视图、左视图。

识读主视图时，须运用"相邻框"和"框中框"的含义，将其所示的"面"或"体"向前拉出，以确定面与面之间的前、后位置或体与体之间的凸凹关系，本例只列出其中的四种情况，其轴测图和三视图如图 2-55a、b、c 所示。

例 2-6　根据同一俯视图（图 2-56），补画主视图、左视图。

根据俯视图补画主视图、左视图，首先假想将水平面向上旋回 90°，然后再运用"相邻框"和"框中框"的含义，将其所表示的"面"或"体"向上升起，以确定面与面之间的上、下位置或体与体之间的凸凹关系，本例只列举其中的四种情况，如图 2-56a、b、c、d 所示。

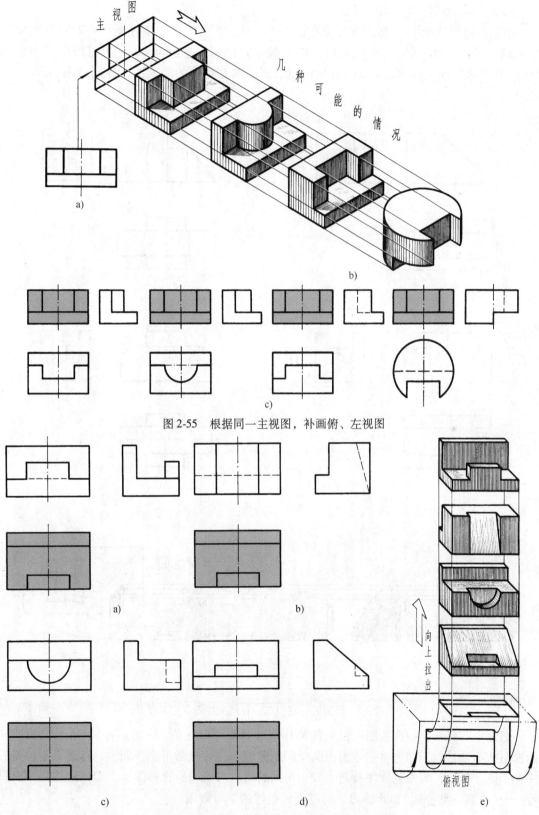

图 2-55 根据同一主视图,补画俯、左视图

图 2-56 根据同一俯视图,补画主视图、左视图

例 2-7 根据同一左视图(图2-57),补画主视图、俯视图。

根据左视图补画主视图、俯视图的方法步骤与上例相同。只需注意:在对左视图中的"相邻框"和"框中框"进行分析时,应先假想将侧面向左旋回90°,再将线框所表示的"面"或"体"向左横移。补画出的主视图、俯视图和物体的轴测图,分别见图 2-57a、b、c、d、e。

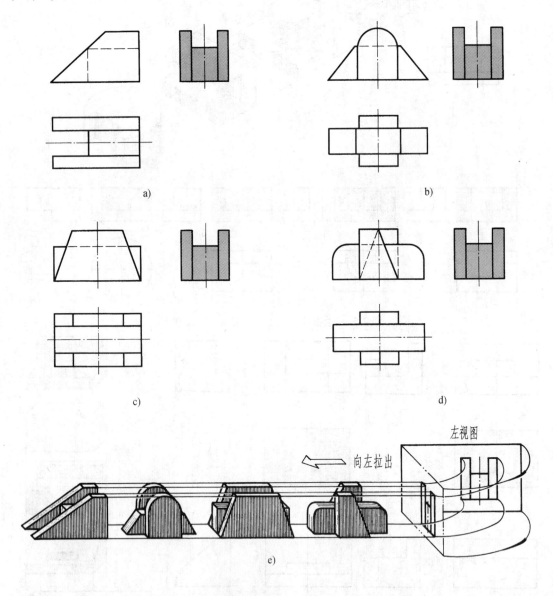

图 2-57 根据同一左视图,补画主视图、俯视图

通过作图可知,一面视图所反映的物体形状具有不确定性(一题多解)。可见,识读一面视图并不是目的,而是将它作为提高空间想象力,强化投影可逆性训练,打通看图思路的一种手段。所以,为掌握看图技巧,看三视图时就应有意进行这种演练,即先遮住两个,只看一个(或其一部分)。如此练习,可以收到很好的学习效果。

第八节 几何体的轴测图

一、概述

下面以一立方体为例,说明正等轴测图是怎样得来的。

图2-58a中,当立方体的正面平行于轴测投影面时,立方体的投影是个正方形。如将立方体按图示的位置平转45°角,即变成图2-58b中的情形,此时所得到的投影是两个相连的长方形。再将立方体向正前方旋转约35°角,就变成了图2-58c中的情形。此时立方体的三根坐标轴与轴测投影面都倾斜成相同的角度,所得到的投影是由三个全等的菱形构成的图形,这就是立方体的正等轴测图(图2-58c),将其单独画出来,如图2-58d所示。

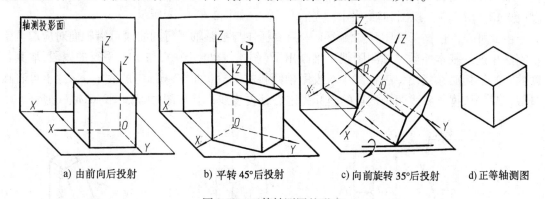

a) 由前向后投射　　b) 平转45°后投射　　c) 向前旋转35°后投射　　d) 正等轴测图

图 2-58　正等轴测图的形成

为加深理解轴测图的由来,可拿实物按上述"转法"向前方平视(投射),轴测图的形象就出来了。懂得这个道理,对画轴测图会有启发。

将物体连同其参考直角坐标体系,沿不平行于任一坐标平面的方向,用平行投影法将其投射在单一投影面上所得的具有立体感的图形,称为轴测投影(或轴测图)。

由于用轴测图可表达物体的三维形象,比正投影图直观,所以工程上常把它作为辅助性的图样来使用。此外,会画轴测图(尤其是勾画轴测草图)将对看图有很大帮助。

二、轴测图的基本知识

图2-59所示为一四棱柱的三视图。图2-60所示为同一四棱柱的两种轴测图:图2-60a为正等轴测图,简称正等测;图2-60b为斜二轴测图,简称斜二测。

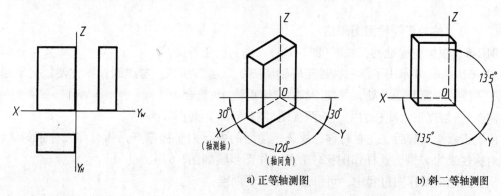

图 2-59　三视图　　　　　　　　　图 2-60　轴测图

通过比较不难发现，三视图与轴测图是有一定关系的，其主要异同点如下：

（1）图形的数量不同　视图是多面投影图，每个视图只能反映物体长、宽、高三个尺度中的两个。轴测图则是单面投影图，它能同时反映出物体长、宽、高的三个尺度，所以具有立体感。

（2）两轴间的夹角不同　视图中的三根投影轴 X、Y、Z 互相垂直，两轴之间的夹角均为 90°。正等轴测图中，两轴（称为轴测轴）之间的夹角（称为轴间角）均为 120°（见图2-60a，需用 30°—60° 三角板作图）；斜二等轴测图中，两轴测轴之间的夹角则分别为 90° 和 135°（见图2-60b，需用 45° 三角板作图）。

（3）线段的平行关系相同　物体上平行于坐标轴的线段，在三视图中仍平行于相应的投影轴，在轴测图中也平行于相应的轴测轴，如图2-59、图2-60所示；物体上互相平行的线段（如 $AB/\!/CD$）在三视图和轴测图中仍互相平行，如图2-61a、c 所示。

由此可知，依据三视图画轴测图时，只要抓住与投影轴平行的线段可沿轴向对应取至于轴测图中这一基本性质，轴测图就不难画出了（斜二等轴测图中，与 Y 轴平行的线段，取其长度的1/2）。但必须指出，三视图中与投影轴倾斜的线段（如图2-61a中的 $a'b'$、$c'd'$）不可直接量取，只能依据该斜线两个端点的坐标先定点，再连线，其作图过程如图2-61b、c所示。

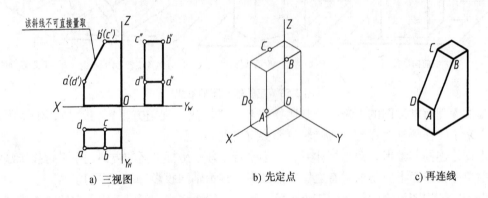

a) 三视图　　　　　b) 先定点　　　　　c) 再连线

图 2-61　物体上"斜线"及"平行线"的轴测图画法

三、平面立体的轴测图画法

画平面立体的轴测图常用坐标法。即先按坐标画出物体上各点的轴测图，再由点连成线，由线连成面，从而画出物体的轴测图。前述点、直线、平面的轴测图都是按坐标法绘制的。

1. 平面立体的正等轴测图画法

例 2-8　根据三棱锥的三视图（图2-62a），画它的正等测。

图2-62b、c、d 示出了画三棱锥正等轴测图的方法和步骤。考虑到作图方便，把坐标原点选在三棱锥底面上点 B 处，并使 OX 轴与侧垂线 AB 重合。

例 2-9　根据正六棱柱的主、俯两视图（图2-63a），画正等测。

由于正六棱柱前后、左右对称，故选择顶面的中点为坐标原点，两对称线分别为 X、Y 轴，对称轴线为 Z 轴，这样作图比较方便。作图步骤如图2-63b、c、d 所示。

从上述两例的作图过程中，可以总结出以下两点：

1）画平面立体的轴测图时，首先应选好坐标轴并画出轴测轴；然后根据坐标确定各顶

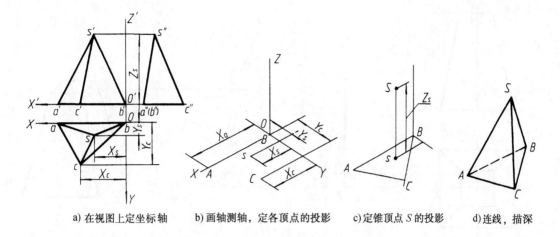

图 2-62 三棱锥正等轴测图的作图步骤

a) 在视图上定坐标轴　b) 画轴测轴，定各顶点的投影　c) 定锥顶点 S 的投影　d) 连线，描深

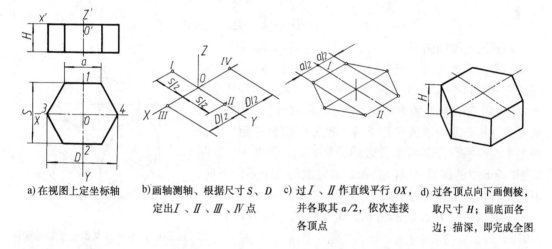

a) 在视图上定坐标轴　b) 画轴测轴、根据尺寸 S、D 定出 I、II、III、IV 点　c) 过 I、II 作直线平行 OX，并各取其 a/2，依次连接各顶点　d) 过各顶点向下画侧棱，取尺寸 H；画底面各边；描深，即完成全图

图 2-63 正六棱柱正等轴测图的作图步骤

点的位置，最后依次连线，完成整体的轴测图。具体画图时，应分析平面立体的形体特征，一般总是先画出物体上一个主要表面的轴测图。通常是先画顶面，再画底面；有时需要先画前面，再画后面，或者先画左面，再画右面。

2) 为使图形清晰，在轴测图上一般不画细虚线。但有些情况下，为了相互衬托以增强图形的直观性，也可画出少量细虚线，如图 2-62d 所示。

2. 平面立体的斜二等轴测图画法

例如，已知图 2-64a 所示的正四棱锥台的两视图，其斜二等轴测图的画法如图 2-64b、c、d 所示。应注意，Z 轴仍为铅垂线，X 轴为水平线，Y 轴与水平线呈 45°角，且宽度尺寸应取其一半。

四、回转体的轴测图画法

1. 正等轴测图画法

(1) 圆的正等轴测图画法　平行于各坐标面的圆的正等测都是椭圆，如图 2-65 所示。它们除了长短轴的方向不同外，其画法都是一样的。

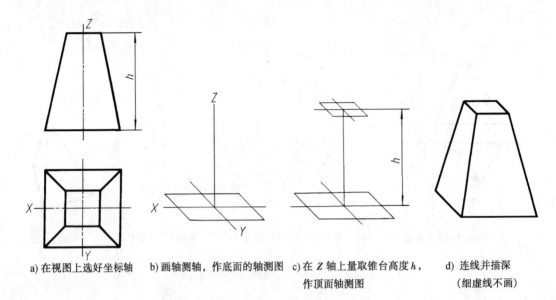

图 2-64　正四棱台斜二等轴测图画法

画圆的正等轴测图（椭圆），只要把准圆的两条中心线方向即可。就是说，可把圆的两条中心线当作两根轴测轴先画出来（图2-66a），再在两个大角内画两大弧，在两个小角内画两小弧，椭圆的方向就确定了（图2-66b）。当然，其前提条件是必须弄清圆平行于哪个投影面或坐标面，圆的两条中心线平行于哪两根投影轴或坐标轴。图 2-66c 就是以图2-66b 中的椭圆为顶（底）面，而完成的三个不同方向、不同回转体的正等轴测图。

下面以平行 H 面的圆为例，说明椭圆的具体画法（图2-67）。

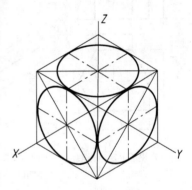

图 2-65　不同方向圆的正等轴测图

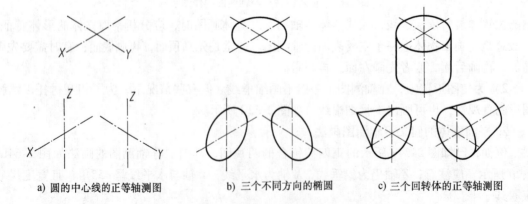

a) 圆的中心线的正等轴测图　　b) 三个不同方向的椭圆　　c) 三个回转体的正等轴测图

图 2-66　平行于不同坐标面的圆的正等轴测图

1）画圆的两条中心线的正等轴测图（平行 H 面圆的中心线，分别平行于 X、Y 轴），如图2-67a所示。

2) 画角平分线：小角的平分线为椭圆的长轴，大角的平分线为椭圆的短轴（图2-67b）。

3) 以圆的半径为半径，以长短轴的交点为圆心画圆，则与"两条中心线"的交点 A、B、C、D 即为椭圆上的四个切点，与短轴上的交点 I、II 即为两个大圆弧的圆心（图2-67c）。

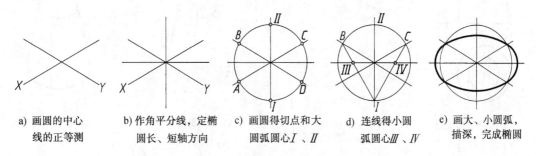

a) 画圆的中心　　b) 作角平分线，定椭　　c) 画圆得切点和大　　d) 连线得小圆　　e) 画大、小圆弧，
线的正等测　　　圆长、短轴方向　　　圆弧圆心 I、II　　弧圆心 III、IV　　描深，完成椭圆

图 2-67　椭圆的画图步骤

4) 将任一个大圆弧的圆心与另一侧的两个切点连线（如 $I B$、$I C$），则与椭圆长轴的交点 III、IV，即为两个小圆弧的圆心（图2-67d）。

5) 分别画两个大圆弧，再画两个小圆弧，即完成椭圆的作图（图2-67e）。

通过作图可知，上述画法与用菱形法（四心画法）画椭圆的道理一样，但这种作法简便，易于确定椭圆的方向，故应练熟（先勾画草图，把准方向；再正规试作，控制角度）。

(2) 回转体的正等测画法　在画回转体的正等轴测图时，只有明确圆所在的平面平行于哪个坐标面，才能保证画出方向正确的椭圆。

1) 圆柱的正等轴测图画法：作图步骤如图2-68所示。

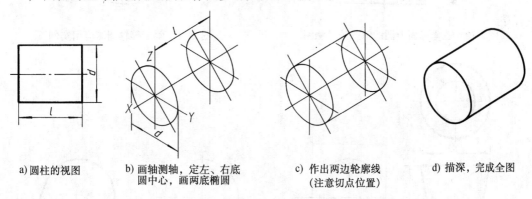

a) 圆柱的视图　　b) 画轴测轴，定左、右底　　c) 作出两边轮廓线　　d) 描深，完成全图
　　　　　　　　　圆中心，画两底椭圆　　　（注意切点位置）

图 2-68　圆柱正等轴测图画法

2) 圆台的正等轴测图画法：作图步骤如图2-69所示。

2. 斜二等轴测图画法

平行于 V 面的圆的斜二等轴测图仍是一个圆，反映实形，而平行于 H 面和 W 面的圆的斜二等轴测图都是很扁的椭圆，比较难画（图2-70）。因此，当物体上具有较多平行于一个坐标面的圆时，画斜二等轴测图比较方便。图2-71为其应用实例。

例 2-10　根据圆台的主、俯两视图（图2-72a），画斜二等轴测图。

由于该圆台的两个底面都平行于 V 面，其圆的轴测投影分别为与该圆大小相等的圆，所以画斜二等轴测图较为方便（可与图2-69进行比较）。画图时，应注意轴测轴的画法，并

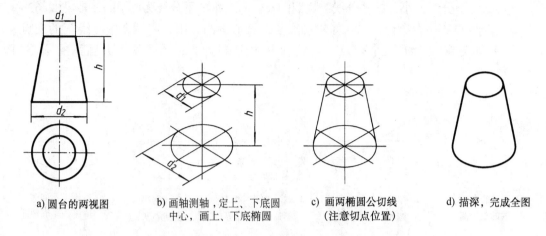

图 2-69 圆台正等轴测图画法

使 Y 轴的尺寸取其一半。具体作图步骤如图 2-72b、c、d 所示。

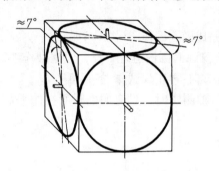

图 2-70 三坐标面上圆的斜二等轴测图

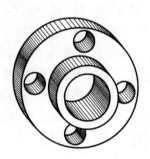

图 2-71 斜二等轴测图应用实例

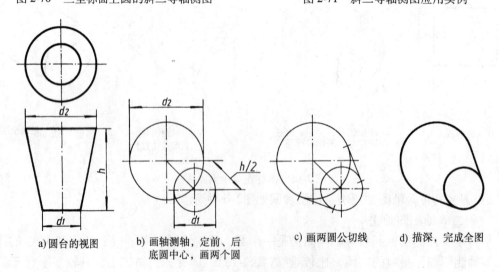

图 2-72 圆台斜二等轴测图画法

例 2-11 根据主、俯两视图（图 2-73a），画斜二等轴测图。具体作图步骤如图 2-73a、b、c、d 所示。

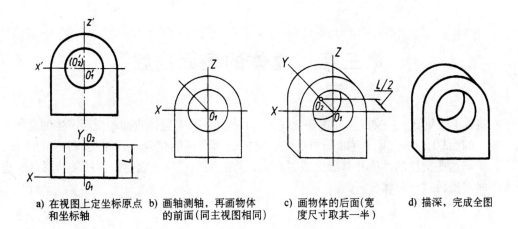

图 2-73 物体斜二等轴测图的画法

第三章 立体的表面交线

在机件上常见到一些交线。在这些交线中,有的是平面与立体表面相交而产生的交线——截交线,如图3-1a、b所示;有的是两立体表面相交而形成的交线——相贯线,如图3-1c、d所示。了解这些交线的性质并掌握交线的画法,将有助于正确地表达机件的结构形状,也便于读图时对机件进行形体分析。

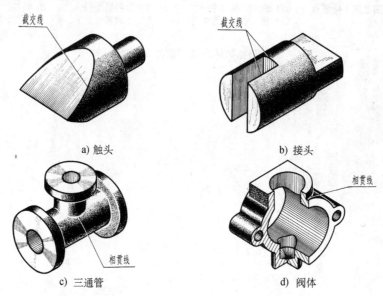

图 3-1 截交线与相贯线的实例

第一节 截 交 线

平面与立体表面的交线,称为截交线。截切立体的平面,称为截平面(图3-2a)。

由于立体的形状和截平面的位置不同,因此截交线的形状也各不相同,但它们都具有下面的两个基本性质:

1) 截交线是一个封闭的平面图形。

2) 截交线既在截平面上,又在立体表面上,所以截交线是截平面和立体表面的共有线,截交线上的点都是截平面与立体表面上的共有点。

一、平面立体的截交线

1. 平面立体截交线的画法

平面立体的截交线是一个封闭的平面多边形(图3-2a),它的顶点是截平面与平面立体的棱线的交点,它的边是截平面与平面立体表面的交线。因此,求平面立体截交线的投影,实质上就是求截平面与立体各被截棱线的交点的投影。

例3-1 求正六棱锥截交线的三面投影(图3-2a)。

分析 截平面 P 为正垂面，它与正六棱锥的六条棱线和六个棱面都相交，故截交线是一个六边形。由于截平面 P 的正面投影有积聚性（积聚成一直线 P_V——截平面 P 与 V 面的交线），所以正六棱锥各侧棱线与截平面 P 的六个交点的正面投影 a'、b'、c'、d'、(e')、(f') 都在 P_V 上，可直接求出，故本题主要是求截交线的水平面投影和侧面投影。

作图

1) 利用截平面的积聚性投影，先求出截交线各顶点的正面投影 a'、b'……；再根据点在线上的投影规律，求出各顶点的水平面投影 a、b……及侧面投影 a''、b''……（图 3-2b）。

2) 依次连接各顶点的同面投影，即为截交线的投影。此外，还需考虑形体其他轮廓线投影的可见性问题，直至完成三视图（图 3-2c）。

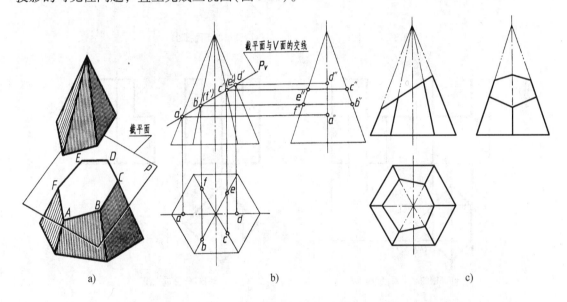

图 3-2 截交线的作图步骤

当用一个或多个截平面截切立体时，在立体上将会出现切口、凹槽或穿孔等情况，这样的立体称为切割体。此时作图，不但要逐个画出各个截平面与立体表面截交线的投影，而且要画出各截平面之间交线的投影，进而完成整个切割体的投影。

例 3-2 根据图 3-3a 所示的开槽正四棱柱，画出其三视图。

分析 该四棱柱上部的通槽是由两个侧平面和一个水平面切割而成的，侧平面切出的截交线为两个矩形，水平面切出的截交线为六边形。由于它们都垂直于正面，其投影都积聚为直线，可根据槽宽、槽深尺寸直接画出，所以只需求出截交线的水平投影和侧面投影。

作图

1) 画出正四棱柱的三面投影。在正面上，根据槽宽、槽深尺寸画出其三条截交线的积聚性投影（图3-3b）。

2) 根据槽宽尺寸，先在水平投影中画出两个侧平面的积聚性投影（两平行直线）；再根据主、俯视图，按投影规律完成开槽部分的侧面投影（图 3-3c）（注意：槽口前、后轮廓线向内"收缩"，槽底中间部分的投影不可见，画成细虚线）。

3) 擦去多余的图线，描深全图（图 3-3d）。

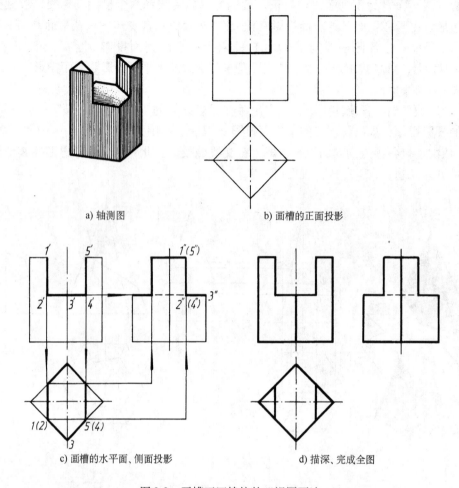

a) 轴测图　　　　　　　　　b) 画槽的正面投影

c) 画槽的水平面、侧面投影　　　d) 描深、完成全图

图 3-3　开槽正四棱柱的三视图画法

2. 看平面切割体的三视图

要提高看图能力就必须多看图，并在看图的实践中注意学会投影分析和线框分析，掌握看图方法，积累形象储备。为此，特提供一些切割体的三视图(图 3-4～图 3-7)，希望读者自行识读(应当指出，立体穿孔实为相贯，本节可用截交的概念进行分析)。

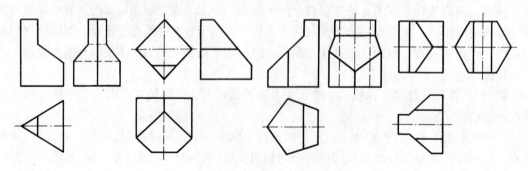

图 3-4　带切口正棱柱体的三视图

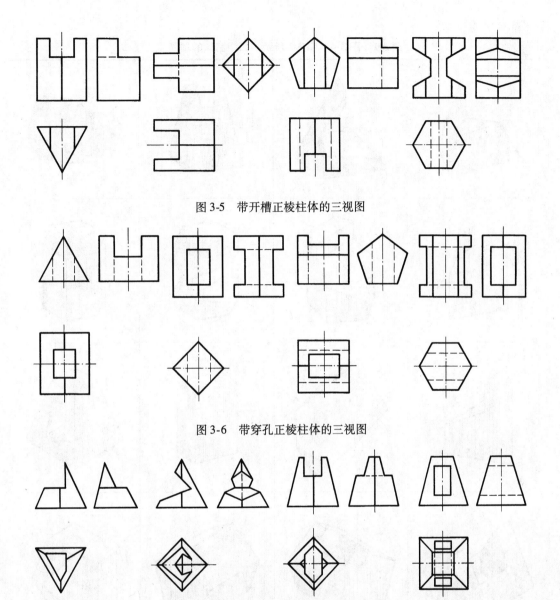

图 3-5 带开槽正棱柱体的三视图

图 3-6 带穿孔正棱柱体的三视图

图 3-7 带切口、开槽、穿孔正棱锥体的三视图

看图提示：

1）要明确看图步骤：①根据轮廓为正多边形的视图，确定被切立体的原始形状。②从反映切口、开槽、穿孔的特征部位入手，分析截交线的形状及其三面投影。③将想象中的切割体形状，从无序排列的立体图（表3-1）中辨认出来加以对照。

2）要对同一图中的四组三视图进行比较，根据切口、开槽、穿孔部位的投影（图形）特征，总结出规律性的东西，以指导今后的看图（画图）实践。其中，尤其应注意分析视图中"斜线"的投影含义（它可谓"点的宝库"，该截交线上点的另两面投影均取自于此）。

3）看图与画图能力的提高是互为促进的。因此，希望读者根据表3-1中的轴测图多做些徒手画三视图的练习，作图后再以图3-4～图3-7中的三视图作为答案加以校正，这对画图、看图都有帮助。

表 3-1 图 3-4～图 3-7 所示平面切割体的轴测图

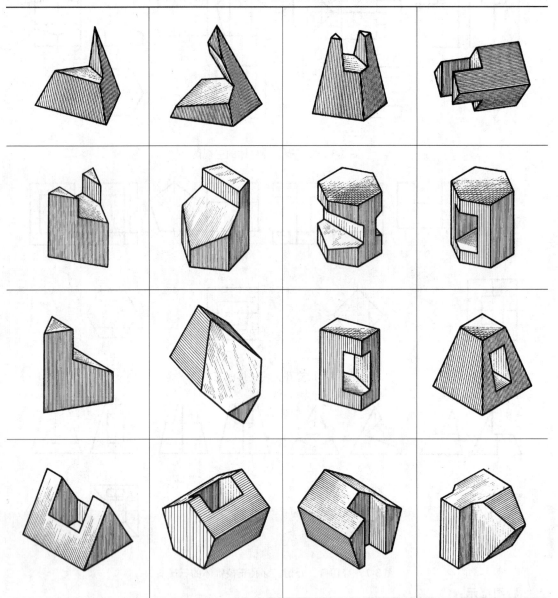

二、曲面立体的截交线

曲面立体的截交线也是一个封闭的平面图形,多为曲线或曲线与直线围成。有时也为直线与直线围成,如圆柱的截交线可为矩形、圆锥的截交线可为三角形等。

1. 曲面立体截交线的画法

(1) 圆柱的截交线 截平面与圆柱轴线的相对位置不同,其截交线有三种不同的形状,见表 3-2。

表3-2 截平面和圆柱轴线的相对位置不同时所得的三种截交线

截平面的位置	与轴线平行时	与轴线垂直时	与轴线倾斜时
轴测图			
投影图			
截交线的形状	矩 形	圆	椭 圆

例 3-3 画出开槽圆柱的三视图(图3-8a)。

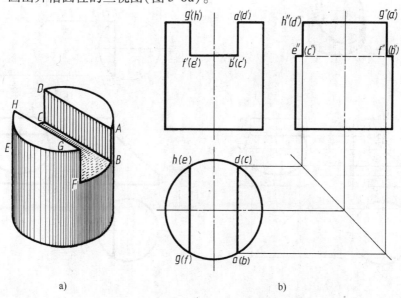

图 3-8 开槽圆柱的三视图画法

分析 圆柱开槽部分是由两个侧平面和一个水平面截切而成的,圆柱面上的截交线(AB,CD,$\overset{\frown}{BF}$,$\overset{\frown}{CE}$……)都分别位于被切出的各个平面上。由于这些面均为投影面平行面,其投影具有积聚性或显实性,因此截交线的投影应依附于这些面的投影,不需另行求出。

作图 先画出完整圆柱的三视图,按槽宽、槽深尺寸依次画出正面和水平面投影,再依据点、直线、平面的投影规律求出侧面投影。作图步骤如图 3-8b 所示。

作图时,应注意以下两点:①因圆柱的最前、最后素线均在开槽部位被切去一段,故左视图的外形轮廓线,在开槽部位向内"收缩",其收缩程度与槽宽有关。②注意区分槽底侧面投影的可见性,槽底是由两段直线、两段圆弧构成的平面图形,其侧面投影积聚为一直线,中间部分($b''\to c''$)是不可见的,画成细虚线。

例 3-4 画出图3-9a所示形体的三视图。

分析 该形体由一个侧平面和一个正垂面截切圆柱而成。侧平面切得的截交线 AB、CD 分别为矩形的前、后两边,正面投影重合为一条线,水平面投影分别积聚成一个点重合在圆周上;正垂面切出的截交线为椭圆(一部分),其正面投影与此椭圆面的积聚性投影(直线)重合,水平面投影与圆周重合,故只需求出侧面投影。

作图 先画出完整圆柱的三视图,再按截平面的位置尺寸依次画出侧平面(矩形)和正垂面(椭圆)的正面投影和水平面投影,据此求出侧面投影:矩形面的投影按点的投影规律求出;椭圆面则需先找特殊点的投影 $1''$、$2''$、$3''$(分别在圆柱最左、最前、最后素线上),再求一般点(为便于连线任找的点)的投影 $4''$、$5''$(图 3-9c),然后光滑连线而成(注意与两截平面交线端点投影 b''、c'' 的连接)。作图步骤如图 3-9b、c、d 所示。

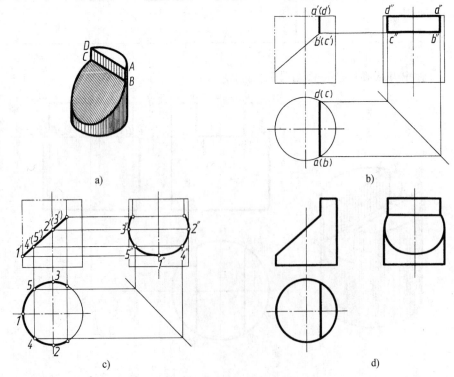

图 3-9 切割圆柱的视图画法

（2）圆锥体的截交线　圆锥体的截交线有五种情况，见表3-3。

表3-3　圆锥体的截交线

截平面的位置	与轴线垂直	过圆锥顶点	平行于任一素线	与轴线倾斜	与轴线平行
轴测图					
投影图					
截交线的形状	圆	等腰三角形	封闭的抛物线[①]	椭　圆	封闭的双曲线[①]

① "封闭"系指以直线（截平面与圆锥底面的交线）将在圆锥面上形成的抛物线、双曲线加以封闭，构成一个平面图形。当截交线为椭圆弧时，也将出现相同的情况。

例 3-5　求正平面截切圆锥（图 3-10a）的截交线的投影。

分析　因为截平面为正平面，与圆锥的轴线平行，所以截交线为一以直线封闭的双曲

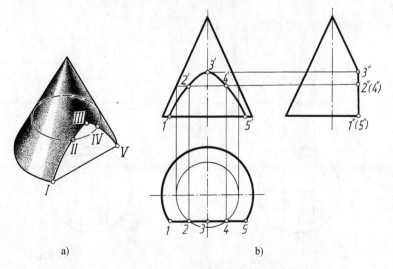

a)　　　　　　　　b)

图 3-10　正平面截切圆锥的截交线

线。其水平投影和侧面投影分别积聚为一直线，只需求出正面投影。

作图

1）求特殊点：点Ⅲ为最高点，它在最前素线上，故根据 3″ 可直接作出 3 和 3′。点Ⅰ、Ⅴ为最低点，也是最左、最右点，其水平面投影 1、5 在底圆的水平面投影上，据此可求出 1′、5′。

2）求一般点：可利用辅助圆法(也可用辅助素线法)，即在正面投影 3′ 与 1′、5′ 之间画一条与圆锥轴线垂直的水平线，与圆锥最左、最右素线的投影相交，以两交点之间的长度为直径，在水平面投影中画一圆，它与截交线的积聚性投影——直线相交于 2 和 4，据此求出 2′、4′。

3）依次将 1′、2′、3′、4′、5′ 连成光滑的曲线，即为截交线的正面投影(图3-10b)。

(3) 圆球的截交线 圆球被任意方向的平面截切，其截交线都是圆。当截平面为投影面的平行面时，截交线在所平行的投影面上的投影为一圆，其余两面投影积聚为直线，如图3-11 所示。该直线的长度等于圆的直径，其直径的大小与截平面至球心的距离 B 有关。

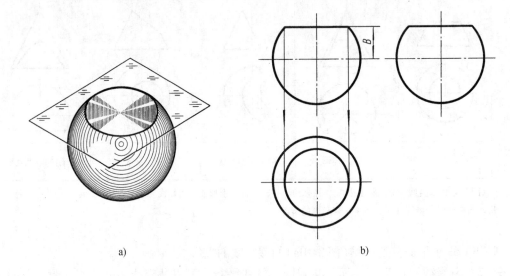

图 3-11 球被水平面截切的三视图画法

例 3-6 画出开槽半球的三视图(图 3-12a)。

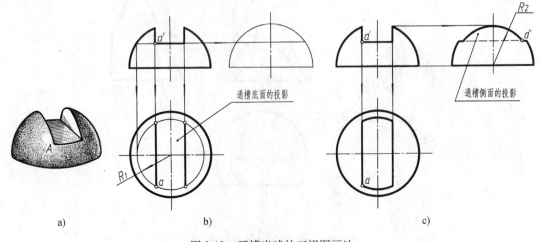

图 3-12 开槽半球的三视图画法

分析 由于半球被两个对称的侧平面和一个水平面所截切，所以两个侧平面与球面的截交线各为一段平行于侧面的圆弧，而水平面与球面的截交线为两段水平的圆弧。

作图 首先画出完整半圆球的三视图，再根据槽宽和槽深尺寸依次画出截交线的正面、水平面和侧面投影，作图的关键在于确定圆弧半径 R_1 和 R_2，具体作法如图3-12b、c所示。（左视图中外形轮廓线的"收缩"情况和槽底投影的可见性判断，与图 3-8 中左视图的分析类似，故不再赘述）。

2. 看曲面切割体的三视图

看图提示：

看曲面切割体的三视图，与看平面切割体三视图的要求基本相同。此外，再强调几点：

1）要注意分析截平面的位置：一是分析截平面与被切曲面体的相对位置，以确定截交线的形状（如截平面与圆柱轴线倾斜，其截交线为椭圆，与圆锥轴线垂直，其截交线为圆等）；二是分析截平面与投影面的相对位置，以确定截交线的投影形状（如球被投影面垂直面切割，截交线圆在另两面上的投影则变成了椭圆等）。

2）要注意分析曲面体轮廓线投影的变化情况（存留轮廓线的投影不要漏画，被切掉轮廓线的投影不要多画）。此外，还要注意截交线投影的可见性问题。

下面提供几组三视图（图 3-13 ~ 图 3-16），希望读者自行阅读。看图时，应先看懂图形，然后再看轴测图。

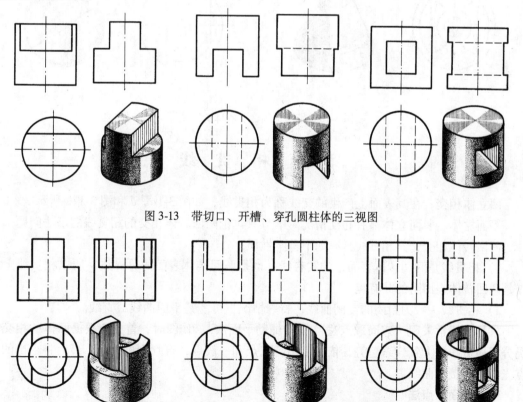

图 3-13 带切口、开槽、穿孔圆柱体的三视图

图 3-14 带切口、开槽、穿孔空心圆柱体的三视图

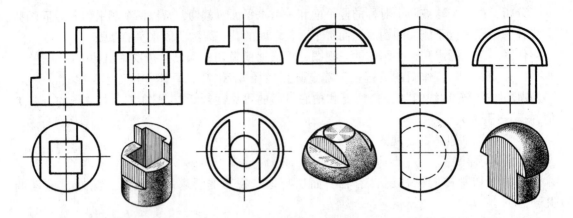

图 3-15 带切口、穿孔圆柱及半球体的三视图

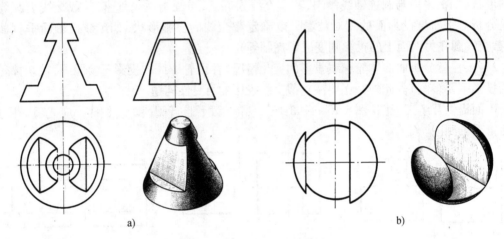

图 3-16 带开槽圆台、圆球的三视图

第二节 相贯线

两立体相交,在其表面上产生的交线称为相贯线,如图 3-1c、d 和图 3-17a 所示。

平面立体、曲面立体都有相交情况。本节只讨论两回转体相交的相贯线的求法问题。

两回转体相交,其相贯线具有如下基本性质:

1) 相贯线是两回转体表面上的共有线,也是两回转体表面的分界线,所以相贯线上的点是两回转体表面上的共有点。

2) 相贯线一般为封闭的空间曲线,特殊情况下可能是平面曲线或直线。

求相贯线常采用"表面取点法"和"辅助平面法"。作图时,首先应根据两体的相交情况分析相贯线的大致伸缩趋势,依次求出特殊点和一般点,再判别可见性,最后将求出的各点光滑地连接成曲线。

一、表面取点法

当圆柱的轴线垂直于某一投影面时,圆柱面在这个投影面上的投影具有积聚性,因而相贯线的投影与其重合,根据这个已知投影,就可用表面取点法求出其他投影。

例 3-7 求正交两圆柱的相贯线的投影（图 3-17）。

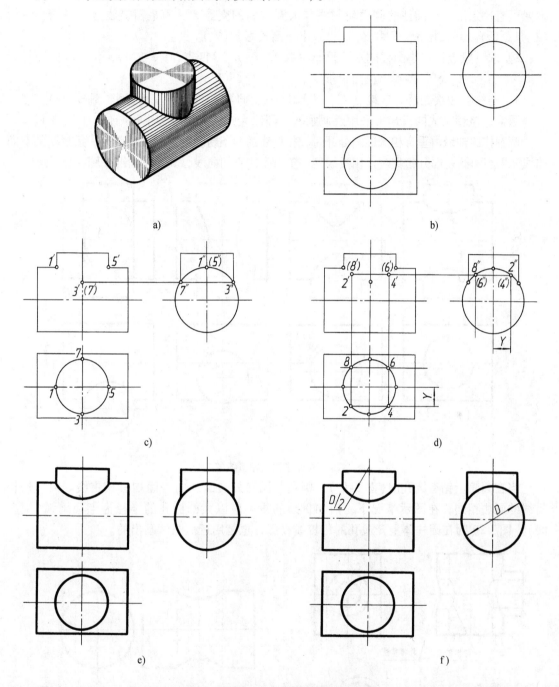

图 3-17 两圆柱轴线正交相贯线的画法

分析 由图 3-17a、b 可以看出，两圆柱的轴线垂直正交，小圆柱面的水平投影和大圆柱面的侧面投影都有积聚性，相贯线的水平投影和侧面投影分别与两圆柱的积聚性投影重合，两圆柱面的正面投影都没有积聚性，故只需用表面取点法求出相贯线的正面投影。

作图 具体方法步骤如下：

1) 求特殊点：相贯线上的特殊点主要是处在相贯体转向轮廓线上的点，如图 3-17c 所示：小圆柱与大圆柱的正面轮廓线交点 1′、5′ 是相贯线上的最左、最右（也是最高）点，其投影可直接定出；小圆柱的侧面轮廓线与大圆柱面的交点 3″、7″ 是相贯线上的最前、最后（也是最低）点。根据 3″、7″ 和 3、7 可求出正面投影 3′(7′)。

2）求一般点：在小圆柱的水平投影中取 2、4、6、8 四点（图3-17d），作出其侧面投影 2″、(4″)、(6″)、8″，再求出正面投影 2′、4′、(6′)、(8′)。

3）连线：顺次光滑地连接点 1′、2′、3′……，即得相贯线的正面投影（图3-17e）。

通常，该相贯线的投影可采用近似画法，即以大圆柱的半径为半径画弧，见图3-17f。

两圆柱的轴线由垂直相交逐渐分开时，相贯线由两条封闭的空间曲线变为一条封闭的空间曲线。即当两圆柱部分相交时，相贯线是一条封闭的空间曲线，其变化情况如图3-18 所示。

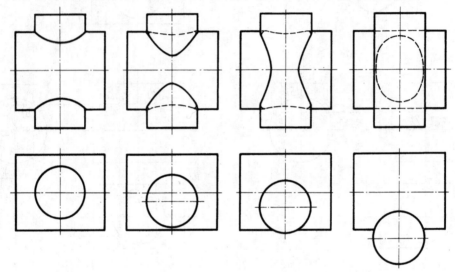

图 3-18　两圆柱相交相贯线的变化

当在圆筒上钻有圆孔时（图3-19），则孔与圆筒外表面及内表面均有相贯线。内、外相贯线的画法相同，在图示情况下，内相贯线的投影应以大圆柱孔的半径为半径画弧（细虚线）。图3-20 为在圆柱体上开通孔的相贯线投影，也是用近似画法画出的。

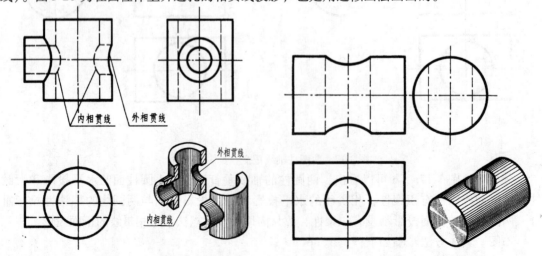

图 3-19　在圆筒上开通孔的画法　　　　图 3-20　在圆柱体上开通孔的画法

二、辅助平面法

用一辅助平面同时切割两相交体，则得两组截交线，两组截交线的交点即为相贯线上的点（如图 3-21 中的 V 和 VI）。这种求相贯线投影的方法，称为辅助平面法。

选择辅助平面的原则是：选取特殊位置平面（一般为投影面平行面），使其切得的截交线简单、易画，即为直线或圆。

例 3-8 圆柱与圆锥台相交，求相贯线的投影（图 3-22）。

分析 由图 3-21 和图 3-22 中看出，圆锥台的轴线为铅垂线，圆柱的轴线为侧垂线，两轴线正交且都平行于正面，所以相贯线前、后对称，其正面投影重合。因圆柱的侧面投影为圆，相贯线

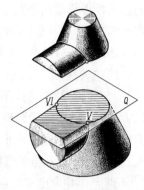

图 3-21　辅助平面的选择

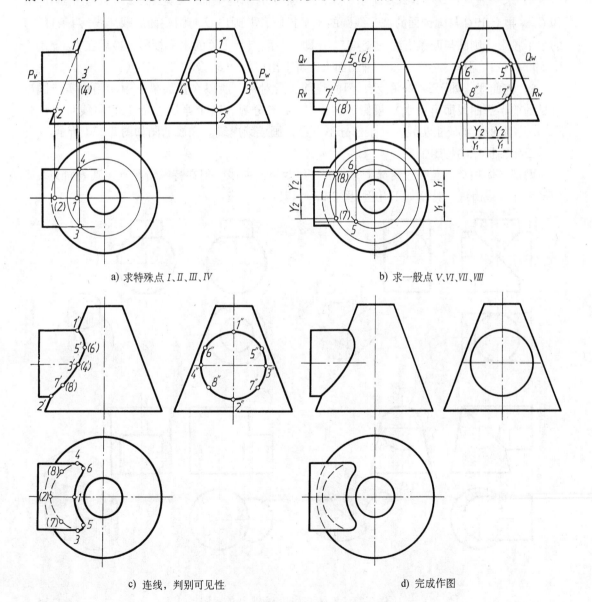

a) 求特殊点 I、II、III、IV　　　　　　　　b) 求一般点 V、VI、VII、VIII

c) 连线，判别可见性　　　　　　　　d) 完成作图

图 3-22　求圆柱与圆锥台的相贯线

的侧面投影积聚在该圆上,故只须求作相贯线的水平投影和正面投影。本例用辅助平面法作图较为方便,选择的辅助平面为水平面,如图 3-21 所示。

作图 其方法步骤如下:

1) 求特殊点:如图 3-22a 所示,由侧面投影可知 $1''$、$2''$ 是相贯线上最高点和最低点的投影,它们是两回转体正面投影外形轮廓线(即特殊位置素线的投影)的交点,可直接确定出 $1'$、$2'$,并由此投影确定出水平投影 1、(2);而 $3''$、$4''$ 是相贯线上最前点、最后点的侧面投影,它们在圆柱水平投影外形轮廓线上。可过圆柱轴线作水平面 P 为辅助平面(画出 P_V),求出平面 P 与圆锥面截交线圆的水平投影,该圆与圆柱面水平投影的外形轮廓线交于 3、4 两点,并求出 $3'$、$(4')$。

2) 求一般点:如图 3-22b 所示,作水平面 Q 为辅助平面(参见图 3-21),首先画出 Q_V 和 Q_W,再求出 Q 与圆锥面的截交线圆的水平投影,并画出 Q 与圆柱面的截交线(两条直线)的水平投影,则圆与两条直线的交点 5、6 即为一般点 V、$Ⅵ$ 的水平投影,最后在 Q_V 上确定出 $5'$ 和 $(6')$;同理,再作一水平辅助面 R,可求出 (7)、(8) 及 $7'$、$(8')$ 点。

3) 连曲线:如图 3-22c 所示,因曲线前、后对称,所以在正面投影中,用粗实线画出可见的前半部曲线即可;水平投影中,由 3、4 点分界,在上半圆柱面上的曲线可见,将 $3\ 5\ 1\ 6\ 4$ 段曲线画成粗实线,其余部分不可见,画成细虚线。完成的图如图 3-22d 所示。

三、相贯线的特殊情况

两回转体相交,在一般情况下,表面交线为空间曲线。但在特殊情况下,其表面交线则为平面曲线或直线,特举如下几例(图 3-23),其中:

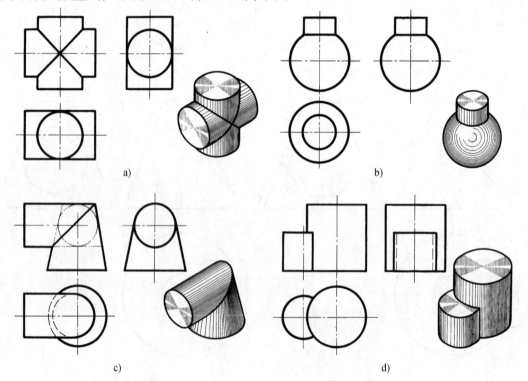

图 3-23 相贯线为非空间曲线的示例

——图 3-23a 为直径相等的两个圆柱正交，其相贯线为大小相等的两个椭圆；
——图 3-23b 为圆柱与圆球同轴相交，其相贯线为一个圆；
——图 3-23c 为圆柱与圆锥正交且公切于一球面，其相贯线为一椭圆；
——图 3-23d 为轴线互相平行的两圆柱相交，其相贯线是两条平行于轴线的直线。

四、相贯线的简化画法

从相贯线的形成、相贯线的性质以及相贯线画法的论述中可知，两相交体的形状、大小及其相对位置确定后，相贯线的形状和大小是完全确定的。为了简化作图，国家标准规定了相贯线的简化画法。即在不致引起误解时，图形中的相贯线可以简化。例如用圆弧代替非圆曲线（图 3-17f）或用直线代替非圆曲线（图 3-24）。

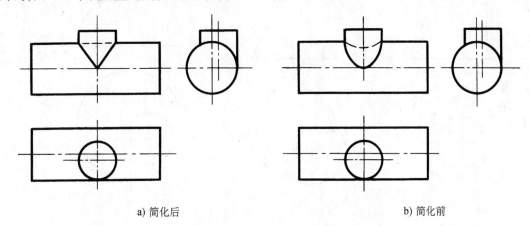

a) 简化后　　　　　　　　　　　　b) 简化前

图 3-24　用直线代替非圆曲线的示例

此外，图形中的相贯线也可以采用模糊画法，如图 3-25 所示。

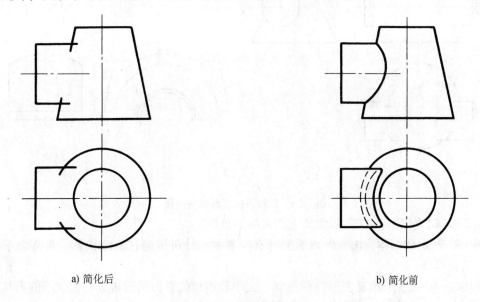

a) 简化后　　　　　　　　　　　　b) 简化前

图 3-25　相贯线的模糊画法示例

所谓模糊画法，是指一种不太完整、不太清晰、不太准确的关于相贯线的抽象画法，它是以模糊图示观点为基础，在画机件的相贯线（过渡线）时，一方面要求表示出几何体相交的概念，另一方面却不具体画出相贯线的某些投影。实质上，它是以模糊为手段的一种关于相贯线的近似画法。

图 3-26 为比较常见的相贯线的模糊画法的图例，供读者自行阅读。

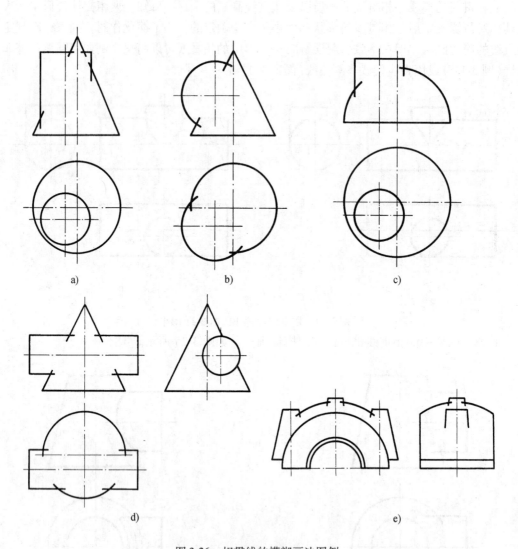

图 3-26 相贯线的模糊画法图例

例 3-9 试看懂图 3-27 所示阀体上相贯线的投影。

图 3-27 所示的阀体，内、外表面上都有相贯线。分析清楚它们的投影，将有助于想象机件的结构形状。

看图时，应首先弄清相交两体的形状、大小和相对位置，然后再分析相贯线的形状及其画法。想象出阀体的整体形状后，再参看其立体图（图 3-1d）。

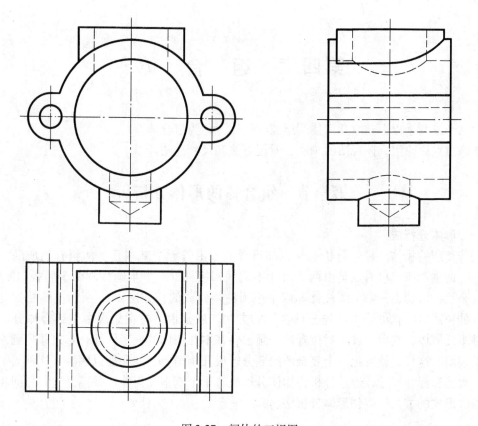

图 3-27 阀体的三视图

第四章 组 合 体

由两个或两个以上基本几何体所组成的物体，称为组合体。
本章重点讨论组合体视图的画法、看图方法和尺寸注法。

第一节 组合体的形体分析

一、形体分析法

任何复杂的物体，仔细分析起来，都可看成是由若干个基本几何体组合而成的。如图 4-1a 所示的轴承座，可看成是由两个尺寸不同的四棱柱、一个半圆柱和两个肋板（图 4-1b）叠加起来后，再切出一个大圆柱体和四个小圆柱体而成的，如图 4-1c 所示。既然如此，画组合体的视图时，就可采用"先分后合"的方法。就是说，先在想象中把组合体分解成若干个基本几何体，然后按其相对位置逐个画出各基本几何体的投影，综合起来即得到整个组合体的视图。这样，就可把一个复杂的问题分解成几个简单的问题加以解决。这种为了便于画图、看图和标注尺寸，通过分析将物体分解成若干个基本几何体，并搞清它们之间相对位置和组合形式的方法，叫作形体分析法。

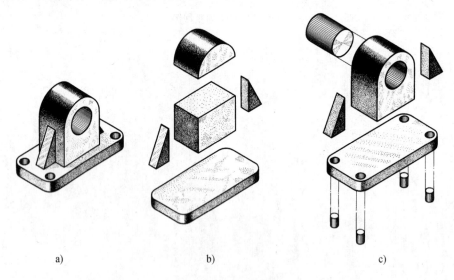

图 4-1 轴承座的形体分析

二、组合体的组合形式

组合体的组合形式，一般可分为叠加、相切、相贯和切割等几种。

1. 叠加

图 4-2a 和图 4-3a 所示的物体，其底板和立板之间以平面相接触，属于叠加。
画图时，对两形体表面之间的接触处，应注意以下两点：
1) 当两形体的表面不平齐时，中间应该画线，如图 4-2a 所示。

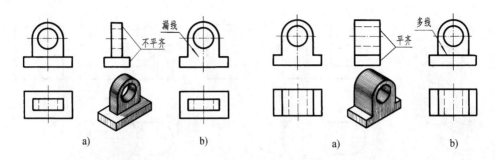

图 4-2 叠加画法(一)　　　　图 4-3 叠加画法(二)

图 4-2b 的错误是漏画了线。因为若两表面投影分界处不画线,就表示成为同一个表面了。

2) 当两形体的表面平齐时,中间不应该画线,如图 4-3a 所示。

图 4-3b 的错误是多画了线。若多画一条线,就变成了两个表面了。

2. 相切

如图 4-4a 所示的物体,它由圆筒和耳板组成。耳板前后两平面与圆筒表面光滑连接,这就是相切。

视图上相切处画法的规定如下:

1) 二面相切处不画线(图 4-4b)。图 4-4c 所示是错误的画法。

2) 相邻平面(如耳板的上表面)的投影应画至切点处,如图 4-4b 中的 a'、a'' 和 c''。

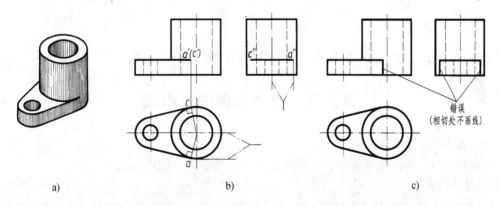

图 4-4 相切的特点及画法

3. 相交

图 4-5a 所示的物体,其耳板与圆柱属于相交。两个形体相交,其表面交线(相贯线)的投影必须画出,如图 4-5b 所示。图 4-5c 的错误是漏画了表面交线。

4. 切割

图 4-6a 所示的物体,可看成是长方体经切割而形成的(图 4-6b)。画切割体视图的关键是求截交线的投影,如图 4-6c、d 所示。

当然,在实际画图时,往往会遇到一个物体上同时存在几种组合形式的情况,这就要求我们更要注意分析。无论物体的结构怎样复杂,但相邻两形体之间的组合形式仍旧是单一的,只要善于观察和正确地运用形体分析法作图,问题总是不难解决的。

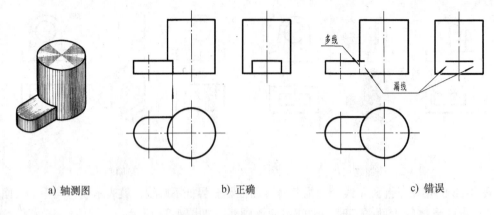

a) 轴测图　　　　　　b) 正确　　　　　　c) 错误

图 4-5　相交的特点及画法

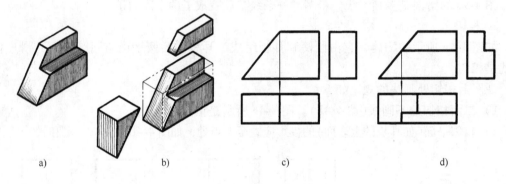

a)　　　　　b)　　　　　c)　　　　　d)

图 4-6　切割型组合体的画法

第二节　组合体视图的画法

一、组合体三视图的画法

下面以图 4-7 所示支架为例，说明画组合体三视图的方法和步骤。

1. 形体分析

画图之前，首先应对组合体进行形体分析。图 4-7a 所示支架由底板、立板和肋板组成（图 4-7b）。它们之间的组合形式均为叠加。立板的半圆柱面与和其相接的四棱柱的前、后

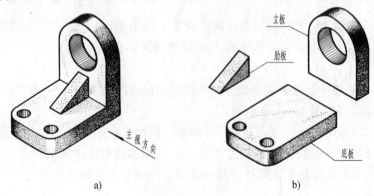

a)　　　　　　　　　　　　b)

图 4-7　支架的形体分析

表面相切；立板与底板的前、后表面平齐；肋板与底板及立板的相邻表面均属相交。此外，在底板和立板上还有通孔，属于切割。

2. 选择主视图

主视图应能明显地反映物体形状的主要特征，还要考虑到物体的正常位置，并力求使其主要平面与投影面平行，以便使投影获得实形。该支架以箭头所指作为主视图的投射方向，可满足上述的基本要求。主视方向确定后，俯视图和左视图的投射方向就随之确定了。

3. 选比例、定图幅

视图确定后，要根据物体的大小和复杂程度，按标准规定选定绘图比例和图幅。应注意，所选的图幅要比绘制视图所需的面积大一些，以便标注尺寸和画标题栏等。

4. 布置视图

布置视图时，应将视图匀称地布置在图面上，视图间的空当应保证能注全所需的尺寸。

5. 绘制底稿

支架的绘图步骤如图4-8所示。

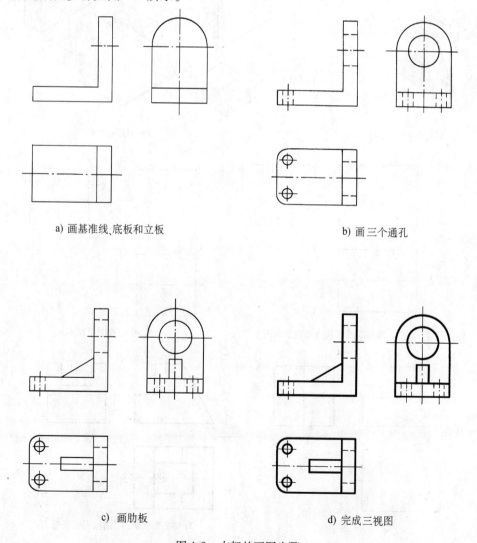

a) 画基准线、底板和立板　　　　b) 画三个通孔

c) 画肋板　　　　d) 完成三视图

图4-8　支架的画图步骤

绘制底稿时，应注意以下两点：

1）一般应从形状特征明显的视图入手。先画主要部分，后画次要部分；先画看得见的部分，后画看不见的部分；先画圆或圆弧，后画直线。

2）物体的每一组成部分，最好是三个视图配合画出。就是说，不要先把一个视图画完后再画另一个视图。这样既可提高绘图速度，又可避免多线、漏线。

6. 检查、描深

底稿完成后，应认真进行检查：在三视图中依次检查各组成部分的投影对应关系是否正确，分析相邻两形体间接合处的画法有无错误，是否多线、漏线。再以模型或轴测图与三视图对照，确认无误后，再描深图线，完成全图，如图 4-8d 所示。

例 4-1 画出图 4-9a 所示组合体的三视图。

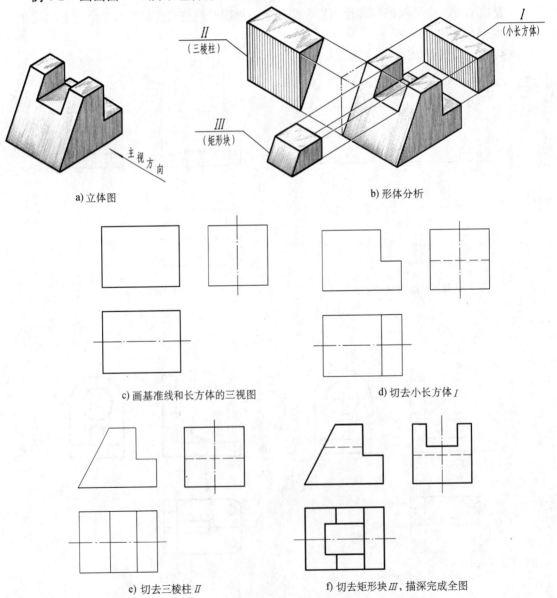

图 4-9 切割型组合体的画图步骤

具体作图步骤，如图 4-9b、c、d、e、f 所示。

二、组合体轴测图的画法

画组合体的轴测图，通常采用以下两种方法：

（1）叠加法　先将组合体分解成若干个基本几何体，然后按其相对位置逐个画出各基本几何体的轴测图，进而完成整体的轴测图。

（2）切割法　先画出完整的几何体的轴测图（通常为方箱），然后按其结构特点逐个切除多余的部分，进而完成形体的轴测图。

例 4-2　根据图 4-10a 所示的两视图，画正等轴测图。

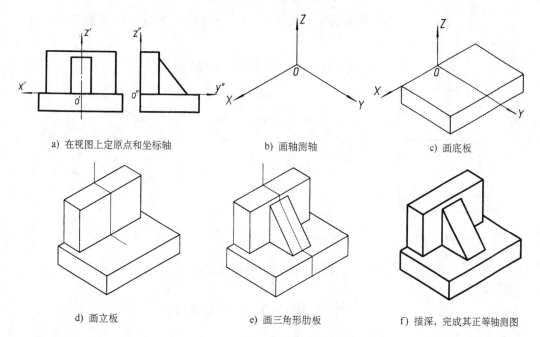

a) 在视图上定原点和坐标轴　　b) 画轴测轴　　c) 画底板

d) 画立板　　e) 画三角形肋板　　f) 描深，完成其正等轴测图

图 4-10　用叠加法画正等轴测图

该组合体由底板、立板和三角形肋板组成，左右对称。坐标原点选在底板上表面后棱线的中点，以免多画底板、立板和肋板的底面、后面和右侧面上的一些细虚线。

画轴测图时先画底板、再画立板，最后画三角形肋板。具体作图步骤如图 4-10 所示。

例 4-3　根据图 4-11a 所示的三视图，画正等轴测图。

由图 4-11a 可知，该体由长方体经切割而成，故应采用切割法作图。先画完整长方体的轴测图，再依次切去多余的部分。画斜面时，应先由轴向上定出斜线上的两个端点，再连其斜线。作图的关键在于画出切面与被切物体表面及切面与切面之间的交线，还应注意交线与交线之间的平行关系。具体作图步骤如图 4-11 所示。

例 4-4　根据图 4-12a 所示的两视图，画带圆角平板的正等轴测图。

图 4-12a 所示平板的每个圆角，都相当于一个整圆的 1/4。画圆角的正等轴测图时，只要在作圆角的边上量取圆角半径 R（图 4-12a、b），自量得的点（切点）作边线的垂线，然后以两垂线的交点为圆心，分别过切点所画的弧即为轴测图上的圆角。再用移心法画底面圆角完成全图，如图 4-12c 所示（所谓"移心法"，是指在画出某一椭圆或椭圆弧后，将其圆心和切点沿其轴线移动至所需的同一距离，再画另一椭圆或椭圆弧）。

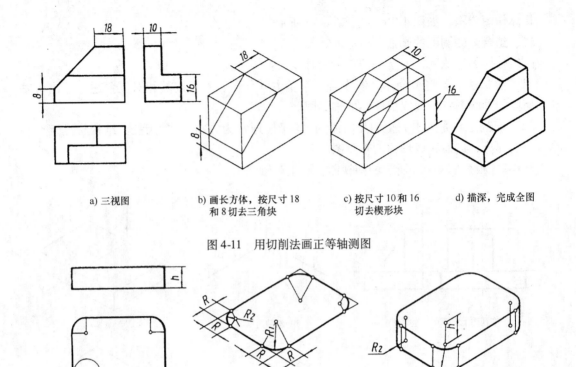

图 4-11 用切削法画正等轴测图

图 4-12 圆角正等轴测图画法

第三节　组合体的尺寸标注

视图只能表达物体的形状，而物体各部分的大小及相对位置则要通过尺寸来确定。标注组合体尺寸的要求是：正确——尺寸注法符合国家标准规定（见第一章第二节）；完整——所注尺寸不多、不少、不重复；清晰——尺寸标注在明显部位，排列整齐，便于看图。

一、简单体的尺寸标注

1. 几何体的尺寸注法

如图 4-13 所示，几何体一般应标注长、宽、高三个方向的尺寸（图 4-13a）；正四棱台两正方形底面的尺寸也可只注一个边长，但须在尺寸数字前加注符号"□"（图 4-13b）；正棱柱、正棱锥也可标注其底的外接圆直径和高（图 4-13c）；圆柱、圆台等应注出高和底圆直径，直径尺寸前加注"ϕ"，如图 4-13d、e 所示。圆球在直径尺寸前加注"$S\phi$"，只用一个视图就可将其形状和大小表示清楚（图 4-13f）。

2. 带切口、凹槽几何体的尺寸注法

如图 4-14 所示，它们除了标注几何体长、宽、高三个方向的尺寸外，还应标注切口的位置尺寸或凹槽的定形尺寸和定位尺寸（带括号的尺寸为参考尺寸）。

3. 截断体与相贯体的尺寸注法

如图 4-15 所示，截断体除了注出基本形体的尺寸外，还应注出截平面的位置尺寸

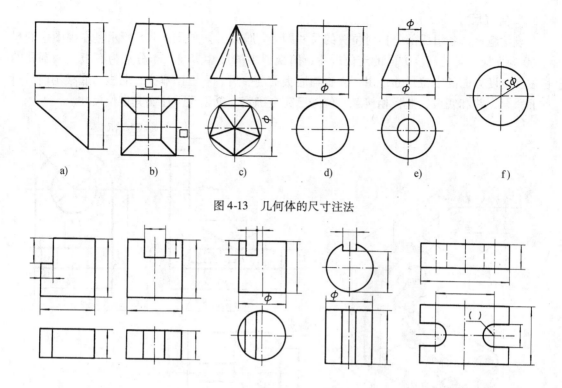

图 4-13　几何体的尺寸注法

图 4-14　带切口和凹槽几何体的尺寸注法

（图 4-15a、b）；相贯体除了注出相贯两基本形体的尺寸外，还应注出两相贯体的相对位置尺寸（图 4-15c、d）。由于截交线和相贯线都是相交时形成的，所以对其不直接注出尺寸（见图 4-15 中打叉或注明处。）

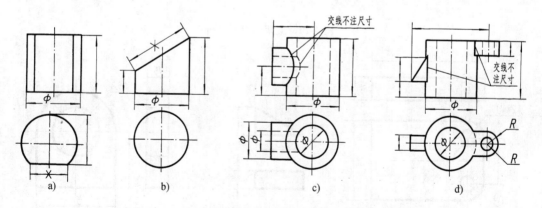

图 4-15　截断体和相贯体的尺寸注法

二、组合体的尺寸标注
1. 定形尺寸

确定组合体各组成部分的长、宽、高三个方向的大小尺寸即为定形尺寸。图 4-16a 所示支架是由底板、立板和肋板组成的，各部分的定形尺寸如图 4-17 所示：底板的定形尺寸为长 80、宽 54、高 14、圆孔直径 $\phi 10$ 及圆弧半径 $R10$；立板的定形尺寸为长 15、宽 54、圆孔直径 $\phi 32$ 和圆弧半径 $R27$；肋板的定形尺寸为长 35、宽 12 和高 20。

2. 定位尺寸

表示组合体各组成部分相对位置的尺寸即为定位尺寸。如图 4-16b 所示：左视图中的尺寸 60 为立板上轴孔高度方向的定位尺寸；俯视图中的尺寸 70 和 34 分别为底板上两圆孔的长度和宽度方向的定位尺寸；由于立板与底板的前、后、右三面靠齐，肋板与底板的前后对称面重合，并和底板、立板相接触，位置已完全确定，所以无需注出其定位尺寸。

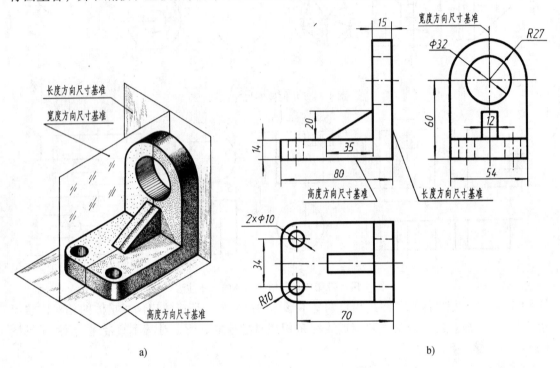

图 4-16 支架的尺寸分析

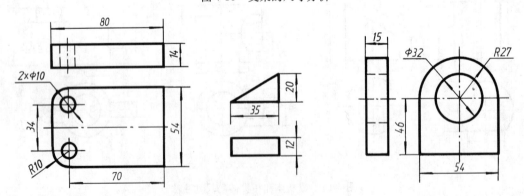

图 4-17 支架各组成部分的尺寸

3. 总体尺寸

表示组合体外形大小的总长、总宽和总高的尺寸即为总体尺寸。如图 4-16b 所示，底板的长度 80，即为支架的总长尺寸；底板的宽度 54，即为支架的总宽尺寸；支架的总高尺寸由 60 和 R27 决定，支架的三个总体尺寸已全。在这种情况下，总高是不直接注出的，即组合体的一端或两端为回转体时，必须采取这种标注形式，否则就会出现重复尺寸。

三、尺寸基准

确定尺寸位置的几何元素，称为尺寸基准。由于组合体有长、宽、高三个方向的尺寸，所以每个方向至少应该有一个尺寸基准。一般可选择组合体的对称平面、底面、重要端面及回转体的轴线等，作为尺寸基准。基准选定后，组合体的主要尺寸一般就应从基准出发进行标注。如图4-16b所示，主、俯视图中的尺寸80、70、15都是从支架右侧面这个长度方向的尺寸基准出发标注的；以支架的前后对称面作为宽度方向的尺寸基准，标注了54、34、12这三个尺寸；以底板的底面作为高度方向的尺寸基准，标注了尺寸60和14。

四、尺寸标注的基本要求

1. 尺寸标注必须完整

形体分析法也是标注尺寸的基本方法。因此，只要在形体分析的基础上，逐个地注出各组成部分的定形尺寸、它们之间的定位尺寸和总体尺寸，即可达到完整的要求。

2. 尺寸标注必须清晰

1）各基本形体的定形、定位尺寸不要分散，要尽量集中标注在反映该形体特征和明显反映各形体相对位置的视图上。

2）为了使图形清晰，应尽量将尺寸注在视图外面。与两视图有关的尺寸，最好注在两视图之间。

3）尽量避免将尺寸注在细虚线上。

4）同心圆的尺寸，最好注在非圆视图上。

具体标注尺寸时，一般应采取如下步骤：对组合体进行形体分析→确定尺寸基准→标注定形尺寸→标注定位尺寸→标注总体尺寸→检查。

第四节　看组合体视图的方法

一、看图是画图的逆过程

画图，是运用正投影规律将物体画成若干个视图来表达物体形状的过程，如图4-18所示；看图，是根据视图想象物体形状的过程，如图4-19所示：使正面保持不动，将水平面、侧面按箭头所指方向旋回到三个投影面相互垂直的原始位置，然后由各视图向空间引投射线，即将主视图上各点沿投射线向前拉出，将俯视图上各点沿投射线向上升起，将左视图

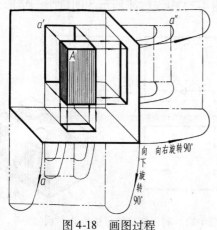

图4-18　画图过程

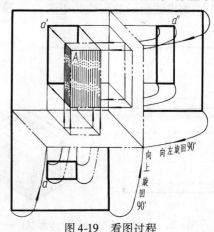

图4-19　看图过程

上各点沿投射线向左横移,则同一点的三投射线必相遇(如图 4-19 中由 a'、a、a'' 所引的投射线相遇于点 A),即物体上所有的点,都将由于过其三个投影所引的返回空间的投射线汇交而得到复原。由于这种投影的可逆性,视图上各点的"旋转归位",就使整个物体的形状"再造"出来了。

由此可见,看图是画图的逆过程。因此,看图时必须将由空间物体到平面图形和由平面图形到空间物体的转化关系弄清楚。因为看图的实质,就是通过这种"正"、"逆"向反复交叉的思维活动,经过分析、判断、想象,在头脑中呈现物体立体形象的过程。

二、看图要领

前面介绍的"线框的含义"和"识读单个视图"等也都属于看图要领。下面再介绍几点:

1)要把几个视图联系起来识读。

我们已经知道,一个视图不能反映物体的唯一形状,有时两个视图也不能确定物体的形状。如图 4-20a 所示,若只看主、俯两视图,它可以反映图 4-20b~e 所示的四个甚至更多形状不同的物体。因此,看图时不要将眼睛只盯在一个视图上,必须把所有视图都加以对照、分析,才能想象出物体的确切形状。

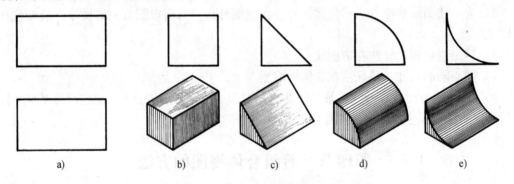

图 4-20 几个视图配合看图示例

2)要注意利用细虚线分析相关组成部分的形状和相对位置。

细虚线和粗实线的含义一样,也是表示物体上轮廓线的投影,只是因为其不可见而画成细虚线。若利用好这个"不可见"的特点,对看图则很有帮助,尤其对判定其所示形体、表面或交线的位置(因它们均处于物体的"中部"或"后部"),会有更好的效果。例如,图 4-21 中细虚线所示的凹坑为矩形,在下部,居中;图 4-22 中细虚线所示的凹坑为十字形,

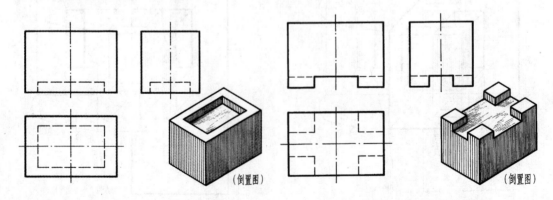

图 4-21 利用细虚线分析物体形状(一)　　图 4-22 利用细虚线分析物体形状(二)

也在下面，对称分布；图 4-23 中细虚线圆所示的形体为圆柱体，在后部，居中；图 4-24 中细虚线所示形体的顶面为弧形，在右部。可见，看图时注意分析细虚线是很有必要的。

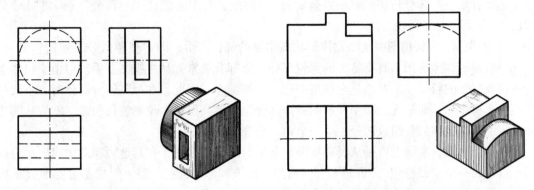

图 4-23 利用细虚线分析物体形状（三） 　　　　图 4-24 利用细虚线分析物体形状（四）

三、看图方法

1. 形体分析法

运用形体分析法看图，其实质就是"分部分想形状，合起来想整体"。这样，就可把一组复杂的图形分解成几组简单的图形来处理了，以起到将"难"变"易"之效。

例如，图 4-25a 所示的三视图，若将其分解成如图 4-25b 那样的五组简单图形，则很容

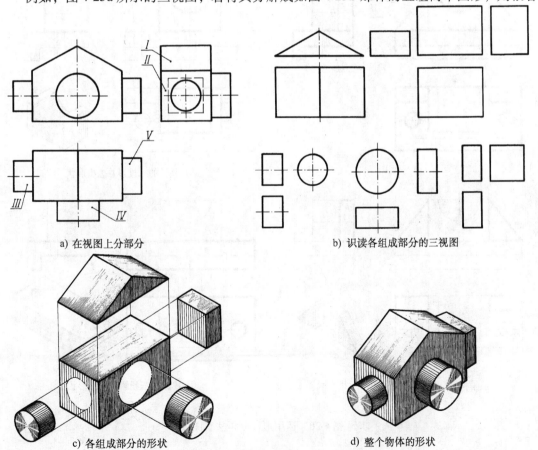

a) 在视图上分部分　　　　　　　　　　　b) 识读各组成部分的三视图

c) 各组成部分的形状　　　　　　　　　　d) 整个物体的形状

图 4-25 用形体分析法看图的步骤

易看懂，其立体形状见图 4-25c，再将它们按其相对位置综合起来，整个物体的形状就想象出来了，如图 4-25d 所示。

由此看来，形体分析法的着眼点是"体"。因此，看图时怎样"分部分"（即将"体"分解出来）则是个首要问题了。

"分部分"应从视图中反映物体形状最明显的部位入手，即"抓特征分部分"。

一般地说，主视图上具有特征的部位多些，分部分通常先从主视图着手。但由于物体上每一组成部分的特征，并非总是全部集中在一个视图上。因此，在抓特征分部分时，不要只盯在一个视图上，而是无论哪个视图的哪个部分，只要其形状、位置特征明显，就应从哪个部分入手，把物体的各组成部分一个一个地"分离"出来。

分部分看图，实际上就是从具有特征部分的封闭线框出发，在其他两视图中找出对应投影，以形成一个"线框组"，通过相互映衬想象出该部分的形状。每一组成部分都照此依次进行，最后将其加以综合，即可想象出整个物体的结构形状。

看图的一般顺序是：先看主要部分，后看次要部分；先看容易确定的部分，后看难以确定的部分；先看整体形状，后看细节形状。

例 4-5 看轴承座的三视图（图 4-26）。

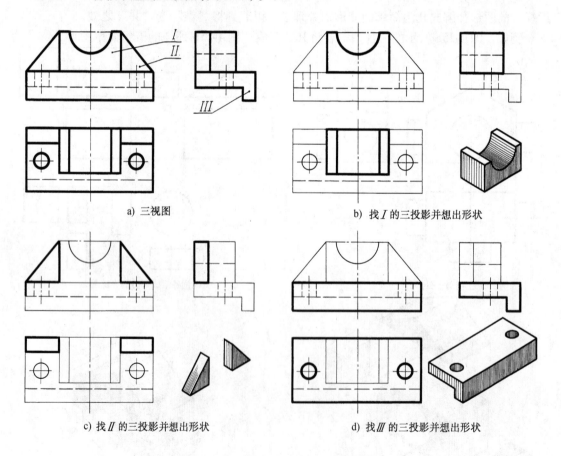

a) 三视图　　　　　　　　　　b) 找 I 的三投影并想出形状

c) 找 II 的三投影并想出形状　　d) 找 III 的三投影并想出形状

图 4-26　运用形体分析法看图

看图步骤如下:

(1) 抓住特征分部分　通过分析可知,主视图较明显地反映了形体Ⅰ、Ⅱ的特征,而左视图则较明显地反映了形体Ⅲ的特征。据此,该轴承座可大体分为三部分(图4-26a)。

(2) 对准投影想形状　形体Ⅰ、Ⅱ从主视图出发、形体Ⅲ从左视图出发,依据"三等"规律分别在其他视图上找出对应的投影,如图4-26b~d中的粗实线所示,然后经旋转归位即可想出各组成部分的形状,如图4-26b~d中的轴测图所示。

(3) 综合起来想整体(图4-27)　长方体Ⅰ在底板Ⅲ上面,两形体的对称面重合且后面靠齐;肋板Ⅱ在长方体Ⅰ的左右两侧,且与其相接,后面靠齐,从而综合想象出物体的形状。

2. 线面分析法

将物体的表面进行分解,弄清各个表面的形状和相对位置的分析方法,称为线面分析法。

运用线面分析法看图,其实质就是以线框分析为基础,通过分析"面"的

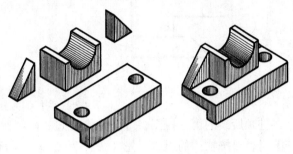

图4-27　轴承座的轴测图

形状和位置来想象物体的形状。线面分析法常用于分析视图中局部投影复杂之处,将它作为形体分析法的补充。但在看切割体的视图时,主要利用线面分析法。

例4-6　看懂图4-28a所示的三视图。

粗略一看便知,该体的原始形状为长方体,经多个平面切割而成,属于切割体,采用线面分析法看图为宜。

线面分析法的着眼点是"面"。看图时,一般可采用以下步骤:

(1) 分线框、定位置　在视图中分线框、定位置,是为了识别"面"的形状和空间位置。凡"一框对两线",则表示平面为投影面平行面;"一线对两框",则表示平面为投影面垂直面;"三框相对应",则表示一般位置平面。熟记其特点,便可以很快地识别出面的形状和空间位置。

分线框可从平面图形入手,如从三角形1′入手,找出对应投影1和1″(一框对两线,表示Ⅰ为正平面);也可从视图中较长的"斜线"入手,如从2′入手,找出2和2″(一线对两框,表示Ⅱ为正垂面)。同样,从长方形3″入手,找出3和3′(表示侧平面);从斜线4″入手,找出4和4′(表示侧垂面)。其中,尤其应注意视图中的长斜线(特征明显),它们一般为投影面垂直面的投影,抓住其投影的积聚性和另两面投影均为平面原形类似形的特点,便可很快地分出线框,判定出"面"的位置。

(2) 综合起来想整体　切割体往往是由几何体经切割而形成的,因此,在想象整个物体的形状时,应以几何体的原形为基础,以视图为依据,再将各个表面按其相对位置综合起来,即可想象出整个物体的形状,如图4-28b所示。

四、看图举例

验证看图效果的方法,通常可采用以下两种:一是补画视图,二是补画缺线。

1. 由两视图补画第三视图

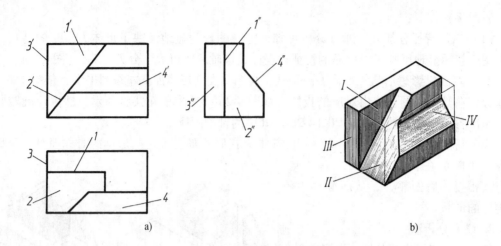

图 4-28 利用线面分析法看图

补画所缺的第三视图,可以先将已知的两视图看懂再补画,也可以边看、边想、边画。作图时,要按物体的组成,先"大"后"小"一部分一部分地补画,看懂一处,补画一处。整个视图补完后,再与给出的两视图相对照,去掉多线,补出漏线(尤其要注意相邻两形体间表面接触处的画法),直至完成。

例 4-7 根据主、俯两视图(图 4-29a),补画左视图。

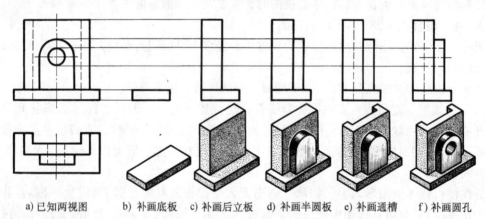

a) 已知两视图　　b) 补画底板　c) 补画后立板　d) 补画半圆板　e) 补画通槽　f) 补画圆孔

图 4-29 由已知两视图补画第三视图的步骤

根据主、俯两视图,经过线框分析可以看出,该物体是由底板、前半圆板和后立板叠加起来后,又切去一个通槽、钻一个通孔而形成的。

具体作图步骤,如图 4-29b~f 所示。

2. 补画视图中所缺的图线

补画视图中所缺的图线,应从反映物体形状、位置特征最明显的部位入手,按部分对投影,如发现缺线就应立即补画,要勤于下笔。因为补出的缺线越多,物体的形象就越清晰,越容易发现新的缺线。补完缺线之后,再将想象出的物体与三视图相对照,如感到有"不得劲"的地方(往往缺线),还须再推敲、修正,直至完成。

例 4-8 补画三视图中所缺的图线(图 4-30a)。

具体作图步骤,如图 4-30b~f 所示。图 4-31 为该体的轴测图。

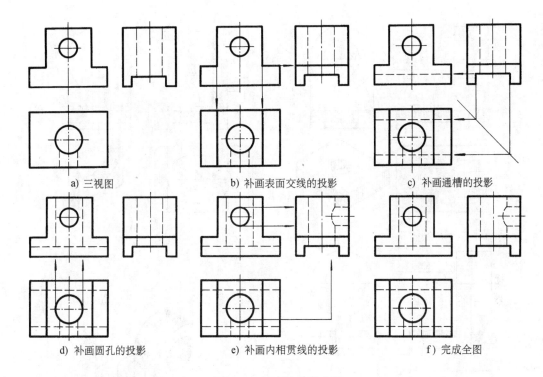

图 4-30 补画缺线的步骤

例 4-9 看懂图 4-32a 所示支架的三视图。

看图步骤如下:

(1) 抓住特征分部分 通过形体分析可知,该支架可分为五部分:圆筒Ⅰ、底板Ⅱ、支承板Ⅲ、肋板Ⅳ、凸台Ⅴ,如图 4-32a 所示。

(2) 对准投影想形状 根据每一部分的三面投影,逐个想象出各基本体的形状和位置,如图 4-32b、c、d、e 所示。

(3) 综合起来想整体 如图 4-32f 所示。

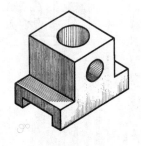

图 4-31 轴测图

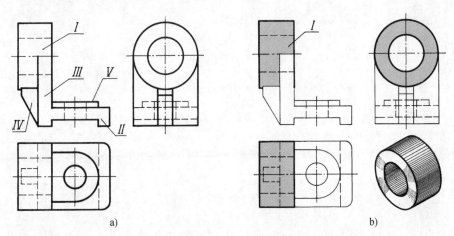

图 4-32 看支架三视图的步骤

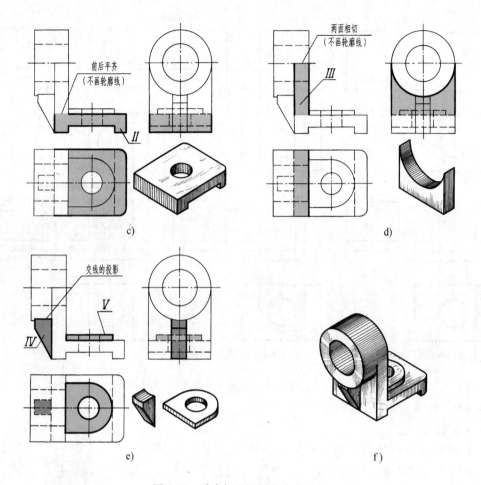

图 4-32 看支架三视图的步骤(续)

第五章　机件的表达方法

在生产实际中，机件的形状千变万化，其结构有简有繁。为了完整、清晰、简便、规范地将机件的内外结构形状表达出来，国家标准《技术制图》与《机械制图》中规定了各种画法，如视图、剖视、断面、局部放大图以及简化画法等，本章将介绍其中的主要内容。

第一节　视　图

视图（GB/T 17451—1998、GB/T 4458.1—2002）主要用来表达机件的外部结构和形状，一般只画出机件的可见部分，必要时才用细虚线表达其不可见部分。

视图的种类通常有基本视图、向视图、局部视图和斜视图四种。

一、基本视图

如图 5-1 所示，在原有三个投影面的基础上，再增设三个投影面，构成一个正六面体，这六个面称为基本投影面。将机件放在正六面体内，分别向各基本投影面投射，所得的视图称为基本视图。除了前述的主视图、俯视图、左视图外，还有从右向左投射所得的右视图，从下向上投射所得的仰视图，从后向前投射所得的后视图。

六个基本投影面的展开方法如图 5-1 所示。

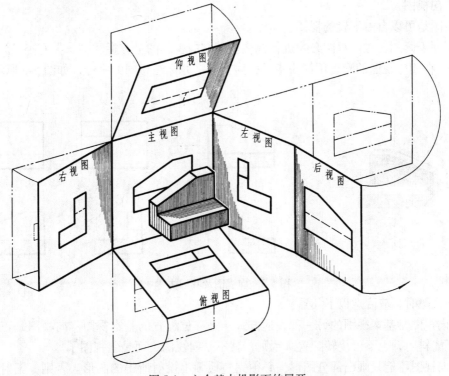

图 5-1　六个基本投影面的展开

六个基本视图的配置关系见图 5-2b。在同一张图纸内照此配置视图时，不必标注视图名称。

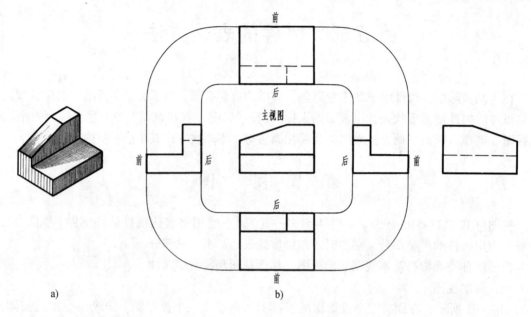

图 5-2 六个基本视图的位置

如图 5-2b 所示，六个基本视图之间仍符合"长对正、高平齐、宽相等"的投影规律。除后视图外，各视图的里侧（靠近主视图的一侧）均表示机件的后面；各视图的外侧（远离主视图的一侧）均表示机件的前面。

二、向视图

向视图是可以自由配置的视图。

为了便于读图，对向视图必须进行标注。即在向视图的上方标注"×"（"×"为大写拉丁字母），在相应视图的附近用箭头指明投射方向，并标注相同的字母，如图 5-3 所示。

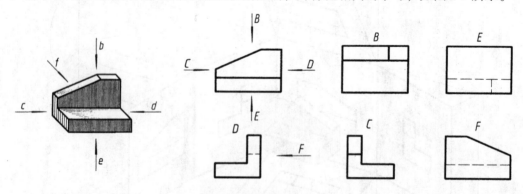

图 5-3 向视图及其标注

画向视图时，应注意以下几点：

1）向视图是基本视图的另一种表达方式，是移位配置的基本视图。向视图是正射获得的，既不能斜射，也不可旋转配置。否则，就不是向视图，而是斜视图了。

2）向视图不能只画出部分图形，必须完整地画出投射所得的图形。否则，正射所得的局部图形就是局部视图而不是向视图了。

3) 表示投射方向的箭头尽可能配置在主视图上,以使所获视图与基本视图相一致。表示后视图投射方向的箭头,应配置在左视图或右视图上。

三、局部视图

图 5-4a 所示的机件,采用主、俯两个基本视图,其主要结构已表达完整(图 5-4b),但左、右两个凸台的形状不够清晰。若因此再画两个完整的基本视图(左视图和右视图),则大部分投影重复;如只画出基本视图的一部分(图 5-4c),则可事半功倍。

这种将机件的某一部分向基本投影面投射所得的视图,称为局部视图。

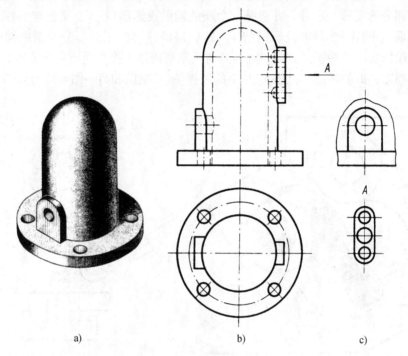

图 5-4 局部视图(一)

1. 局部视图的配置和标注

局部视图可按以下三种形式配置,并进行必要的标注。

1) 按基本视图的配置形式配置,当与相应的另一视图之间没有其他图形隔开时,则不必标注,如图 5-4c 中左视图位置上的局部视图。

2) 按向视图的配置形式配置和标注,如图 5-4c 中的局部视图 A。

3) 按第三角画法配置在视图上所需表示的局部结构附近,并用细点画线将两者相连(图 5-5),无中心线的图形也可用细实线联系(图 5-6),此时无需另行标注。

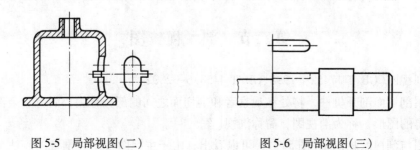

图 5-5 局部视图(二)　　　图 5-6 局部视图(三)

2. 局部视图的画法

局部视图的断裂边界以波浪线（或双折线）表示，如图 5-4c 中的局部视图（上）。若表示的局部结构是完整的，且外形轮廓成封闭状态时，波浪线可省略不画，如图 5-4c 中的局部视图 A。

四、斜视图

机件向不平行于基本投影面的平面投射所得的视图，称为斜视图。

如图 5-7a 所示，当机件某部分的倾斜结构不平行于任何基本投影面时，在基本视图中不能反映该部分的实形。这时，可选择一个新的辅助投影面（H_1），使它与机件上的倾斜部分平行，且垂直于某一个基本投影面（V）。然后将机件上的倾斜部分向新的辅助投影面投射，再将新投影面按箭头所指方向，旋转到与其垂直的基本投影面重合的位置，就可得到该部分实形的视图，即斜视图，见图 5-7b 中的 A 视图（C 视图和另一图形均为局部视图）。

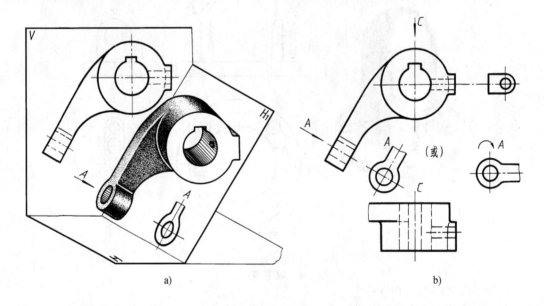

图 5-7 斜视图与局部视图

斜视图通常按向视图的配置形式配置并标注，其断裂边界可用波浪线（或双折线）表示，如图 5-7b 中 A 视图所示。

必要时，允许将斜视图旋转配置，但需画出旋转符号（见图 5-7b，表示该视图名称的字母应靠近旋转符号的箭头端，也允许将旋转角度标注在字母之后）。斜视图可顺时针旋转或逆时针旋转，但旋转符号的方向要与实际旋转方向一致，以便于看图者识别。

第二节 剖 视 图

一、剖视图（GB/T 17452—1998、GB/T 4458.6—2002）

假想用剖切面剖开机件，将处在观察者和剖切面之间的部分移去，而将其余部分向投影面投射所得的图形，称为剖视图，简称剖视（图 5-8）。

将视图与剖视图相比较（图 5-9），可以看出，由于主视图采用了剖视的画法（图 5-9b），将机件上不可见的部分变成了可见的，图中原有的细虚线变成了粗实线，再加上剖面线的作用，所以使机件内部结构形状的表达既清晰，又有层次感。同时，画图、看图和标注尺寸也都更为简便。

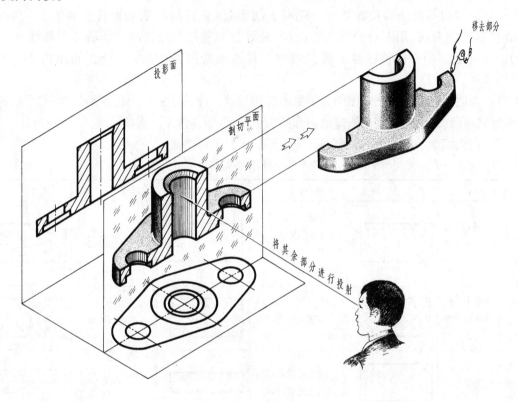

图 5-8　剖视图的形成

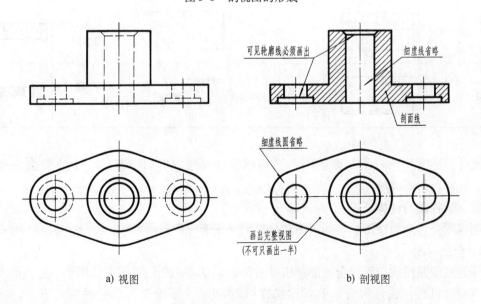

a) 视图　　　　　　　　　　　　　　b) 剖视图

图 5-9　视图与剖视图的比较

画剖视图时,应注意以下几点(参看图5-9):

1) 因为剖切是假想的,并不是真把机件切开并拿走一部分。因此,当一个视图取剖视后,其余视图一般仍按完整机件画出。

2) 剖切面与机件的接触部分,应画上剖面线(各种材料的剖面符号如表5-1所示。金属材料的剖面线,用平行的细实线绘制,最好与主要轮廓线或剖面区域的对称线成45°角)。应注意:同一机件在各个剖视图中,其剖面线的画法均应一致(间距相等、方向相同)。

3) 为使图形清晰,剖视图中看不见的结构形状,在其他视图中已表示清楚时,其细虚线可省略不画(但对尚未表达清楚的内部结构形状,其细虚线不可省略)。

4) 在剖切面后面的可见轮廓线,应全部画出,不得遗漏。

表5-1 材料的剖面符号

材料类别	图例	材料类别	图例	材料类别	图例
金属材料(已有规定剖面符号者除外)	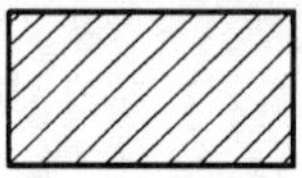	型砂、填砂、粉末冶金、砂轮、陶瓷刀片、硬质合金刀片等	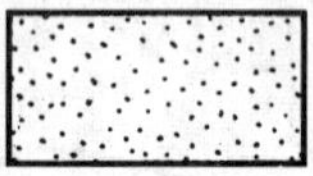	木材纵断面	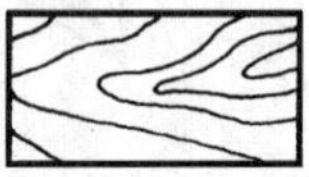
非金属材料(已有规定剖面符号者除外)		钢筋混凝土		木材横断面	
转子、电枢、变压器和电抗器等的叠钢片	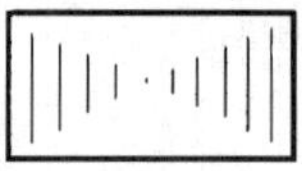	玻璃及供观察用的其他透明材料	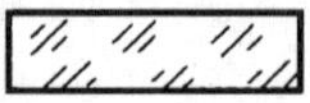	液体	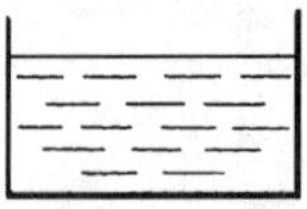
线圈绕组元件	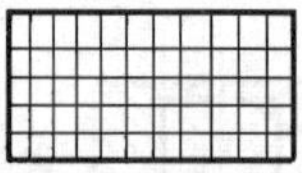	砖	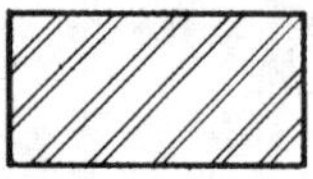	木质胶合板(不分层数)	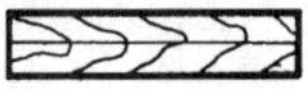
混凝土	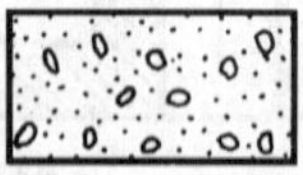	基础周围的泥土		格网(筛网、过滤网等)	

此外,还要注意分析剖面后面的结构形状和画法,例如图5-10a、b不要漏画线,图5-10c、d不要多画线等。

二、剖视图的种类

剖视图分为全剖视图、半剖视图和局部剖视图等三种。

1. 全剖视图

全剖视图是用剖切面完全地剖开机件所得的剖视图。全剖视图主要用于表达内部形状复杂的不对称机件,或外形简单的对称机件(图5-9b)。不论是用哪一种剖切方法,只要是"完全剖开,全部移去"所得的剖视图,都是全剖视图。

2. 半剖视图

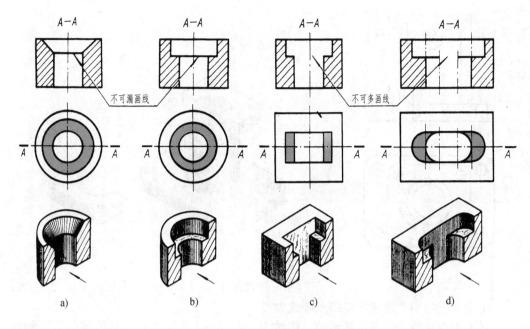

图 5-10 几种孔槽的剖视图

当机件具有对称平面时,向垂直于对称平面的投影面上投射所得的图形,可以对称中心线为界,一半画成剖视图,另一半画成视图,这种组合的图形称为半剖视图(图 5-11)。

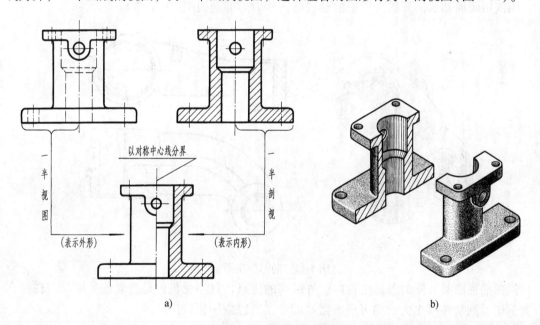

图 5-11 半剖视图的概念

半剖视图的优点在于,一半(剖视图)能够表达机件的内部结构,而另一半(视图)可以表达外形,由于机件是对称的,所以很容易据此想象出整个机件的内、外结构形状(图 5-12)。

画半剖视图时,应强调以下两点:

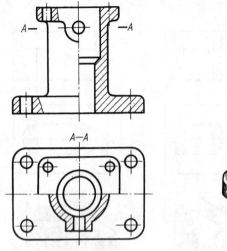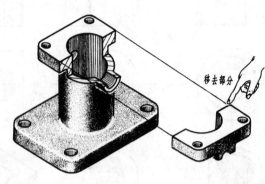

图 5-12 半剖视图

1) 半个视图与半个剖视图以细点画线为界。

2) 在半个剖视图中已表达清楚的内部结构,在另一半视图中,表示该部分结构的细虚线不画。

3. 局部剖视图

用剖切面局部地剖开机件所得的剖视图,称为局部剖视图(图 5-13)。

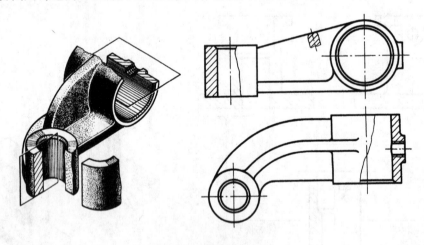

图 5-13 局部剖视图

局部剖视图具有同时表达机件内、外结构的优点,且不受机件是否对称的限制,在什么位置剖切、剖切范围多大,均可根据需要而定,所以应用比较广泛。

画局部剖视图时,应注意以下两点:

1) 在一个视图中,局部剖切的次数不宜过多,否则就会显得零乱甚至影响图形的清晰度。

2) 视图与剖视图的分界线(波浪线)不能超出视图的轮廓线,不应与轮廓线重合或画在其他轮廓线的延长位置上,也不可穿空(孔、槽等)而过,其正误对比图例见图 5-14。

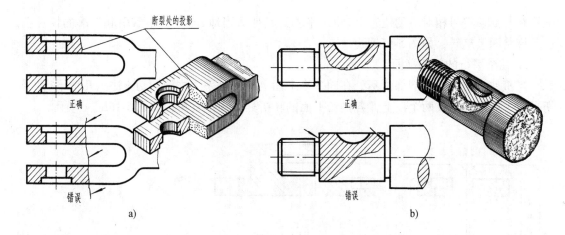

图 5-14 局部剖视图中波浪线的画法

三、剖切面的种类

剖视图能否清晰地表达机件的结构形状，剖切面的选择是很重要的。剖切面共有三种，运用其中任何一种都可得到全剖视图、半剖视图和局部剖视图。

在剖视图中，剖切面需用剖切线或剖切符号表示：

剖切线——指示剖切面位置的线（细点画线）；

剖切符号——指示剖切面起、迄和转折位置（用粗短画表示）及投射方向（用箭头表示）的符号，见图 5-15 所示。

1. 单一剖切面

（1）单一剖切平面　单一剖切平面有平行于或不平行于基本投影面两种，这仅仅是剖切面的配置问题。平行于基本投影面的单一剖切平面应用得最多，在图 5-9～图 5-14 中，所有的全剖视图、半剖视图和局部剖视图都是用这种单一剖切平面剖切而获得的。

（2）单一斜剖切平面　单一斜剖切平面的特征是不平行于任何基本投影面，用它剖切来表达机件上倾斜部分的内部结构形状，如图 5-15 所示。

画这种剖视图时，通常按向视图（或斜视图）的配置形式配置并标注。一般按投影关系

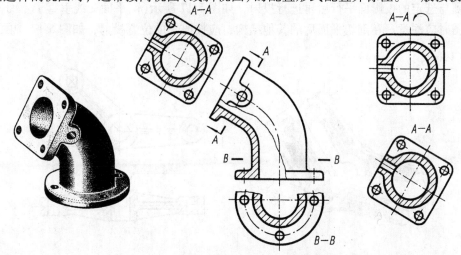

图 5-15 单一斜剖切平面获得的全剖视图

配置在与剖切符号相对应的位置上（也可平移到其他适当地方）；在不致引起误解的情况下，也允许将图形旋转，如图5-15所示。

2. 几个平行的剖切平面

当机件上的几个欲剖部位不处在同一个平面上时，可采用这种剖切方法。几个平行的剖切平面可能是两个或两个以上，各剖切平面的转折处必须是直角，如图5-16b、c所示。

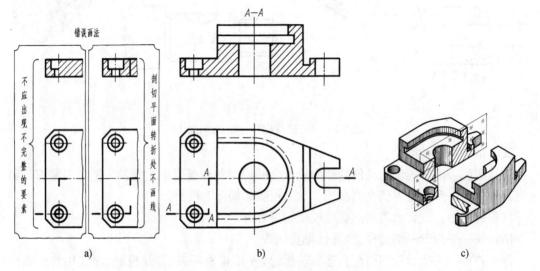

图5-16 几个平行的剖切平面获得的全剖视图

画这种剖视图时，应注意以下两点：

1) 图形内不应出现不完整要素（图5-16a）。若在图形内出现不完整要素时，应适当调配剖切平面的位置，如图5-16b所示。

2) 采用几个平行的剖切平面剖开机件所绘制的剖视图，规定要表示在同一个图形上，所以不能在剖视图中画出各剖切平面的交线，如图5-16a所示。图5-16b为正确画法。

3. 几个相交的剖切面（交线垂直于某一投影面）

画这种剖视图，是先假想按剖切位置剖开机件，然后将被剖切面剖开的结构及其有关部分旋转到与选定的投影面平行后再进行投射，如图5-17所示（两平面交线垂直于正面）。

画图时应注意：在剖切平面后的其他结构，应按原来的位置投射，如图5-17中的油孔。

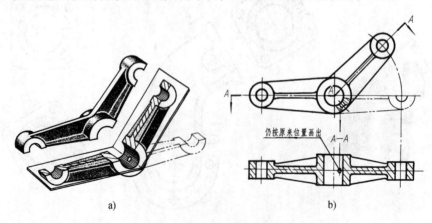

图5-17 两个相交的剖切平面获得的全剖视图

又如图 5-18a 所示的剖视图，它是由两个与投影面平行和一个与投影面倾斜的剖切平面剖切的，此时，由倾斜剖切平面剖切到的结构，应旋转到与投影面平行后再进行投射。

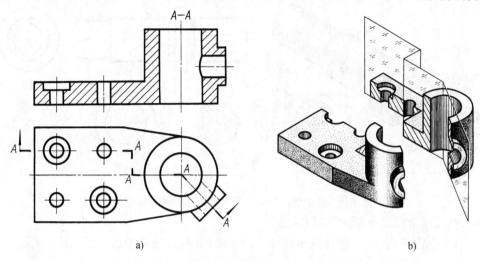

图 5-18 由三个相交的剖切平面获得的全剖视图

四、剖视图的标注

绘制剖视图时，一般应在剖视图的上方，用大写拉丁字母标出剖视图的名称"×—×"，在相应的视图上用剖切符号表示剖切位置和投射方向（用箭头表示），并注上同样的字母，如图 5-15、图 5-16 和图 5-17 所示。

以下一些情况可省略标注或不必标注：

1) 当剖视图按投影关系配置，中间又没有其他图形隔开时，可省略箭头，如图 5-12、图 5-16 所示。

2) 当单一剖切平面通过机件的对称平面或基本对称平面，且剖视图按投影关系配置，中间又没有其他图形隔开时，则不必标注，如图 5-9、图 5-12 中的主视图。

3) 当单一剖切平面的剖切位置明确时，局部剖视图不必标注，如图 5-13、图 5-14 所示。

需要注意的是，可省略标注和不必标注的含义是不同的。"不必标注"是指不需要标注；"可省略标注"则可理解为：当不致引起误解时，才可省略不标。

第三节 断 面 图

一、**断面图**（GB/T 17452—1998、GB/T 4458.6—2002）

假想用剖切面将物体的某处切断，仅画出该剖切面与物体接触部分的图形，称为断面图，可简称断面（图 5-19）。

断面图，实际上就是使剖切平面垂直于结构要素的中心线（轴线或主要轮廓线）进行剖切，然后将断面图形旋转 90°，使其与纸面重合而得到的，如图 5-19 所示。该图中的轴，在主视图上表明了键槽的形状和位置，键槽的深度虽然可用视图或剖视图来表达，但通过比较不难发现，用断面表达，图形显得更清晰、简洁，同时也便于标注尺寸。

二、断面图的种类

1. 移出断面

画在视图轮廓之外的断面,称为移出断面。移出断面的轮廓线用粗实线绘制(图5-19)。

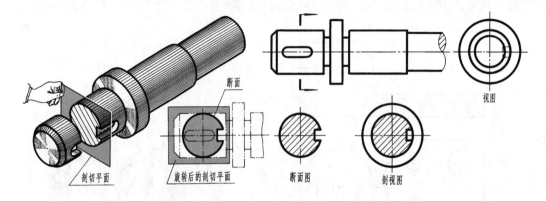

图5-19　断面图的形成及其与视图、剖视图的比较

移出断面通常按以下原则绘制和配置:
1) 移出断面可配置在剖切符号的延长线上(图5-19),或剖切线的延长线上(图5-20)。
2) 移出断面的图形对称时,也可画在视图的中断处(图5-21)。
3) 由两个或多个相交的剖切平面剖切所得出的断面图,中间一般应断开(图5-20)。

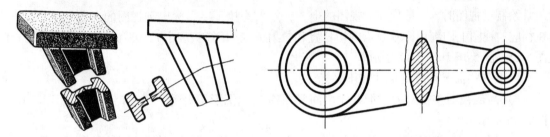

图5-20　移出断面图的配置示例(一)　　　图5-21　移出断面图的配置示例(二)

画移出断面图时,应注意以下两点:
1) 当剖切面通过回转而形成的孔或凹坑的轴线时,这些结构按剖视图要求绘制,如图5-22所示。
2) 当剖切平面通过非圆孔,会导致出现完全分离的剖面区域时,则这些结构按剖视图要求绘制,如图5-23所示。

2. 重合断面

画在视图轮廓线内的断面,称为重合断面(图5-24)。

重合断面的轮廓线用细实线绘制。当视图中的轮廓线与重合断面的图形重叠时,视图中的轮廓线仍应连续画出,不可间断(图5-24b)。

三、断面图的标注

断面图一般应进行标注。有关剖视图标注的基本规定,同样适用于断面图。

1. 移出断面的标注

1) 移出断面的标注形式,随其图形的配置部位及图形是否对称的不同而不同,其标注示例如表5-2所示(阅读时应分别进行横、竖向比较)。

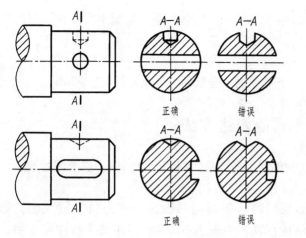
图 5-22 带有孔或凹坑的断面图示例

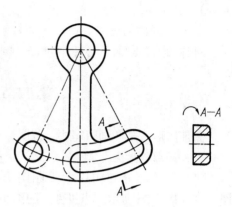
图 5-23 按剖视图绘制的非圆孔的断面图示例

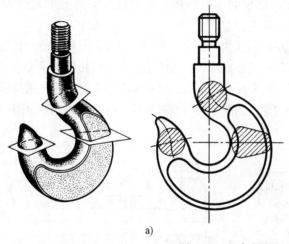

a)

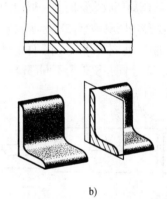

b)

图 5-24 重合断面图示例

表 5-2 移出断面图的配置及标注

对称性 \ 配置	配置在剖切线或剖切符号延长线上	移位配置	按投影关系配置
对称移出断面	不必标注剖切符号和字母	不必标注箭头	不必标注箭头
不对称移出断面	不必标注字母	完整标注剖切符号、箭头和字母	不必标注箭头

2）配置在视图中断处的对称断面不必标注（图形不对称时,移出断面不得画在视图的中断处），如图 5-22 所示。

2. 重合断面的标注

对称的重合断面不必标注（图 5-24a）；不对称的重合断面可省略标注（图 5-24b）。

第四节　其他表达方法

为使图形清晰和画图简便，制图标准中规定了局部放大图和简化画法，供绘图时选用。

一、局部放大图

将机件的部分结构用大于原图形所采用的比例画出的图形，称为局部放大图，如图 5-25、图 5-26 所示。当机件上的细小结构在视图中表达不清楚，或不便于标注尺寸和技术要求时，可采用局部放大图。

局部放大图可以根据需要画成视图、剖视图和断面图，它与被放大部分的表达方式无关。局部放大图应尽量配置在被放大部位的附近。

绘制局部放大图时，一般应用细实线圈出被放大的部位。当同一零件上有几处被放大的部分时，必须用罗马数字依次标明被放大的部位，并在局部放大图的上方标注出相应的罗马数字和所采用的比例(图 5-25)。当零件上被放大的部分仅一个时，在局部放大图的上方只需注明所采用的比例。对于同一机件上不同部位的局部放大图，当图形相同或对称时，只需画出一个(图 5-26)。

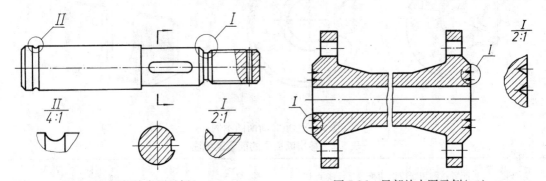

图 5-25　局部放大图示例（一）　　　　图 5-26　局部放大图示例（二）

应特别指出，局部放大图的比例，系指该图形中机件要素的线性尺寸与实际机件相应要素的线性尺寸之比，而不是与原图形所采用的比例之比。

二、简化画法（摘自 GB/T 16675.1—2012）

1) 零件中成规律分布的重复结构（齿或槽等），允许只画出一个或几个完整的结构，并反映其分布情况。不对称的重复结构则用相连的细实线代替，并注明该结构的总数，如图 5-27b 所示。对称的重复结构用细点画线表示各对称结构要素的位置，如图 5-27c 所示。

2) 若干直径相同且成规律分布的孔，可以仅画出一个或少量几个，其余只需用细点画线（或细实线）表示其中心位置(图 5-28)，也可用"+"表示其中心位置。

3) 对于机件的肋、轮辐及薄壁等，如按纵向剖切，这些结构都不画剖面符号，而用粗实线将它与其邻接部分分开(图 5-29a)。当零件回转体上均匀分布的肋、轮辐、孔等结构不处于剖切平面上时，可将这些结构旋转到剖切平面上画出(图 5-29b)。

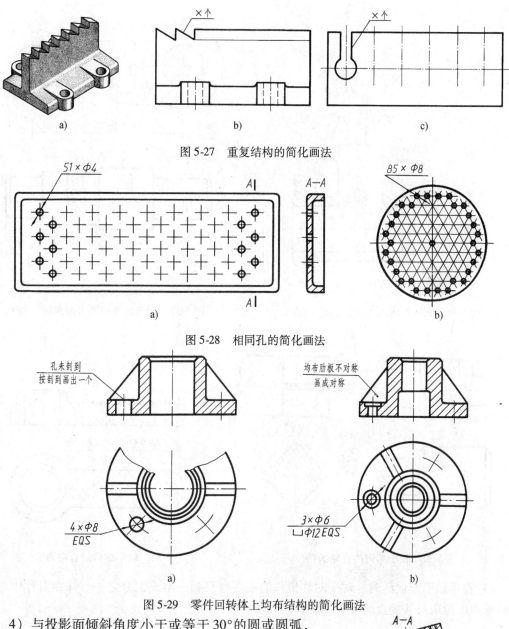

图 5-27 重复结构的简化画法

图 5-28 相同孔的简化画法

图 5-29 零件回转体上均布结构的简化画法

4）与投影面倾斜角度小于或等于 30°的圆或圆弧，其投影可用圆或圆弧代替（图 5-30）。

5）圆柱形法兰和类似零件上均匀分布的孔，可按图 5-31 所示的方法表示（由机件外向该法兰端面方向投射）。

6）较长的机件（轴、杆、型材、连杆等）沿长度方向的形状一致或按一定规律变化时，可断开后缩短绘制（图 5-32）。

7）当机件上较小的结构及斜度等已在一个图形中表达清楚时，其他图形应当简化或省略（图 5-33、图 5-34）。

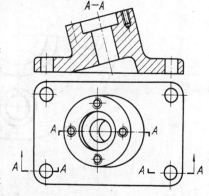

图 5-30 倾斜圆的简化画法

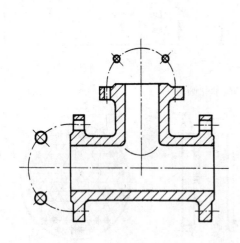

图 5-31 圆柱形法兰均布孔的简化画法

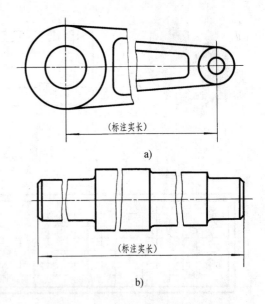

图 5-32 较长机件可断开后缩短绘制

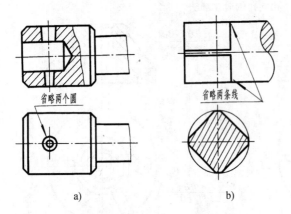

图 5-33 较小结构的省略画法(一)

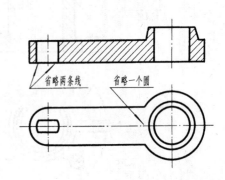

图 5-34 较小结构的省略画法(二)

8) 在不致引起误解时,对于对称机件的视图可只画一半或四分之一,并在对称中心线的两端画出两条与其垂直的平行细实线(图 5-35)。

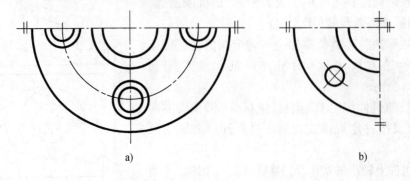

图 5-35 对称机件的简化画法

9) 在不致引起误解的情况下，剖面符号可省略(图 5-36)，也可以用涂色代替剖面符号(图 5-37)。

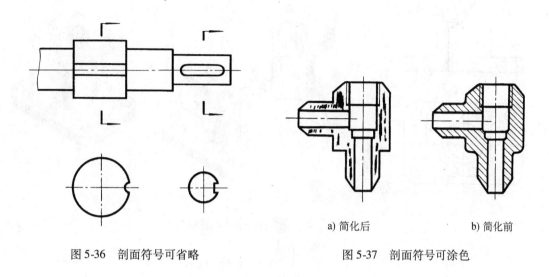

图 5-36　剖面符号可省略　　　　　图 5-37　剖面符号可涂色

第五节　看 剖 视 图

"剖视图"泛指基本视图和辅助视图(向视图、局部视图、斜视图)、剖视图、断面图和依据其他表达方法绘制的图形等。

一、看剖视图的方法与步骤

"剖视图"与三视图相比，具有表达方式灵活、"内、外、断层"形状兼顾、投射方向和视图位置多变等特点。据此，看剖视图一般应采用以下方法和步骤。

(1) 弄清各视图之间的联系　先找出主视图，再根据其他视图的位置和名称，分析哪些是视图、剖视图和断面图，它们是从哪个方向投射的，是在哪个视图的哪个部位、用什么面剖切的，是不是移位、旋转配置的，等等。只有明确相关视图之间的投影关系，才能为想象物体形状创造条件。

(2) 分部分，想形状　看剖视图的方法与看组合体视图一样，依然是以形体分析法为主、以线面分析法为辅。但看剖视图时，要注意利用有、无剖面线的封闭线框，来分析物体上面与面间的"远、近"位置关系。如图 5-38 所示的主视图中，线框Ⅰ所示的面在前，线框Ⅱ、Ⅲ、Ⅳ所示的面(含半圆弧所示的孔洞)在后，当然，表示外形面的线框Ⅴ等更为靠前。同理，俯视图中的Ⅵ面在上，Ⅶ面居中，Ⅷ面在下。运用好这个规律看图，对物体表面的同向位置将产生层次感甚至立体感，对看图很有帮助。

(3) 综合起来想整体　与看组合体视图的要求相同，不再赘述。

二、看图举例

例 5-1　根据图 5-39 所示的图形，想象机件的形状。

看图的具体方法与步骤如下：

(1) 概括了解　看图时应先浏览全图。看一看视图名称、数量、剖切位置、投射方向及图形位置，以便对机件的复杂程度有一个初步了解。图 5-39 共有五个图形，即四个剖视

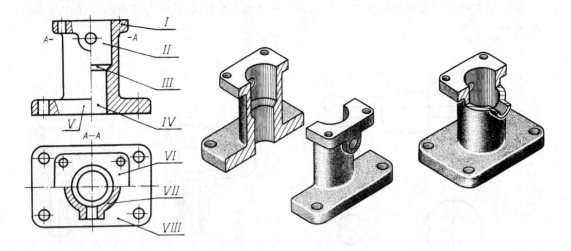

图 5-38 有、无剖面线的线框分析

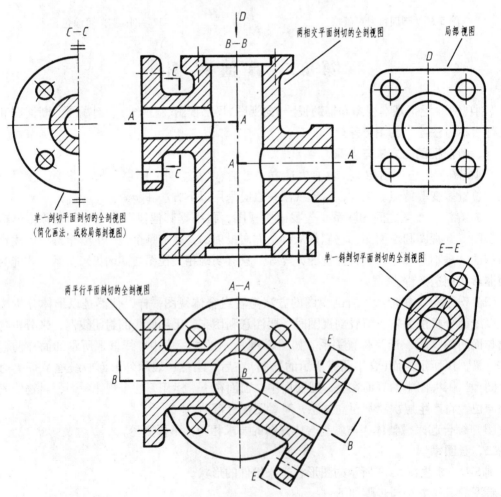

图 5-39 根据视图想象机件形状

图和一个局部视图(D)。视图的种类和数量虽不少,但由于各组成部分的结构及其组合形式较为单一,剖切位置、投射方向明显,图形轮廓规整、清晰,所以该机件并不复杂。

(2) 弄清相关视图的联系 根据图形的配置和标注及剖切面的种类和剖切位置等情况,将有关联的视图配合起来,用形体分析法进行识读,先看主要部分,后看次要部分。

如图5-39所示,主视图 $B—B$ 是采用两个相交的剖切平面获得的全剖视图,俯视图 $A—A$ 是采用两个平行的剖切平面获得的全剖视图,右视图 $C—C$ 是采用单一剖切平面获得的全剖视图(简化画法。它实际上是用对称中心线代替了断裂边界的波浪线,是一种特殊的局部剖视图)。D 是局部视图,$E—E$ 是采用单一斜剖切平面获得的全剖视图,它们都是按向视图的配置形式(移位)配置的。综上所述,主、俯视图反映出四通管的主体结构(含下部凸缘的形状及孔的位置)和它们之间的相对位置,其余三个视图则主要反映左、右和上部凸缘的形状和孔的分布情况。

(3) 综合起来想整体 以主视图为中心,环顾所有图形,将分散想象出的各部分结构形状按它们之间的相对位置综合起来,即可在头脑中形成该机件的整体形象,如图5-40所示。

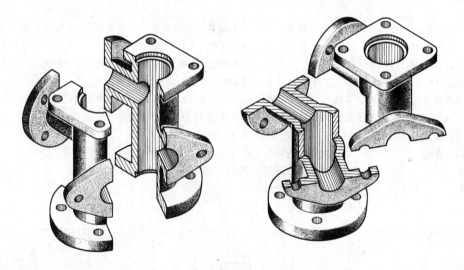

图5-40 机件的轴测图

下面,希望读者再自行阅读一些图例(表5-3),其中半数选自于《技术制图》与《机械制图》国家标准,以使读者通过识读这些并非常见的典型图例,扩大视野,了解更多的表达方法和标注方法。本表除前六个图例外,均配有立体图,列于表5-4中。

看图时,应先看图例(分析视图名称、投射方向、剖切面的种类、画法和标注),后读说明,再将想象出来的机件形状从无序排列的立体图中辨认出来,加以对照。

表5-3 读图示例及说明

（续）

说明	用单一柱面剖切获得的全剖视图和半剖视图。它是为了准确地表达圆周分布的某些内部结构形状，所以采用了柱面剖切。此时必须采用展开画法并标注（半剖与全剖的标注方法相同）			半剖视图。因机件的形状接近于对称，所以可只剖一半。因是通过基本对称平面剖切的，故不必标注
读图示例	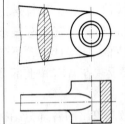			
说明	主视图中的椭圆图形为重合断面图。俯视图为局部剖视图。当被剖的局部结构为回转体时，允许将该结构的中心线作为局部剖视图与视图的分界线（此图也可另以波浪线表示）	局部剖视图。若全剖视，外形表达得不明显；若半剖视，无法画其"分界线"。而局部剖视图既保留其内、外部的可见轮廓线，又以较大范围表露出内形。相交的细实线表示平面（有俯视图时也可不画）	全剖视图。其剖面线若与水平成45°，则与轮廓线平行或垂直，故画成了与水平成30°（也可画成60°）。若画出其俯视图 A—A，则其剖面线必须画成45°，且与主视图中的剖面线同向	全剖视图，是由两个平行的平面剖切的。当机件上的两个要素在图形上具有公共对称中心线或轴线时，可以各画一半，组合成一个图形。此时应以对称中心线或轴线为界。该图必须标注
读图示例	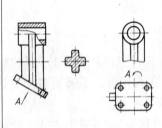		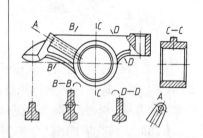	
说明	主视图表达机件外形，其局部剖视表示大、小圆孔；局部剖视图以明确圆筒与肋的连接关系；移出断面表示肋的形状；斜视图反映斜板的实形及孔的分布，其带有波浪线部分则表示肋与斜板间的相对位置		半剖视图，是由两个平行的平面剖切的。机件上的肋，纵向剖切时不画剖面线，用粗实线将它与相邻接的部分分开。在外形视图中，肋将按投影规律画出	主视图表达机件主体结构及外形，局部剖表示通孔；A 为斜视图。由于该机件结构形状用视图难以表达，画断面则很奏效，故用四个断面图来表达，其中两个为移位旋转配置，另两个分别画在剖切线和左视图的位置上

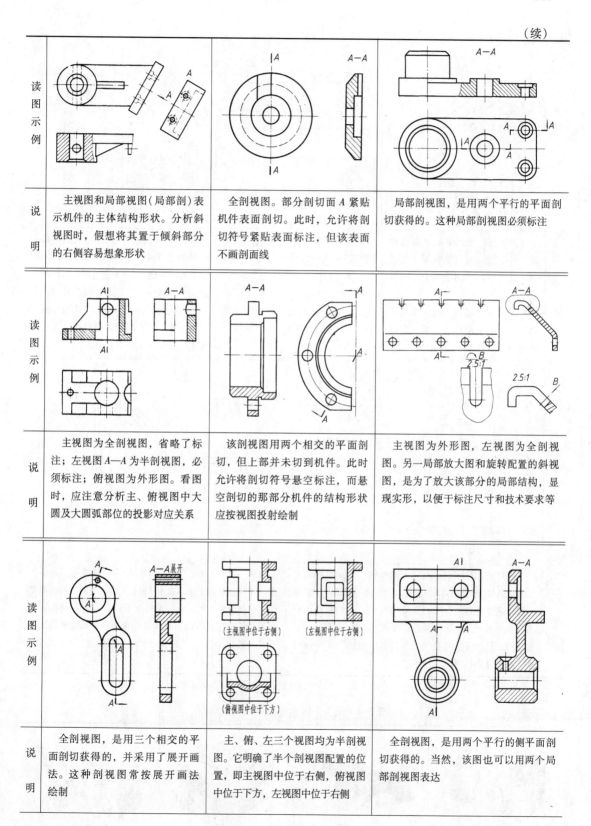

(续)

读图示例	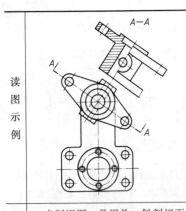	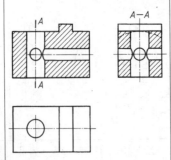	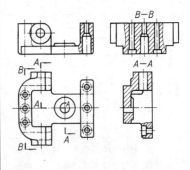
说明	半剖视图，是用单一斜剖切面剖切获得的。因剖面线须与主要轮廓成了45°角，故本图将剖面线画成了水平线。本例只说明某种画法，若表示该机件的完整结构，尚需画出某些视图	主、左视图为全剖视图。主视图是通过机件的前后对称面剖切的，未予标注。俯视图为外形图，省略了所有细虚线。但左视图中的细虚线不可省略。否则，还须画出一个右视图来表示该部分的形状	俯视图为外形图。在三个表示圆孔的局部剖视图中，B—B必须标注，否则容易产生误解。A—A是由两个平行的平面剖切获得的全剖视图，两个被切要素以对称线为界，各画一半，该剖视图按投影关系配置在与剖切符号相对应的位置上，这是标准中所允许的
读图示例	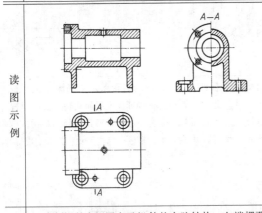		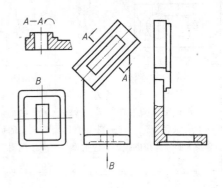
说明	全剖视的主视图表示机件的内腔结构，左端螺孔是按规定画法绘制的；半剖的左视图（必须标注），表示圆筒、连接板和底板间的连接情况及销孔和螺孔的分布，局部剖视图表示安装孔；俯视图为外形图，表示底板的形状、安装孔及销孔的位置，省略了所有细虚线，图形显得很清晰		主视图为外形图；左视图中的局部剖视图用以表示方孔和凹坑在底板上的位置；A—A是用单一斜剖切面剖切获得的局部剖视图，它是旋转配置的，以表示通槽及凸台与立板的连接情况。B为局部视图（以向视图的配置形式配置），表示底板底部和凹坑的形状及方孔的位置

表5-4 表5-3所示图例的部分立体图

  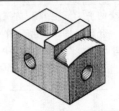 

(续)

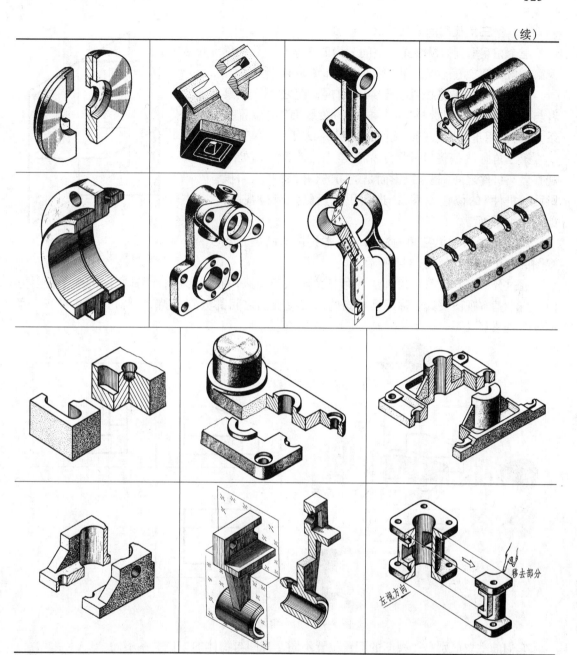

第六节 第三角画法

目前世界各国的工程图样有两种画法，即第一角画法和第三角画法。我国规定采用第一角画法，而有些国家(如美国、日本等)则采用第三角画法。国际标准(ISO)规定，第一角画法和第三角画法具有同等效力，在国际技术交流和贸易中都可以采用。随着国际间技术交流和贸易的日益扩大，我们在生产中有时会遇到采用第三角画法绘制的工程图样，因此有必要了解第三角视图的画法，并掌握第三角视图的识读方法。

一、第三角视图的画法

三个相互垂直的投影面将空间分为四个分角，分别称为第一角、第二角、第三角、第四角，如图 5-41 所示。

第一角画法是将机件置于第一角内，使之处于观察者与投影面之间（即保持"人→机件→投影面"的位置关系），进而用正投影法获得视图，如图 5-42 所示。

第三角画法是将机件置于第三角内，使投影面处于观察者与机件之间（假设投影面是透明的，并保持"人→投影面→机件"的位置关系），进而用正投影法获得视图，如图 5-43 所示。

第一角画法和第三角画法六个基本投影面的展开及视图的对比情况，如图 5-44 所示。

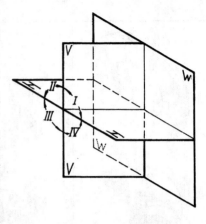

图 5-41　四个分角

通过分析可知，第一角画法和第三角画法都是采用正投影法；两种画法的六个投射方向、六个基本视图及其名称都是相同的；相应视图之间都分别保持"长对正、高平齐、宽相等"的投影关系。

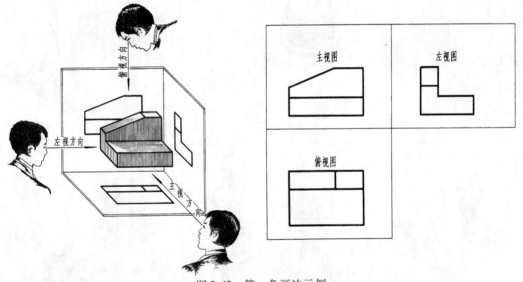

图 5-42　第一角画法示例

它们的主要区别是：视图的配置位置不同，视图与物体的方位关系不同。

1. 视图位置不同

第三角画法规定，投影面展开时，正面保持不动，顶面、底面及两侧面均向前旋转 90°（后面随右侧面旋转 180°），与正面摊平在同一个平面上。这与第一角画法投影面的旋转方向（向后）正好相反，所以视图的配置位置也就不同了。它们除了主视图、后视图的形状、位置相同以外，其余各个视图都一一对应且相反，即上、下对调，左、右颠倒，如图 5-44 所示。

2. 方位关系不同

由于视图的配置关系不同，所以第三角画法中的俯视图、仰视图、左视图、右视图靠近主视图的一侧，均表示物体的前面，远离主视图的一侧，均表示物体的后面（图 5-44b）。这与第一角视图的"外前里后"正好相反。

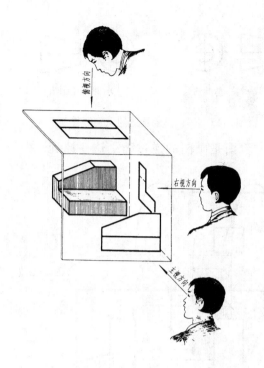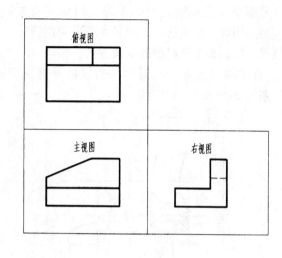

图 5-43 第三角画法示例

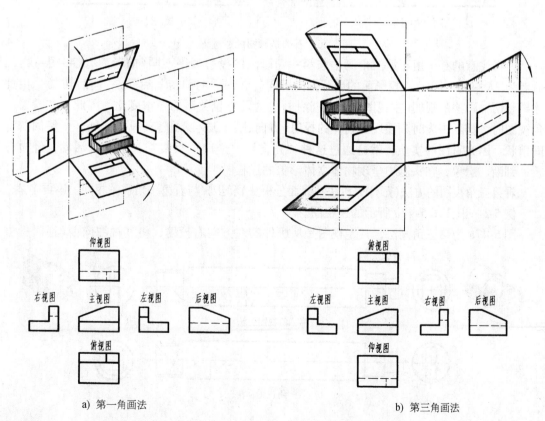

a) 第一角画法　　　　　　　　　　b) 第三角画法

图 5-44 投影面展开及视图配置

在国际标准中规定,当采用第一角或第三角画法时,必须在标题栏中专设的格内画出相应的识别符号(图5-45)。由于我国规定采用第一角画法,所以无需画出识别符号。当采用第三角画法时,则必须画出识别符号。

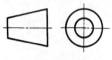
a) 第一角画法

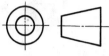
b) 第三角画法

图 5-45　一、三角画法的识别符号

二、第三角视图的识读方法

看第三角视图与看第一角视图一样,应运用"看图是画图的逆过程"这一原理,如图5-46所示(见本书第四章)。

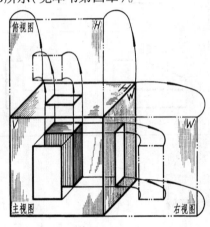
a) 画图过程

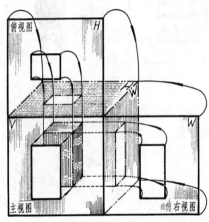
b) 看图过程

图 5-46　看图是画图的逆过程

值得注意的是,由于第三角画法与第一角画法的投射顺序不同(前者为"人→图→物",后者为"人→物→图"),投影面的展开方向不同(前者是"向前转",后面是"向后转"),由此才导致两种画法的视图(主视图、后视图除外)位置及方位关系的根本变化,因此,在看第三角视图时,脑际中应时刻浮现出物体的投射(方向、顺序)及视图随其投影面展开、旋回的空间情状。因为看图的实质,就是通过这种"正向""逆向"反复交叉的思维活动,经过分析、判断、想象,在头脑中呈现物体立体形象的过程。

看第三角视图的方法(形体分析法和线面分析法)和步骤与看第一角视图相同,不再多述。

例 5-2　识读图5-47a所示的三视图。

图5-47a为第三角画法,其左视图是从机件的左方向右投射,将其视图向前(逆时针方

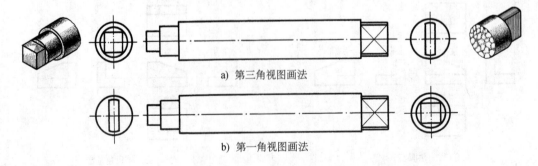
a) 第三角视图画法

b) 第一角视图画法

图 5-47　识读第三角视图

向)旋转90°得到的。看图时应假想将左视图向后(顺时针方向)回转90°,与主视图左端相对照,轴端的形状就会想象出来。

右视图是从机件的右方向左投射,将其视图向前旋转90°得到的。同样,将右视图向后回转90°,与主视图右端一对照,就会产生立体感。

图5-47b为第一角画法,左视图配置在主视图的右边,右视图配置在主视图的左边,看图时需横跨主视图左顾右盼,显然不太方便。相比之下,第三角画法,除后视图外,其他所有视图均配置在相邻视图的近侧,所以识读起来比较方便,这也是第三角画法的一个特点,较长的轴、杆类零件显得尤其明显。

例5-3 识读图5-48a所示的三视图。

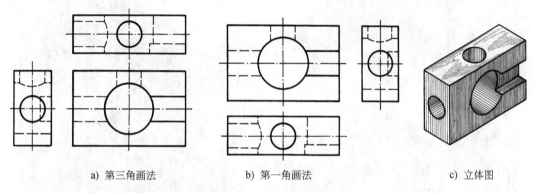

a) 第三角画法　　　　b) 第一角画法　　　　c) 立体图

图5-48　识读第三角视图

图5-48a为第三角画法,看图只要善于想象,将其俯视图和左视图向主视图靠拢,并以其各自的边棱为轴向后旋转90°,即可很容易想象出该体的立体形状,见图5-48c。图5-48b为第一角画法,看图时与图5-48a对比,有助于加深理解第三角视图的画法。

例5-4 识读图5-49a所示的视图。

图5-49a为第三角画法,一个主视图,一个局部视图(右视图),一个斜视图。由于两个辅助视图都配置在适当位置上,所以均未标注投射方向和加注字母。看图时,分别以两个辅助视图靠近主视图的边棱为轴,按画图的逆过程将其反转90°,与主视图加以对照,即可想象出物体的形状,如图5-49c所示。

图5-49b为第一角画法,斜视图A(也可以旋转配置)必须标注。

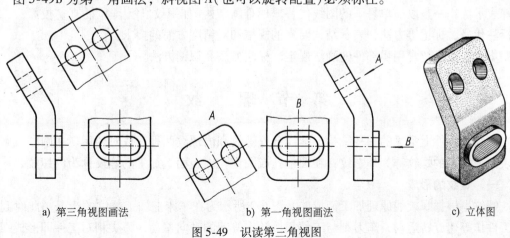

a) 第三角视图画法　　　　b) 第一角视图画法　　　　c) 立体图

图5-49　识读第三角视图

第六章 常用零件的特殊表示法

在机械设备中，除一般零件外，还有许多种常用零件，如螺栓、螺母、垫圈、齿轮、键、销、滚动轴承（部件）等。图6-1所示为减速器中使用的常用零件。

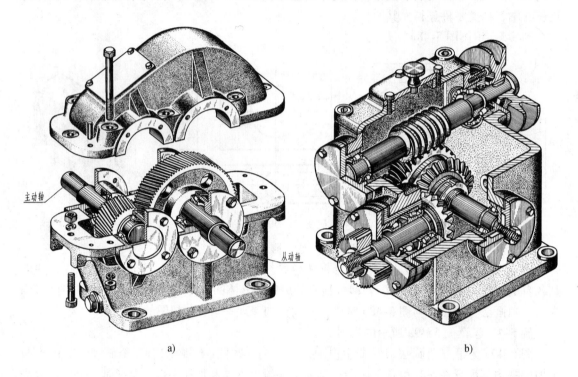

图 6-1 减速器

由于这些零件的应用极为广泛，为了便于批量生产和使用，以及减少设计、绘图工作量，国家标准对它们的结构、规格及技术要求等都已全部或部分标准化，并对其图样规定了特殊表示法：一是以简单易画的图线代替繁琐难画结构（如螺纹、轮齿等）的真实投影；二是以标注代号、标记等方法，表示结构要素的规格和对精度方面的要求。

本章主要介绍常用零部件的画法规定、标注方法和识读方法。

第一节 螺 纹

螺纹是零件上常见的一种结构。螺纹分外螺纹和内螺纹两种，成对使用。在圆柱或圆锥外表面上加工的螺纹称为外螺纹；在圆柱孔或圆锥孔内表面上加工的螺纹称为内螺纹。

一、螺纹的形成

螺纹是根据螺旋线原理加工而成的。图6-2所示为在车床上加工螺纹的情况。此时圆柱形工件作等速旋转运动，车刀则与工件相接触作等速的轴向移动，刀尖相对工件即形成螺旋线运动。由于切削刃的形状不同，在工件表面切去部分的截面形状也不同，所以可加工出各种不同的螺纹。

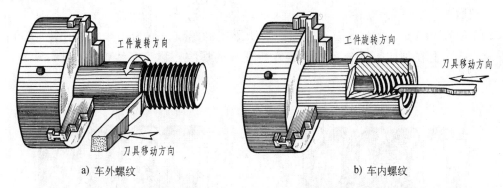

图6-2 在车床上加工螺纹

二、螺纹要素

螺纹的要素有牙型、直径、螺距、线数和旋向。当内、外螺纹联接时，上述五要素必须相同，如图6-3所示。

1. 牙型

在通过螺纹轴线的剖面上，螺纹的轮廓形状称为牙型。螺纹的牙型不同，其用途也不同。现结合图6-4说明如下：

1）图6-4a：普通螺纹（牙型为60°的三角形），用于连接零件。

2）图6-4b：管螺纹（牙型角为55°或60°），常用于连接管道。

3）图6-4c：梯形螺纹（牙型为等腰梯形），用于传递动力。

4）图6-4d：锯齿形螺纹（牙型为不等腰梯形），用于单方向传递动力。

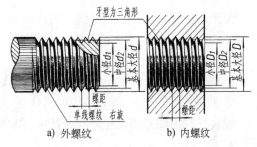

图6-3 螺纹的要素

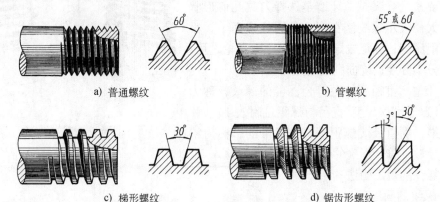

图6-4 常用标准螺纹的牙型

2. 直径

螺纹直径有大径（外螺纹用 d 表示，内螺纹用 D 表示）、中径和小径之分（图6-3）。外螺纹的大径和内螺纹的小径亦称为顶径。

螺纹的基本大径为公称直径(管螺纹公称直径的大小用尺寸代号表示)。

3. 线数 n

螺纹有单线和多线之分。沿一条螺旋线所形成的螺纹，称为单线螺纹(图6-5a)；沿两条或两条以上在轴向等距分布的螺旋线所形成的螺纹，称为多线螺纹(图6-5b)。

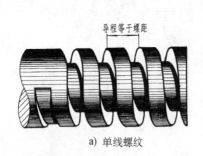 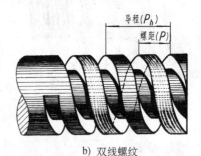

a) 单线螺纹　　　　　　　　　　b) 双线螺纹

图6-5　螺距与导程

4. 螺距 P 和导程 P_h

螺距是指相邻两牙在中径线上对应两点间的轴向距离，导程是指在同一条螺旋线上的相邻两牙在中径线上对应两点间的轴向距离。应注意，螺距和导程是两个不同的概念，如图6-5所示。

螺距、导程、线数的关系是：螺距 P = 导程 P_h/线数 n。单线螺纹：螺距 P = 导程 P_h。

5. 旋向

螺纹分右旋和左旋两种。顺时针旋转时旋入的螺纹为右旋螺纹，逆时针旋转时旋入的螺纹为左旋螺纹。

旋向可按下列方法判定：将外螺纹轴线垂直放置，螺纹的可见部分右高左低者为右旋螺纹；左高右低者为左旋螺纹，如图6-6所示。

螺纹要素的含义是：牙型是选择刀具几何形状的依据；大径表示螺纹制在多大的圆柱表面上，小径决定切削深度；螺距或导程供调配机床齿轮之用；线数确定分不度；旋向则确定走刀方向。

凡是牙型、直径和螺距符合标准的螺纹，称为标准螺纹(普通螺纹牙型、直径与螺距见附表1)。牙型符合标准，而直径或螺距不符合标准的，称为特殊螺纹。牙型不符合标准的，称为非标准螺纹。

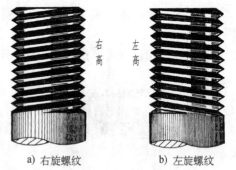

a) 右旋螺纹　　b) 左旋螺纹

图6-6　螺纹的旋向

三、螺纹的规定画法

1. 外螺纹的画法

如图6-7所示，外螺纹的牙顶圆的投影用粗实线表示，牙底圆的投影用细实线表示(其直径通常按牙顶圆直径的0.85倍绘制)，螺杆的倒角或倒圆部分也应画出。在垂直于螺纹轴线的投影面的视图中，表示牙底圆的细实线只画约3/4圈(空出约1/4圈的位置不作规定)。

此时，螺杆倒角的投影不应画出。

螺纹终止线用粗实线表示。在剖视图中则按图6-7右边图中的画法绘制。

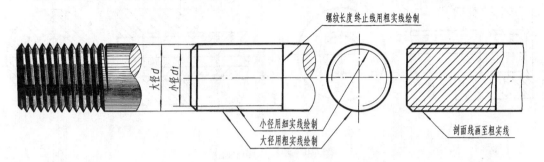

图6-7 外螺纹的画法

2. 内螺纹的画法

如图6-8所示，在剖视图中，内螺纹牙顶圆的投影用粗实线表示，牙底圆的投影用细实线表示，螺纹终止线用粗实线绘制，剖面线应画到表示小径的粗实线为止。在垂直于螺纹轴线的投影面的视图上，表示大径的细实线圆只画约3/4圈，螺孔倒角的投影不应画出。

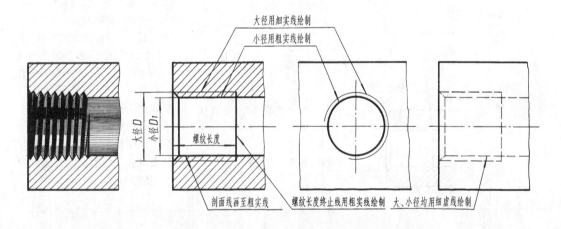

图6-8 内螺纹的画法

当内螺纹为不可见时，螺纹的所有图线均用细虚线绘制（如图6-8中右图所示）。

3. 螺纹联接的画法

在剖视图中，内、外螺纹旋合的部分应按外螺纹的画法绘制，其余部分仍按各自的画法表示，如图6-9所示。应注意，表示内、外螺纹大径的细实线和粗实线，以及表示内、外螺纹小径的粗实线和细实线必须分别对齐。

四、螺纹的标记及图样标注

由于各种螺纹的画法都是相同的，无法表示出螺纹的种类和要素，因此绘图时必须通过标记予以明确。普通螺纹的标记内容及格式为：

| 特征代号 | 公称直径 | × | 螺距(用于单线时)或P_h导程P螺距(用于多线时) | 旋向 | − | 公差带代号 | − | 旋合长度代号 |

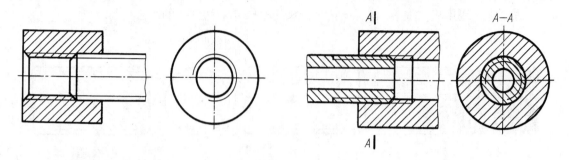

图 6-9 螺纹连接的画法

单线螺纹的螺距与导程相等，故只注螺距。各种常用螺纹的标注方法见表 6-1。

表 6-1 螺纹的标记及其图样标注

螺纹种类		标记及其标注示例	标记的识别	标注要点说明
紧固螺纹	普通螺纹（M）	M20-5g6g-S	粗牙普通螺纹，公称直径为 20mm，右旋，中径、顶径公差带分别为 5g、6g，短旋合长度	① 粗牙螺纹不注螺距，细牙螺纹标注螺距 ② 右旋省略不注，左旋以"LH"表示（各种螺纹皆如此） ③ 中径、顶径公差带相同时，只注一个公差带代号。中等公差精度（如公称直径≥1.6mm 的 6H、6g）不注公差带代号 ④ 旋合长度分短（S）、中（N）、长（L）三种，中等旋合长度不注 ⑤ 多线时注出 P_h 导程、P 螺距 ⑥ 螺纹标记应直接注在大径的尺寸线或延长线上
		M20×2-LH	细牙普通螺纹，公称直径为 20mm，螺距为 2mm，左旋，中径、顶径公差带皆为 6H，中等旋合长度	
管螺纹	55°非密封管螺纹（G）	G1 1/2 A	55°非密封管螺纹，尺寸代号为 1 1/2，公差等级为 A 级，右旋	① 管螺纹的尺寸代号是指管子内径（通径）"英寸"的数值，不是螺纹大径 ② 55°非密封管螺纹，内、外螺纹都是圆柱螺纹 ③ 外螺纹的公差等级代号分为 A、B 两级。内螺纹公差等级只有一种，不标记
		G1 1/2 LH	55°非密封管螺纹，尺寸代号为 1 1/2，左旋	

(续)

螺纹种类		标记及其标注示例	标记的识别	标注要点说明
管螺纹	55°密封管螺纹 (R₁)(R₂)(Rc)(Rp)	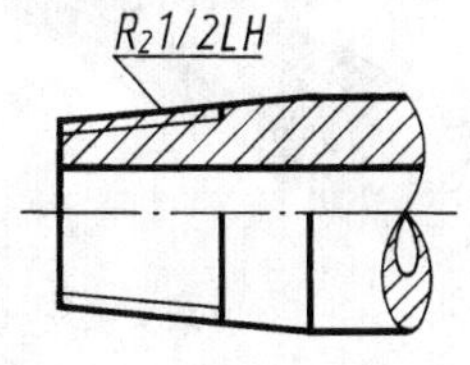 $R_2 1/2 LH$	圆锥外螺纹，1/2 为尺寸代号，左旋	① 55°密封管螺纹，只注螺纹特征代号、尺寸代号和旋向代号 ② 管螺纹一律标注在引出线上，引出线应由大径处引出或由对称中心线处引出 ③ 密封管螺纹的特征代号为： R_1 表示与圆柱内螺纹相配合的圆锥外螺纹 R_2 表示与圆锥内螺纹相配合的圆锥外螺纹 Rc 表示圆锥内螺纹 Rp 表示圆柱内螺纹
		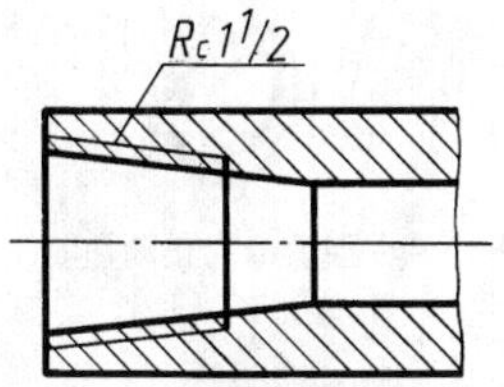 $Rc 1 1/2$	圆锥内螺纹，尺寸代号为 1½，右旋	
		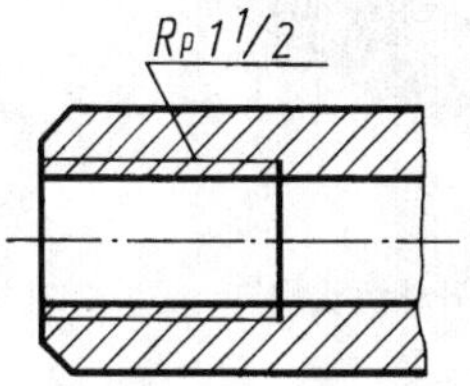 $Rp 1 1/2$	圆柱内螺纹，尺寸代号为 1½，右旋	
传动螺纹	梯形螺纹 Tr	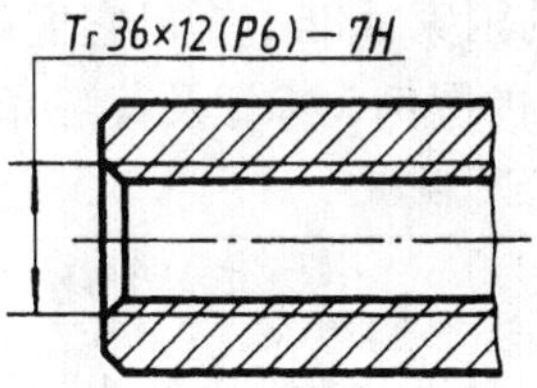 $Tr 36 \times 12(P6)-7H$	梯形螺纹，公称直径为 36mm，双线，导程 12mm，螺距 6mm，右旋，中径公差带为 7H，中等旋合长度	① 单线螺纹标注螺距，多线螺纹标注导程(P 螺距) ② 两种螺纹均只标注中径公差带代号 ③ 旋合长度只有中等旋合长度(N)和长旋合长度(L)两组 ④ 中等旋合长度规定不标
	锯齿形螺纹 B	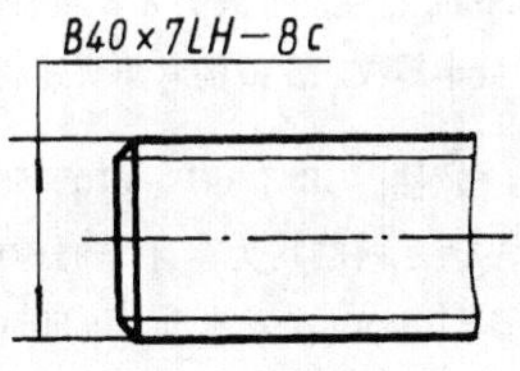 $B40 \times 7LH-8c$	锯齿形螺纹，公称直径为 40mm，单线，螺距 7mm，左旋，中径公差带为 8c，中等旋合长度	

第二节 螺纹紧固件

螺纹紧固件的种类很多，常用的紧固件有螺栓、双头螺柱、螺钉、螺母、垫圈等，如图 6-10 所示。

一、螺纹紧固件的标记规定

螺纹紧固件的结构型式及尺寸都已标准化，属于标准件，一般由专门的工厂生产。各种

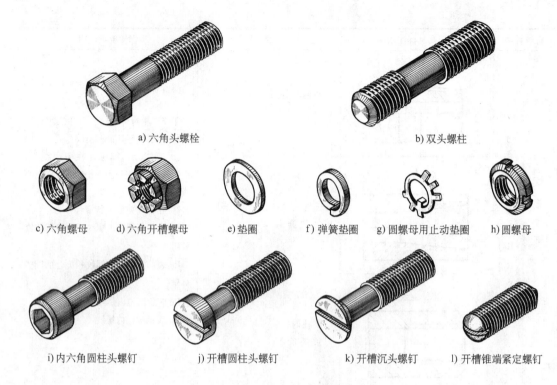

图 6-10 常见的螺纹连接件

标准件都有规定标记。需要时，根据其标记即可从相应的国家标准中查出它们的结构型式、尺寸及技术要求等内容。表 6-2 中列出了常用螺纹紧固件的图例、标记及其解释。

表 6-2 常用螺纹紧固件图例、标记及解释

名称及国标号	图 例	标记及解释
六角头螺栓 GB/T 5782—2000		螺栓　GB/T 5782　M10×50 表示螺纹规格 $d=10$mm，公称长度 $l=50$mm、性能等级为 8.8 级、表面氧化、杆身半螺纹、A 级的六角头螺栓
双头螺柱 GB/T 897—1988 ($b_m = 1d$)		螺柱　GB/T 897　M10×50 表示两端均为粗牙普通螺纹，螺纹规格 $d=10$mm、公称长度 $l=50$mm、性能等级为 4.8 级、不经表面处理、B 型、$b_m=1d$ 的双头螺柱
内六角圆柱头螺钉 GB/T 70.1—2008		螺钉　GB/T 70.1　M10×40 表示螺纹规格 $d=10$mm、公称长度 $l=40$mm、性能等级为 8.8 级、表面氧化的 A 级内六角圆柱头螺钉
十字槽沉头螺钉 GB/T 819.1—2000		螺钉　GB/T 819.1　M10×50 表示螺纹规格 $d=10$mm、公称长度 $l=50$mm、性能等级为 4.8 级、不经表面处理的 H 型十字槽沉头螺钉

(续)

名称及国标号	图例	标记及解释
开槽锥端紧定螺钉 GB/T 71—1985	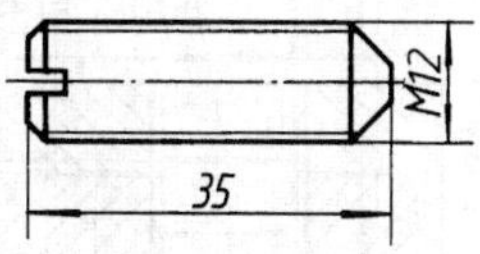	螺钉 GB/T 71 M12×35 表示螺纹规格 $d = 12$mm、公称长度 $l = 35$mm、性能等级为14H级、表面氧化的开槽锥端紧定螺钉
1型六角螺母 GB/T 6170—2000	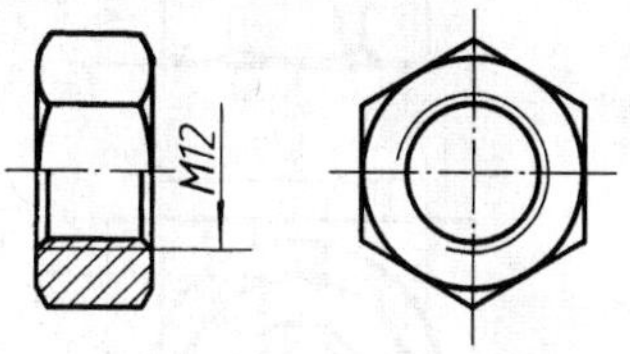	螺母 GB/T 6170 M12 表示螺纹规格 $D = 12$mm、性能等级为8级、不经表面处理、A级的1型六角螺母
平垫圈 GB/T 97.1—2002	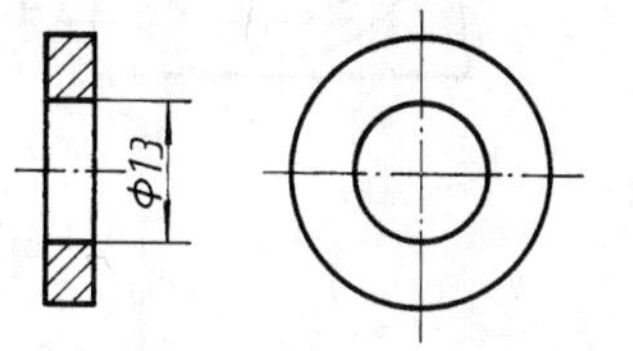	垫圈 GB/T 97.1 12 表示标准系列、公称规格12mm、由钢制造的硬度等级为200HV、不经表面处理、产品等级为A级的平垫圈
标准型弹簧垫圈 GB/T 93—1987	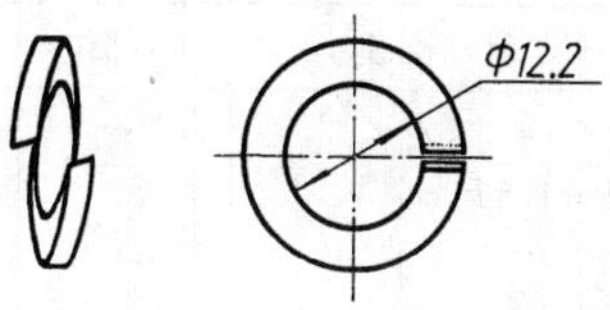	垫圈 GB/T 93 12 表示规格12mm、材料为65Mn、表面氧化处理的标准型弹簧垫圈

二、螺纹紧固件的联接画法

螺纹紧固件联接的基本型式有：螺栓联接、双头螺柱联接、螺钉联接。采用哪种联接按需要选定。但无论采用哪种联接，其画法（装配画法）都应遵守下列规定：

1) 两零件的接触面只画一条线，未接触面必须画两条线。

2) 在剖视图中，相互接触的两个零件的剖面线方向应相反。但同一个零件在各剖视图中剖面线的倾斜角度、方向和间隔都应相同。

3) 在剖视图中，当剖切平面通过紧固件的轴线时，紧固件均按不剖绘制。

1. 螺栓联接

螺栓用来联接不太厚并钻有通孔的零件，如图6-11a所示。

画螺栓联接图，应根据紧固件的标记，按其相应标准中的各部分尺寸绘制。为了方便作图，通常可按其各部分尺寸与螺栓大径 d 的比例关系近似地画出，如图6-11b所示。其比例关系见表6-3。

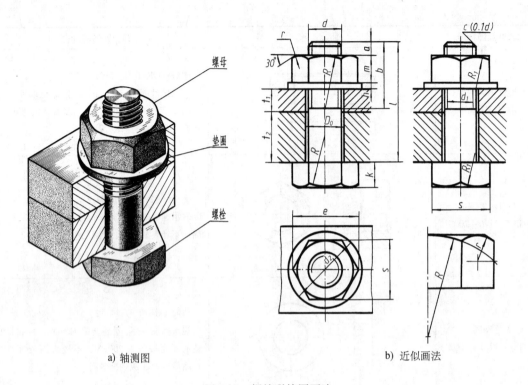

a) 轴测图   b) 近似画法

图 6-11 螺栓联接图画法

表 6-3 螺栓紧固件近似画法的比例关系

部位	尺寸比例	部位	尺寸比例	部位	尺寸比例
螺栓	$b=2d$　$e=2d$ $R=1.5d$　$c=0.1d$ $k=0.7d$　$d_1=0.85d$ $R_1=d$　s 由作图决定	螺母	$e=2d$ $R=1.5d$ $R_1=d$ $m=0.8d$ r 由作图决定 s 由作图决定	垫圈	$h=0.15d$ $d_2=2.2d$
				被连接件	$D_0=1.1d$

画图时，需知道螺栓的型式、大径和被连接两零件的厚度。螺栓的长度 l，由图 6-11b 可知：

$$l = t_1 + t_2 + h + m + a$$

式中，a 为螺栓伸出螺母的长度，一般取 $(0.2 \sim 0.3)d$。

计算出 l 后，还需从螺栓的标准长度系列（附表 2）中选取与 l 相近的标准值。例如，算出 $l=48\text{mm}$，可选 $l=50\text{mm}$。螺母、垫圈的尺寸分别参见附表 3、附表 8。

2. 双头螺柱联接

在两个被联接的零件中，若有一个较厚、不宜加工成通孔时，可采用双头螺柱联接，如图 6-12a 所示。双头螺柱联接和螺栓联接一样，通常采用近似画法，其联接图的画法如图 6-12b 所示（其俯视图及各部分的画法比例，与图 6-11b 相同）。

画双头螺柱联接图时，应注意以下两点：

1) 为了保证联接牢固，旋入端应全部旋入螺孔（图 6-12c），即在图上旋入端的螺纹终止线应与螺孔的端面平齐(图 6-12d)。

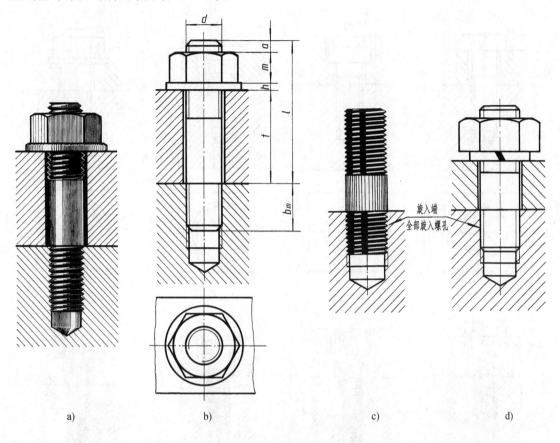

图 6-12 双头螺柱联接图画法

2) 旋入端的螺纹长度 b_m,根据被旋入零件材料的不同而不同(钢与青铜:$b_m = d$;铸铁:$b_m = 1.25d$;铸铁或铝合金:$b_m = 1.5d$;铝合金:$b_m = 2d$)。计算出 l 后,从相应标准(附表4)中选取相近的系列值。

3. 螺钉联接

螺钉用以联接一个较薄、另一个较厚的零件,常用在受力不大和不需经常拆卸的场合。螺钉的种类很多(参见表 6-2,其尺寸见附表 5~7),图 6-13a、b、c 分别为常用的开槽盘头螺钉、内六角圆柱头螺钉、开槽沉头螺钉联接图的简化画法(图 6-14 为双头螺柱联接的简化画法。各种螺栓、螺钉的头部及螺母在装配图中的简化画法可查阅相应的国家标准)。

紧定螺钉也是在机器上经常使用的一种螺钉。它常用来防止两个相配零件产生相对运动。图 6-15 所示为用开槽锥端紧定螺钉限定轮和轴的相对位置,使它们不能产生轴向相对移动的图例。图 6-15a 表示零件图上螺孔和锥坑的画法,图 6-15b 为装配图上的画法。

在螺纹联接中,螺母虽然可以拧得很紧,但由于长期振动,它往往也会松动甚至脱落。因此,为了防止螺母松脱现象的发生,常常采用弹簧垫圈(图 6-12d),或用两个重叠的螺母,或用开口销和槽形螺母予以锁紧,如图 6-16 所示。

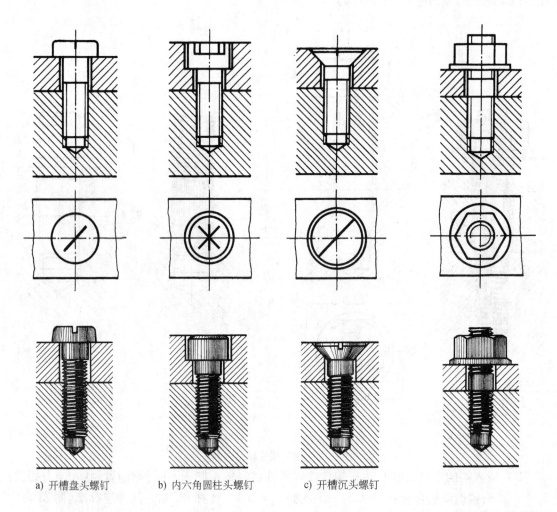

a) 开槽盘头螺钉　　b) 内六角圆柱头螺钉　　c) 开槽沉头螺钉

图 6-13　螺钉联接的简化画法　　　　　　图 6-14　双头螺柱联接的简化画法

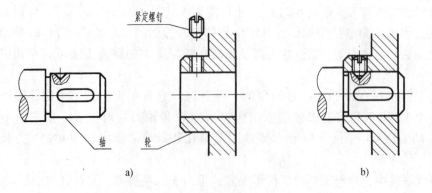

图 6-15　紧定螺钉联接

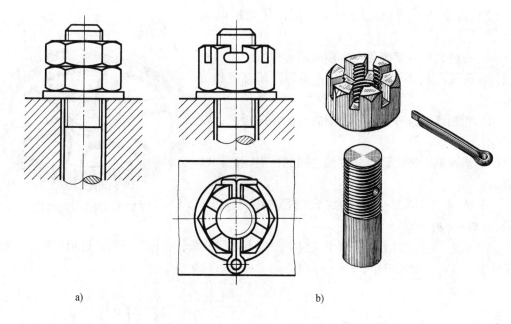

图 6-16 螺纹联接的锁紧

第三节 齿 轮

齿轮(GB/T 4459.2—2003)是传动零件,它能将一根轴的动力及旋转运动传递给另一根轴,也可改变转速和旋转方向,图 6-1 为齿轮传动的应用实例。其中,图 6-1a 中的圆柱齿轮(斜齿)用于两平行轴之间的传动;图 6-1b 中的锥齿轮用于相交两轴之间的传动,蜗轮、蜗杆则用于交错两轴之间的传动。

一、圆柱齿轮

圆柱齿轮按轮齿方向的不同,可分为直齿轮、斜齿轮、人字齿轮等,如图 6-17 所示。

a) 直齿轮　　　　　　　b) 斜齿轮　　　　　　　c) 人字齿轮

图 6-17 圆柱齿轮

直齿圆柱齿轮(直齿轮)一般由轮齿、齿盘、轮辐(辐板或辐条)和轮毂等组成,其轮齿位于圆柱面上,如图 6-18 所示。

1. 直齿圆柱齿轮的各部分名称及代号(图 6-19)

(1) 齿顶圆　通过轮齿顶面的圆,其直径以 d_a 表示。

（2）齿根圆 通过轮齿根部的圆，其直径以 d_f 表示。

（3）分度圆 分度圆是在齿顶圆和齿根圆之间的假想圆，在该圆上齿厚 s 和齿槽宽 e 相等，其直径以 d 表示。

（4）齿顶高 齿顶圆与分度圆之间的径向距离，以 h_a 表示。

（5）齿根高 齿根圆与分度圆之间的径向距离，以 h_f 表示。

（6）齿高 齿顶圆与齿根圆之间的径向距离，以 h 表示（齿高 $h = h_a + h_f$）。

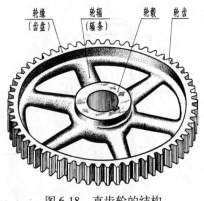

图6-18 直齿轮的结构

（7）齿距 分度圆上相邻两个轮齿上对应点之间的弧长，以 p 表示。齿距由齿厚 s 和齿槽宽 e 组成。在标准齿轮中，$s = e = p/2$，$p = s + e$。

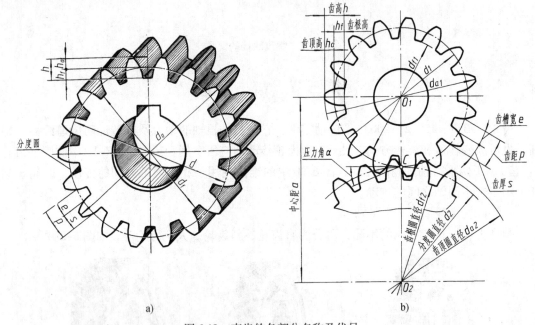

图6-19 直齿轮各部分名称及代号

（8）中心距 两啮合齿轮轴线之间的距离，以 a 表示，$a = (d_1 + d_2)/2$。

2. 直齿圆柱齿轮的基本参数

（1）齿数 一个齿轮的轮齿总数，以 z 表示。

（2）模数 由于齿轮分度圆的周长 $\pi d = pz$（z 为齿数），则 $d = z\dfrac{p}{\pi}$，式中 π 为无理数，为了计算方便，令 $m = \dfrac{p}{\pi}$，即将齿距 p 除以圆周率 π 所得的商，称为齿轮的模数，用符号"m"表示，尺寸单位为mm。由此得出：$d = mz$，$m = \dfrac{d}{z}$。两齿轮啮合，其模数必须相等。

模数是设计、制造齿轮的重要参数。模数大，齿距 p 也大，齿厚 s 和齿高 h 也随之增大，因而齿轮的承载能力也增大。为了便于设计和加工，模数已标准化，其数值见表6-4。

表6-4　圆柱齿轮法向模数（摘自 GB/T 1357—2008）　　　　（单位：mm）

第一系列	1，1.25，1.5，2，2.5，3，4，5，6，8，10，12，16，20，25，32，40，50
第二系列	1.125，1.375，1.75，2.25，2.75，3.5，4.5，5.5，(6.5)，7，9，11，14，18，22，28，35，45

注：选用圆柱齿轮法向模数时，应优先选用第一系列，并应避免采用第二系列中的法向模数6.5。

（3）压力角　在图6-19b中，在点 c 处，齿廓受力方向与齿轮瞬时运动方向的夹角，称为压力角，以 α 表示（分度圆上的压力角又叫齿形角）。标准齿轮的压力角为20°。

3. 直齿圆柱齿轮各部分的尺寸计算

确定出齿轮的齿数 z 和模数 m，齿轮的各部分尺寸即可按表6-5中的公式计算出。

表6-5　直齿圆柱齿轮各部分的尺寸关系

名称及代号	公式	名称及代号	公式
模数 m	$m = d/z$	齿顶圆直径 d_a	$d_a = d + 2h_a = m(z+2)$
齿顶高 h_a	$h_a = m$	齿根圆直径 d_f	$d_f = d - 2h_f = m(z-2.5)$
齿根高 h_f	$h_f = 1.25m$	齿距 p	$p = \pi m$
齿高 h	$h = h_a + h_f = 2.25m$	中心距 a	$a = (d_1 + d_2)/2 = m(z_1 + z_2)/2$
分度圆直径 d	$d = mz$		

4. 单个齿轮的规定画法（图6-20）

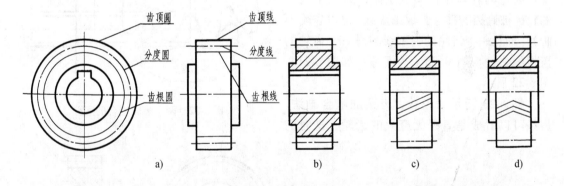

图6-20　单个齿轮的规定画法

1）一般用两个视图（图6-20a），或者用一个视图和一个局部视图表示单个齿轮。

2）齿顶圆和齿顶线用粗实线绘制。

3）分度圆和分度线用细点画线绘制。

4）齿根圆和齿根线用细实线绘制，也可省略不画；在剖视图中，齿根线用粗实线绘制（图6-20b）。

5）在剖视图中，当剖切平面通过齿轮的轴线时，轮齿一律按不剖处理。

6）当需要表示齿线的特征时，可用三条与齿线方向一致的细实线表示（图6-20c、d）。直齿则不需表示。

5. 两齿轮啮合的规定画法（图6-21）

1）在垂直于圆柱齿轮轴线的投影面的视图中，啮合区内的齿顶圆均用粗实线绘制

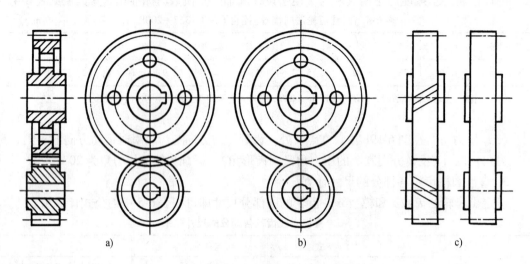

图 6-21 两齿轮啮合的规定画法

(图 6-21a)，两节圆(分度圆)相切，其省略画法如图 6-21b 所示。

2) 在平行于圆柱齿轮轴线的投影面的视图中，啮合区的齿顶线不需画出，节线用粗实线绘制，其他处的节线用细点画线绘制，如图 6-21c 所示。

3) 在通过轴线的剖视图中，啮合区内将一个齿轮的轮齿用粗实线绘制，另一个齿轮的轮齿被遮挡的部分画成细虚线(也可省略不画)，而且一个齿轮的齿顶线与另一个齿轮的齿根线之间应有 $0.25m$ 的间隙，如图 6-21a、图 6-22 所示。

图 6-23 所示为齿轮、齿条的啮合画法。齿条可以看成是直径无穷大的齿轮，这时的

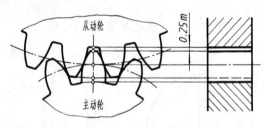

图 6-22 两个齿轮啮合的间隙

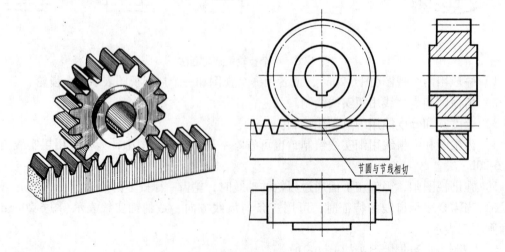

图 6-23 齿轮、齿条啮合的规定画法

齿顶圆、节圆、齿根圆和齿廓都是直线。它的模数与其啮合齿轮的模数相同,画法与两圆柱齿轮的啮合画法是一样的。

例 6-1 识读直齿圆柱齿轮图(图 6-24)。

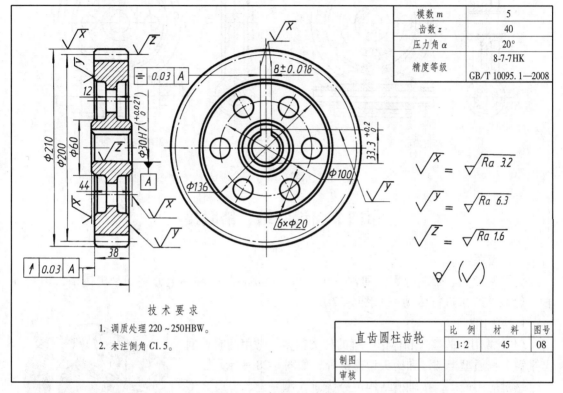

图 6-24 直齿圆柱齿轮图

二、锥齿轮、蜗轮与蜗杆的啮合画法

锥齿轮、蜗轮与蜗杆的啮合画法,分别如图 6-25、图 6-26 所示。

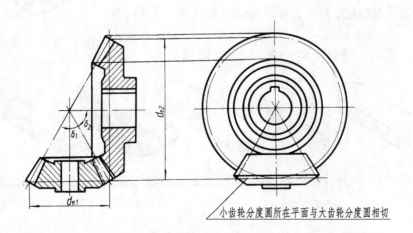

图 6-25 锥齿轮的啮合画法

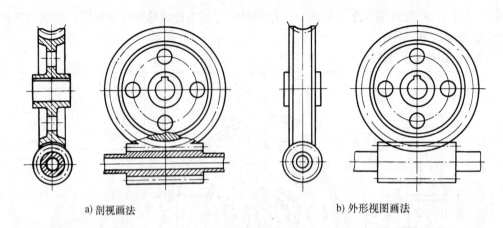

a) 剖视画法　　　　　　　　　b) 外形视图画法

图 6-26　蜗轮、蜗杆啮合画法

第四节　键联结、销联接

一、键联结

为了使齿轮、带轮等零件和轴一起转动，通常在轮孔和轴上分别切制出键槽，用键将轴、轮联结起来进行传动，如图 6-27 所示。

1. 常用键

（1）常用键的型式和标记　键的种类很多，常用的有普通型平键、普通型半圆键和钩头型楔键等，如图 6-28 所示。

平键应用最广，按轴槽结构可分普通 A 型平键、普通 B 型平键和普通 C 型平键三种型式。

（2）常用键的标记及识读　常用键都是标准件，其结构型式、尺寸均有相应规定。

关于普通平键的规定画法、标记及键槽的形式、尺寸可参看附表 9。

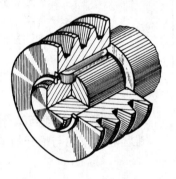

图 6-27　键联结

1）GB/T 1096　键 $16 \times 10 \times 100$

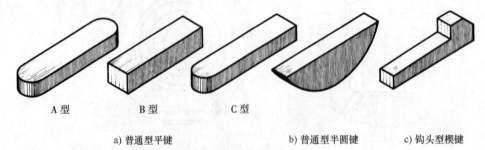

A 型　　　B 型　　　C 型

a) 普通型平键　　　b) 普通型半圆键　　　c) 钩头型楔键

图 6-28　常用的几种键

表示普通 A 型平键，$b = 16mm$，$h = 10mm$，$L = 100mm$。

2）GB/T 1096　键 B $16 \times 10 \times 100$

表示普通 B 型平键，$b=16\text{mm}$，$h=10\text{mm}$，$L=100\text{mm}$。

3）GB/T 1096 键 C $16 \times 10 \times 100$

表示普通 C 型平键，$b=16\text{mm}$，$h=10\text{mm}$，$L=100\text{mm}$。

4）GB/T 1099.1 键 $6 \times 10 \times 25$

表示普通型半圆键，$b=6\text{mm}$，$h=10\text{mm}$，$D=25\text{mm}$（D 为半圆键的圆的直径）。

5）GB/T 1565 键 18×100

表示钩头型楔键，$b=18\text{mm}$，$h=11\text{mm}$，$L=100\text{mm}$。

（3）常用键联结画法与识读 见表6-6。

表6-6 常用键的联结画法及识读

名称	联结的画法	说 明
普通型平键	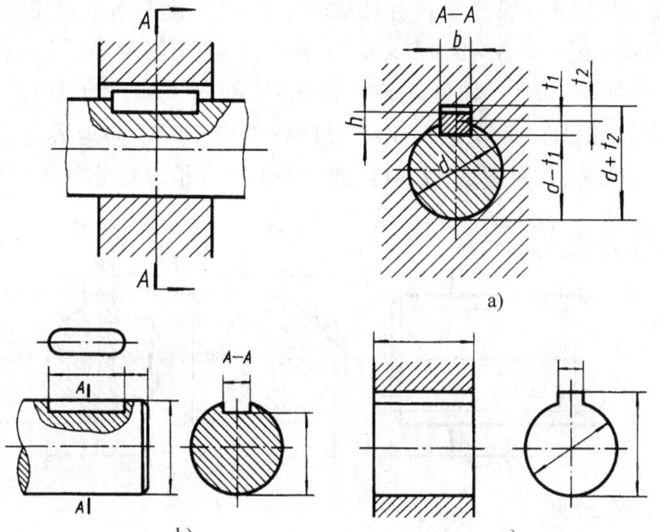 a) b) c)	键侧面接触：顶面有一定间隙，键的倒角或圆角可省略不画（图 a） 图中代号的含义： b——键宽 h——键高 t_1——轴上键槽深度 $d-t_1$——轴上键槽深度表示法 t_2——轮毂上键槽深度 $d+t_2$——轮毂上键槽深度表示法 （图 b、图 c 分别示出了轴和轮毂上键槽的表示法和尺寸注法）
普通型半圆键	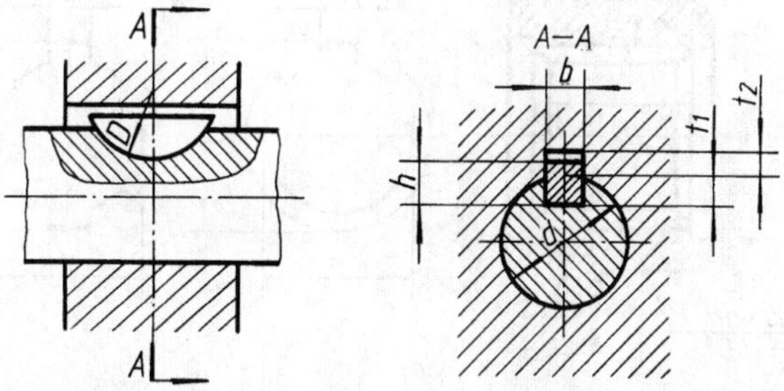	键与槽底面、侧面接触 顶面有间隙
钩头型楔键	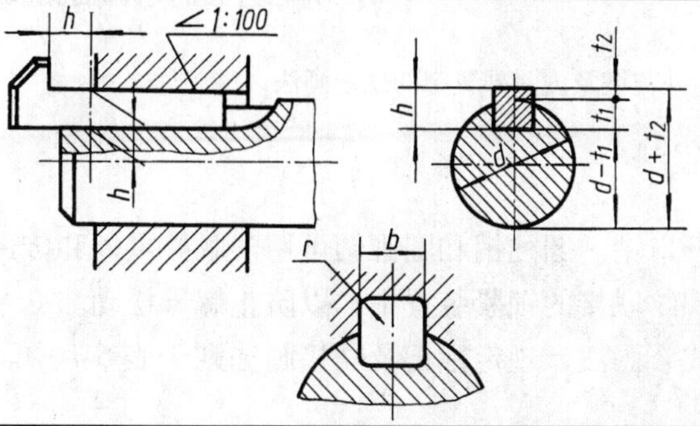	（$d+t_2$）及 t_2 表示大端轮毂槽深度 键与槽在顶面、底面、侧面同时接触（键的顶、底面为工作面，配合很紧；两侧面为非工作面，配合较松，以偏差控制——间隙配合） 安装时，键的斜面与轮毂槽的斜面必须紧密贴合

2. 花键的画法及其尺寸标注（GB/T 4459.3—2000、GB/T 1144—2001）

花键被广泛用于需承受较大转矩时的运动传递，其结构和尺寸都已经标准化。

花键的齿形有矩形、三角形和渐开线形等。下面介绍最常用的矩形花键的画法和尺寸注法。

（1）外花键的画法 在平行于花键轴线的投影面的视图中，外花键的大径用粗实线、小径用细实线绘制，并在断面图中画出一部分或全部齿形（图6-29b 上图）。

（2）内花键的画法 在平行于花键轴线的投影面的剖视图中，内花键的大径及小径均用粗实线绘制，并在局部视图中画出一部分或全部齿形（图6-29b 下图）。

在装配图中，花键联结用剖视图或断面图表示时，其联结部分按外花键绘制（图6-30）。

（3）花键的尺寸标注 花键尺寸的一般注法：标注大径、小径、键宽和工作长度，如图6-29b所示；另一种注法是将其标记——$N \times d \times D \times B$（$N$ 表示齿数，d 表示小径，D 表示大径，B 表示键宽）注写在指引线的基准线上，如外花键：⊓ $6 \times 23f7 \times 26a11 \times 6d10$　GB/T 1144—2001；内花键：⊓ $6 \times 23H7 \times 26H10 \times 6H11$　GB/T 1144—2001（"⊓"为矩形花键的图形符号，6 为齿数，23 为小径，26 为大径，6 为键宽，f7、a11、H7、H10 等为相应的公差带代号）。

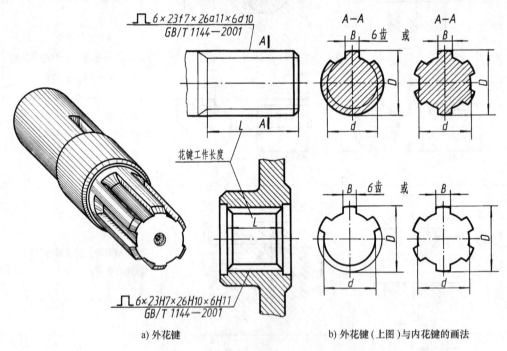

a）外花键　　　　　　b）外花键（上图）与内花键的画法

图6-29　外花键及内、外花键的规定画法

花键副的尺寸标记如图6-30 所示。

二、销联接

常用的销有圆柱销、圆锥销和开口销。圆柱销和圆锥销可用于联接零件和传递动力，也可在装配时定位用。开口销常用在螺纹联接的锁紧装置中，以防止螺母松动。

圆柱销、圆锥销、开口销的型式、画法、规定标记及联接画法列于表6-7 中。它们的尺寸参见附表10、附表11、附表12。

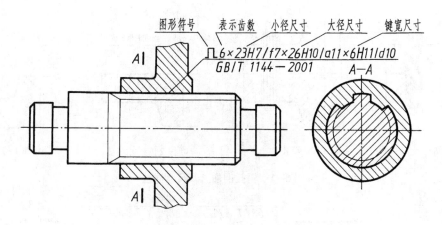

图 6-30 花键副的画法及其尺寸标记

表 6-7 常用销的型式及标记示例

名 称	圆柱销	圆锥销	开口销
标准号	GB/T 119.1—2000	GB/T 117—2000	GB/T 91—2000
图例		$r_1 \approx d \quad r_2 \approx \dfrac{a}{2} + d + \dfrac{0.021^2}{8a}$	
标记示例	销 GB/T 119.1 6m6×30 表示公称直径 $d=6$mm、公差带代号为 m6、公称长度 $l=30$mm、材料为钢、不经淬火、不经表面处理的圆柱销	销 GB/T 117 6×30 表示公称直径 $d=6$mm、公称长度 $l=30$mm、材料为 35 钢、热处理硬度 28~38HRC、表面氧化处理的 A 型圆锥销 圆锥销公称尺寸指小端直径	销 GB/T 91 4×20 表示公称规格为 4mm（指开口销孔直径）、公称长度 $l=20$mm、材料为低碳钢、不经表面处理的开口销
联接画法			

用圆柱销和圆锥销联接或定位的两个零件，它们的销孔是一起加工的，以保证相互位置的准确性。因此，在零件图上除了注明销孔的尺寸外，还要注明其加工情况。图 6-31 示出了销孔的加工过程和销孔尺寸的标注方法。

螺纹紧固件、键、销联接画法的应用图例如图 6-32 所示。

图 6-32 所示为凸缘联轴器的装配图。联轴器是连接两轴一同回转而不脱开的一种装置。为了实现传递转矩的功能，该联轴器采用了螺纹紧固件、键、销联接。看该图应注意以下几点：

1. 注意标准件的标记

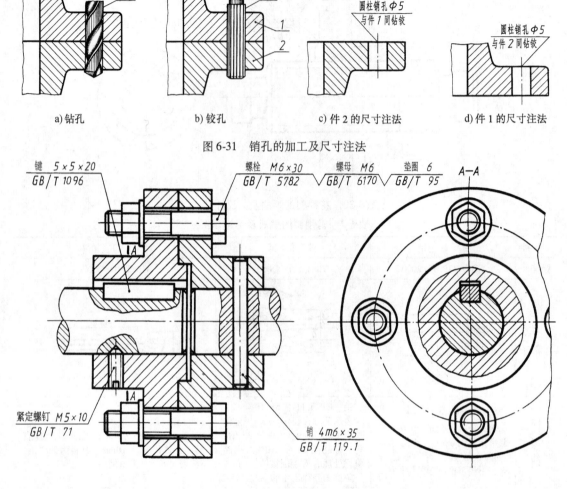

图 6-31 销孔的加工及尺寸注法

图 6-32 凸缘联轴器装配图

螺栓、螺母、垫圈、紧定螺钉、普通型平键、圆柱销等都是标准件,它们的规格都是根据联轴器的结构需要,在相应的国家标准中查得的,其标记及标准的编号如图6-32 中所注。

2. 注意标准件的联接画法

1) 螺栓、螺母为简化画法,法兰的光孔与螺杆之间有缝隙,画成两条线。
2) 键与键槽的两侧和底面都接触,只画一条线,与其顶面有缝隙,画成两条线。
3) 圆柱销与销孔是配合关系,故销的两侧应画成一条线。
4) 紧定螺钉应全部旋入螺孔内,按外螺纹绘制,螺钉的锥端应顶住轴上的锥坑。

3. 注意图形的画法

图 6-32 采用了两个视图,主视图采用全剖视,标准件均按不剖绘制。为了表示键、销、螺钉的装配情况,装配图采用了局部剖视及断裂画法。左视图主要是表示螺栓联接在法兰盘上的分布情况。为了表示键与轴和法兰的横向联结情况,采用了 A—A 局部剖视。为了有效地利用图纸,法兰盘的右部被打掉一部分,以波浪线表示。关于同一零件及相邻两零件的剖面线画法,希望读者自行分析。

综上所述,可以想象出该联轴器的结构和形状,如图 6-33 所示。

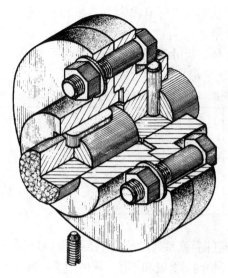

图 6-33　联轴器的轴测图

第五节　滚动轴承

一、滚动轴承的结构和种类

1. 滚动轴承的结构

滚动轴承是支承旋转轴的标准组件，它具有摩擦阻力小、效率高、结构紧凑以及维护简单等优点，因此在机器中得到了广泛的应用。

如图 6-34 所示，滚动轴承的结构一般由外圈、内圈、滚动体和保持架组成。

2. 滚动轴承的种类

滚动轴承的种类很多，按承受载荷方向的不同，可将其分为三类：

（1）向心轴承　主要承受径向载荷，如深沟球轴承（图 6-34a）。

（2）推力轴承　主要承受轴向载荷，如推力球轴承（图 6-34b）。

（3）向心推力轴承　能同时承受径向载荷和轴向载荷，如圆锥滚子轴承（图 6-34c）。

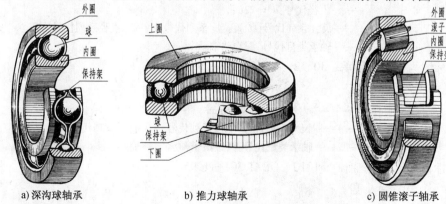

a) 深沟球轴承　　　　b) 推力球轴承　　　　c) 圆锥滚子轴承

图 6-34　滚动轴承的结构与种类

二、滚动轴承的代号

滚动轴承的代号由基本代号、前置代号和后置代号构成。前置代号、后置代号是轴承在结构形状、尺寸、公差以及技术要求等有改变时,在其基本代号左右添加的补充代号。如无特殊要求,则只标记基本代号。

基本代号由轴承类型代号、尺寸系列代号和内径代号构成。

轴承类型代号用数字(或字母)表示,如表6-8所示。

表6-8 滚动轴承类型代号(摘自 GB/T 272—1993)

代号	0	1	2	3	4	5	6	7	8	N	U	QJ
轴承类型	双列角接触球轴承	调心球轴承	调心滚子轴承和推力调心滚子轴承	圆锥滚子轴承	双列深沟球轴承	推力球轴承	深沟球轴承	角接触球轴承	推力圆柱滚子轴承	圆柱滚子轴承	外球面球轴承	四点接触球轴承

尺寸系列代号由轴承的宽(高)度系列代号和直径系列代号组合而成,用两位阿拉伯数字来表示。它的主要作用是区别内径相同而宽度和外径不同的轴承。具体代号需查阅相关的国家标准。

内径代号表示轴承的公称内径,一般用两位阿拉伯数字表示:

——代号数字为00、01、02、03时,分别表示轴承内径 d = 10、12、15、17mm;

——代号数字为04~96时,代号数字乘5,即为轴承内径;

——轴承公称内径为1~9,大于或等于500以及22、28、32时,用公称内径毫米数直接表示,但应与尺寸系列代号之间用"/"隔开。

轴承基本代号及其标记举例:

规定标记为:滚动轴承 6208 GB/T 276—1994

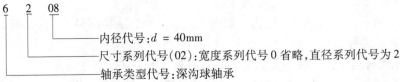

规定标记为:滚动轴承 62/22 GB/T 276—1994

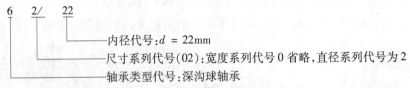

规定标记为:滚动轴承 30312 GB/T 297—1994

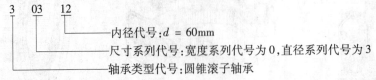

规定标记为:滚动轴承 51310 GB/T 301—1995

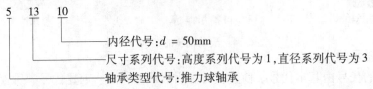

三、滚动轴承的画法

当需要在图样上表示滚动轴承时,可采用简化画法或规定画法。现将三种滚动轴承的各式画法均列于表6-9中,其各部尺寸可根据轴承代号由标准中查得(参见附表16)。

1. 简化画法

(1) 通用画法 在剖视图中,当不需要确切地表示滚动轴承的外形轮廓、载荷特征和结构特征时,可用矩形线框及位于线框中央正立的十字形符号表示滚动轴承。

(2) 特征画法 在剖视图中,如需较形象地表示滚动轴承的结构特征时,可采用在矩形线框内画出其结构要素符号表示滚动轴承。

通用画法和特征画法应绘制在轴的两侧。矩形线框、符号和轮廓线均用粗实线绘制。

2. 规定画法

必要时,在滚动轴承的产品图样、产品样本和产品标准中,可采用规定画法表示滚动轴承。采用规定画法绘制滚动轴承的剖视图时,轴承的滚动体不画剖面线,其内外座圈可画成方向和间隔相同的剖面线;在不致引起误解时,也允许省略不画。滚动轴承的倒角省略不画。规定画法一般绘制在轴的一侧,另一侧按通用画法绘制。

表6-9 滚动轴承的通用画法、特征画法和规定画法(摘自 GB/T 4459.7—1998)

名称和标准号	查表主要数据	画法			装配示意图
		简化画法		规定画法	
		通用画法	特征画法		
深沟球轴承(GB/T 276—1994)	D d B	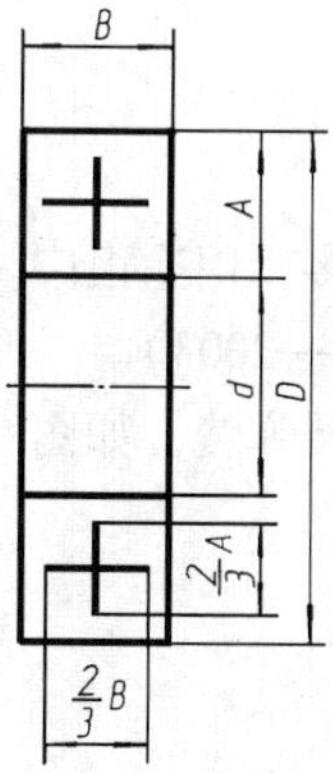	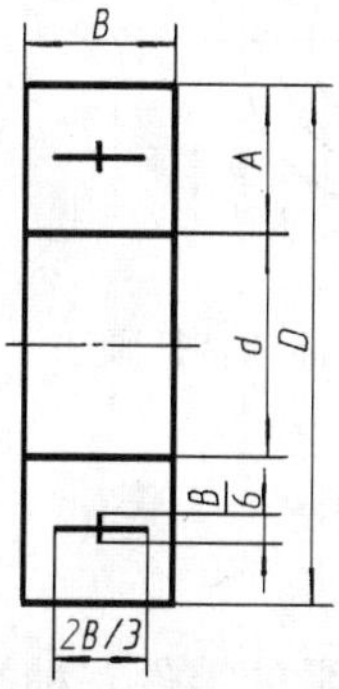	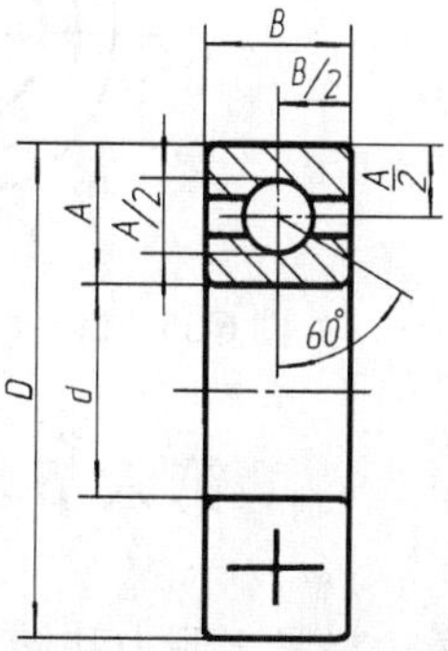	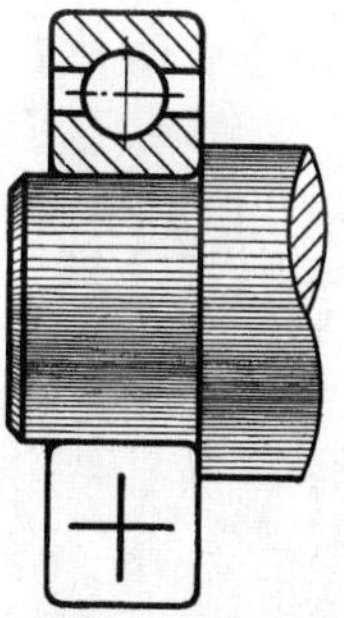
圆锥滚子轴承(GB/T 297—1994)	D d B T C		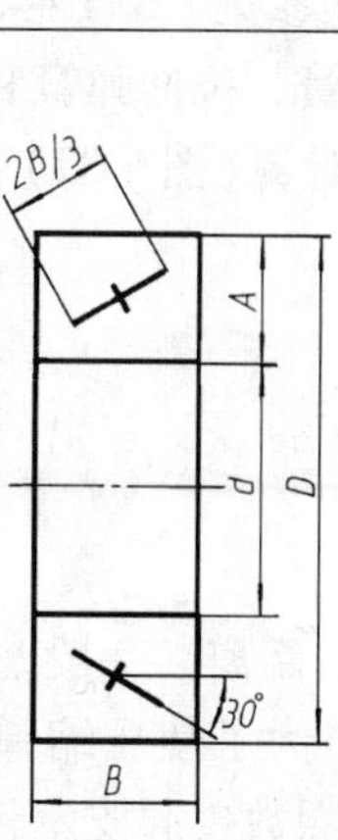	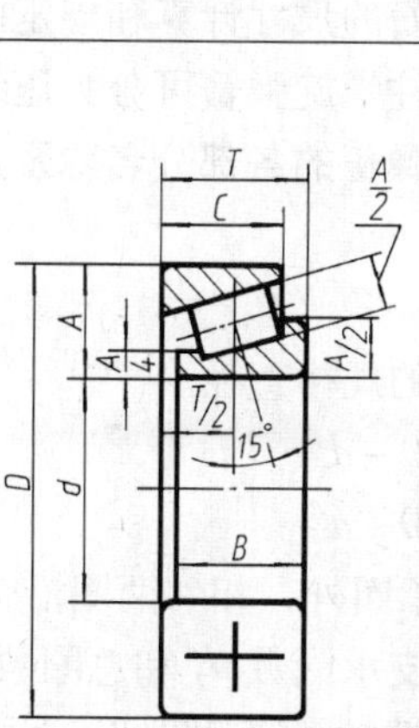	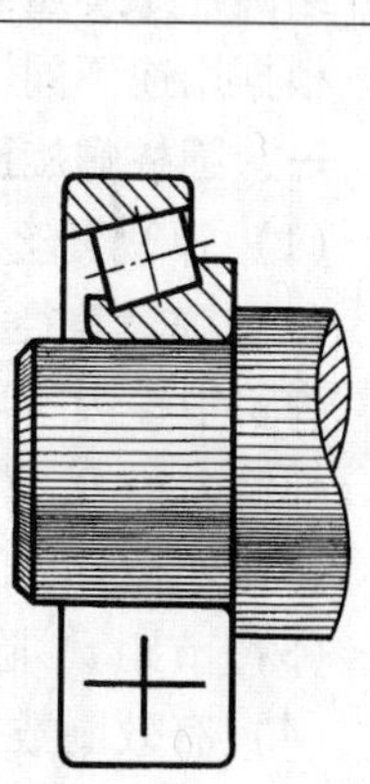

名称和标准号	查表主要数据	画法		规定画法	装配示意图
		简化画法			
		通用画法	特征画法		
推力球轴承（GB/T 301—1995）	D d T				

在垂直于滚动轴承轴线的投影面的视图上，无论滚动体的形状（球、柱、针等）及尺寸如何，均可按图6-35的方法绘制。

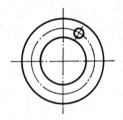

图6-35 滚动轴承端面的特征画法

第六节 弹 簧

弹簧是一种用来减振、夹紧、测力和储存能量的零件，种类很多，用途很广。本节仅简要介绍圆柱螺旋压缩弹簧的尺寸计算和规定画法（参见 GB/T 4459.4—2003）。

根据用途不同，圆柱螺旋弹簧可分为压缩弹簧、拉伸弹簧和扭转弹簧，如图6-36所示。

一、圆柱螺旋压缩弹簧的各部分名称及尺寸计算（图6-37）

（1）弹簧簧丝直径 d

（2）弹簧直径

弹簧中径 D　弹簧的规格直径。

弹簧内径 D_1　$D_1 = D - d$

弹簧外径 D_2　$D_2 = D + d$

（3）节距 t　除支承圈外，相邻两圈沿轴向的距离。一般 $t = (D/3) \sim (D/2)$。

（4）有效圈数 n、支承圈数 n_2 和总圈数 n_1　为了使压缩弹簧工作时受力均匀，保证轴线垂直于支承端面，两端常并紧且磨平。这部分圈数仅起支承作用，所以叫支承圈。支承圈数（n_2）有1.5圈、2圈和2.5圈三种。2.5圈用得较多，即两端各并紧1¼圈，其中包括磨

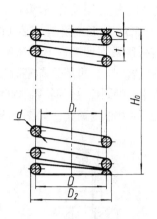

a) 压缩弹簧　　b) 拉伸弹簧　　c) 扭转弹簧

图 6-36　圆柱螺旋弹簧

图 6-37　压缩弹簧的尺寸

平 3/4 圈。压缩弹簧除支承圈外,具有相等节距的圈数称有效圈数,有效圈数 n 与支承圈数 n_2 之和称为总圈数 n_1,即:

$$n_1 = n + n_2$$

(5) 自由高度(或自由长度)H_0　弹簧在不受外力时的高度(或长度),即:

$$H_0 = nt + (n_2 - 0.5)d$$

当 $n_2 = 1.5$ 时　　　$H_0 = nt + d$;

当 $n_2 = 2$ 时　　　　$H_0 = nt + 1.5d$;

当 $n_2 = 2.5$ 时　　　$H_0 = nt + 2d$。

(6) 弹簧展开长度 L　制造时弹簧簧丝的长度,即:

$$L \approx \pi D n_1$$

二、圆柱螺旋压缩弹簧的规定画法

圆柱螺旋压缩弹簧可画成视图、剖视图或示意图,如图 6-38 所示。

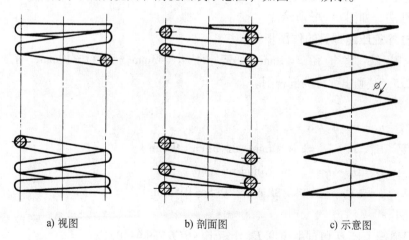

a) 视图　　　　　b) 剖面图　　　　c) 示意图

图 6-38　螺旋弹簧的画法

画图时,应注意以下几点:

1) 圆柱螺旋弹簧在平行于轴线的投影面上的视图中,其各圈的轮廓应画成直线(图 6-38)。

2) 螺旋弹簧均可画成右旋,对必须保证的旋向要求应在"技术要求"中注明。

3)如要求螺旋压缩弹簧两端并紧且磨平时,不论支承圈的圈数多少和末端贴紧情况如何,均按图 6-38 的形式绘制。必要时也可按支承圈的实际结构绘制。

4)有效圈数在四圈以上的螺旋弹簧,中间部分可省略不画,只画通过簧丝剖面中心的两条细点画线。当中间部分省略后,允许适当地缩短图形的长度,如图 6-38 所示。

5)在装配图中,被弹簧挡住的结构一般不画出,可见部分应从弹簧的外轮廓线或从弹簧簧丝剖面的中心线画起,如图 6-39a 所示。

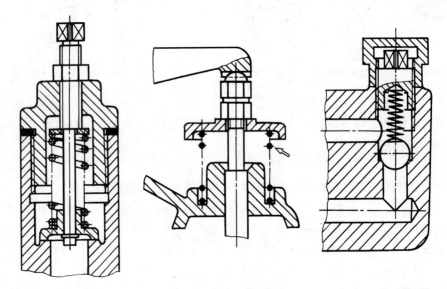

a) 装配图中被弹簧遮挡处的画法 b) $d \leq 2mm$ 的断面画法 c) $d \leq 2mm$ 的示意画法

图 6-39 装配图中螺旋弹簧的规定画法

6)当簧丝直径在图上小于或等于 2mm 时,断面可以涂黑表示,如图 6-39b 所示;也可以采用示意画法,如图 6-39c 所示。

三、圆柱螺旋压缩弹簧的作图步骤

例 6-2 某弹簧簧丝直径 $d = 5mm$,弹簧外径 $D_2 = 43mm$,节距 $t = 10mm$,有效圈数 $n = 8$,支承圈 $n_2 = 2.5$。试画出弹簧的剖视图。

(1)计算

总 圈 数 $n_1 = n + n_2 = 8 + 2.5 = 10.5$

自由高度 $H_0 = nt + 2d = 8 \times 10mm + 2 \times 5mm = 90mm$

中   径 $D = D_2 - d = 43mm - 5mm = 38mm$

展开长度 $L \approx \pi D n_1 = 3.14 \times 38mm \times 10.5 = 1253mm$

(2)画图

1)根据弹簧中径 D 和自由高度 H_0 作矩形 $ABCD$(图 6-40a)。

2)画出支承圈部分弹簧钢丝的断面(图 6-40b)。

3)画出有效圈部分弹簧钢丝的断面(图 6-40c)。先在 CD 线上根据节距 t 画出圆 2 和圆 3,然后从 1、2 和 3、4 的中点作垂线与 AB 线相交,画圆 5 和圆 6。

4)按右旋方向作相应圆的公切线及画剖面线,即完成作图(图 6-40d)。

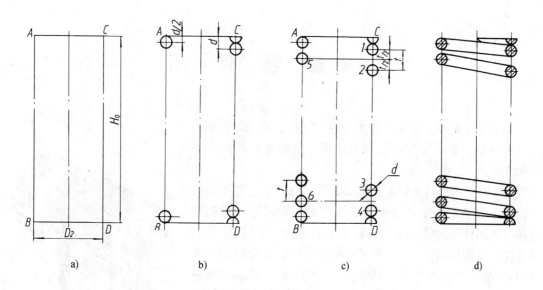

图 6-40 圆柱螺旋压缩弹簧的作图步骤

图 6-41 为弹簧的零件图。当需要表示弹簧负荷与高度之间的关系时，必须用图解表示。主视图上方的机械性能曲线画成直线。其中：F_1—弹簧的预加负荷，F_2—弹簧的最大负荷，F_3—弹簧的允许极限负荷。

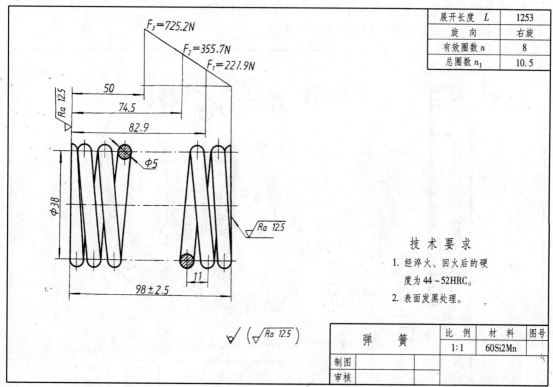

图 6-41 弹簧的零件图

第七章 零件图

表示零件结构、大小及技术要求的图样，称为零件图。

零件图是制造和检验零件的依据，是指导生产的重要技术文件。

图 7-1 所示为一齿轮泵，图 7-2 所示为该泵上左端盖的零件图。由于零件图是直接用于生产的，所以它应具备制造和检验零件所需要的全部内容。主要包括：一组图形（表示零件的结构形状）；一组尺寸（表示零件各部分的大小及其相对位置）；技术要求（即制造、检验零件时应达到的各项技术指标），如表面粗糙度 Ra 1.6μm、尺寸的极限偏差 $\phi 16^{+0.018}_{\ 0}$、平行度公差 0.04mm、热处理和表面处理要求及其他文字说明等；标题栏（注写零件名称、绘图比例、所用材料及制图者姓名等）。

本章主要介绍这些技术要求中的基本内容及其代号的标注和识读方法，以及绘制、识读零件图的方法。

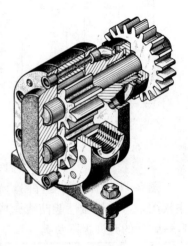

图 7-1 齿轮泵立体图

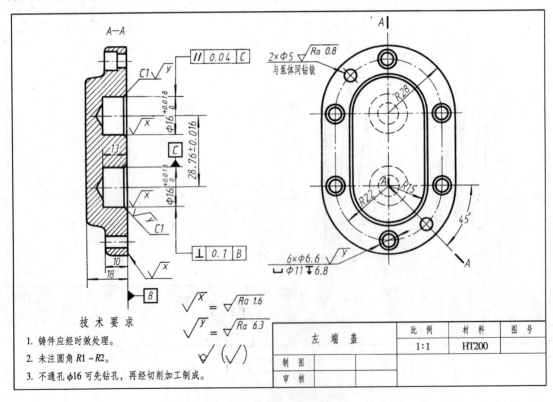

图 7-2 左端盖零件图

第一节 零件图的视图选择

零件图的视图选择,是根据零件的结构形状、加工方法,以及它在机器中所处位置等因素的综合分析来确定的。

视图选择的内容包括:主视图的选择、视图数量和表达方法的选择。

一、主视图的选择

主视图是一组图形的核心,主视图选择得恰当与否将直接影响到其他视图位置和数量的选择,关系到画图、看图是否方便,甚至牵扯到图纸幅面的合理利用等问题,所以,主视图的选择一定要慎重。

选择主视图的原则:将表示零件信息量最多的那个视图作为主视图,通常是零件的工作位置或加工位置或安装位置。具体地说,一般应从以下三个方面来考虑。

1. 表示零件的工作位置或安装位置

主视图应尽量表示零件在机器上的工作位置或安装位置。例如图7-3所示的支座和图7-4所示的吊钩,其主视图就是根据它们的工作位置、安装位置并尽量多地反映其形状特征的原则选定的。

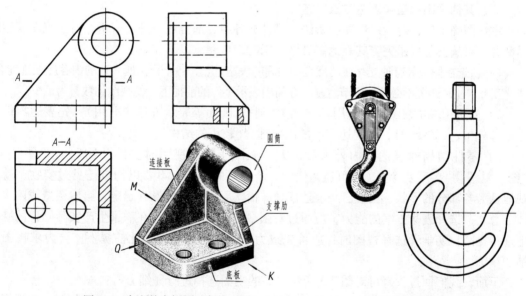

图7-3 支座的主视图选择　　　　图7-4 吊钩的工作位置

由于主视图按零件的实际工作位置或安装位置绘制,看图者很容易通过头脑中已有的形象储备将其与整台机器或部件联系起来,从而获取某些信息;同时,也便于与其装配图直接对照(装配图通常按其工作位置或安装位置绘制),以利于看图。

2. 表示零件的加工位置

主视图应尽量表示零件在机械加工时所处的位置。如轴、套类零件的加工,大部分工序是在车床或磨床上进行,因此一般将其轴线水平放置画出主视图,如图7-5所示。这样,在加工时可以直接进行图物对照,既便于看图,又可减少差错。

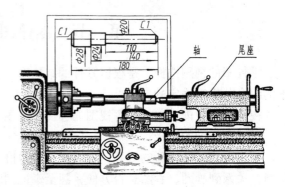

图 7-5 轴类零件的加工位置

3. 表示零件的结构形状特征

主视图应尽量多地反映零件的结构形状特征。这主要取决于投射方向的选定，如图 7-3 所示的支座，以 K 向、Q 向投射都反映它们的工作位置。但经过比较，K 向则将圆筒、连接板的形状和四个组成部分的相对位置表现得更清楚，故以此作为主视图的投射方向。此外，选择主视图的投射方向时，还应考虑使主视图和其他视图尽量少出现细虚线，这就是不能以 M 向投射的道理（图 7-3 中 $A—A$ 剖视的画法表明，当肋、薄板等结构被横向剖切时，必须画剖面线）。

二、其他视图数量和表达方法的选择

主视图确定后，应运用形体分析法对零件的各组成部分逐一进行分析，对主视图表达未尽部分，再选其他视图完善其表达。具体选用时，应注意以下几点：

1）所选视图应具有独立存在的意义和明确的表达重点，各个视图所表达的内容应相互配合，彼此互补，注意避免不必要的细节重复。在明确表示零件的前提下，使视图的数量为最少。

2）先选用基本视图，后选用其他视图（剖视、断面等表示方法应兼用）；先表达零件的主要部分（较大的结构），后表达零件的次要部分（较小的结构）。

3）零件结构的表达要内外兼顾，大小兼顾。选择视图时要以"物"对"图"，以"图"对"物"，反复盘查，不可遗漏任何一个细小的结构。不要以为自己见过实物，就主观地认为各部分的形状、位置已经表达清楚，而实际上它们并没有确定，给看图造成困难。

总之，选择表达方案的能力，应通过看图、画图的实践，并在积累生产实际知识的基础上逐步提高。初学者选择视图时，应首先致力于表达得完整，在此前提下，再力求视图简洁、精练。

下面，我们回过头来再对图 7-3 所示支座的视图选择进行仔细分析：

主视图为外形图，主要表示圆筒、连接板的形状和四个组成部分的相对位置。俯视图为全剖视图，主要表示底板的形状、两个小孔的相对位置。左视图表示支撑肋的形状及底板、连接板、支撑板、圆筒之间的相对位置，小孔采用了局部剖。每个视图的表达重点都很明确，三个视图缺一不可。此方案的优点在于：①俯视图全剖视的剖切平面位置选择得当，它既避免了圆筒的重复表达，又突显出连接板与支撑肋的连接关系及其板厚；②左视图将各组成部分的相对位置及连接板与圆筒的相切、支撑肋与圆筒的相交情况表示得很清楚。当然，圆筒在俯视图中表达，在左视图中取剖视，连接板与肋分别在主、左视图上画断面，也是一种表达方案。但与该方案相比，则很不利于看图。因此，选择视图时，应多考虑几种方案，从中选优。

第二节 零件图的尺寸标注

零件图是制造、检验零件的重要技术文件，图形只表达零件的形状，而零件的大小则完全由图上标注的尺寸来确定。零件图中的尺寸，不但要按前面的要求注得正确、完整、清晰，而且必须合理（符合设计要求和良好的工艺性）。本节将重点介绍标注尺寸的合理性问题。

一、正确选择尺寸基准

通常选择零件上的一些几何元素——面（如底面、对称面、端面等）和线（如回转体的轴线）作为尺寸基准。

选择尺寸基准的目的，一是为了确定零件在机器中的位置或零件上几何元素的位置，以符合设计要求；二是为了在制作零件时，确定测量尺寸的起点位置，便于加工和测量，以符合工艺要求。因此，根据基准作用的不同，可把基准分为设计基准和工艺基准两类。

1. 设计基准

根据机器的构造特点及对零件结构的设计要求所选定的基准，称为设计基准。

图 7-6a 是齿轮泵的泵座，它是齿轮泵（图 7-6b）的一个主要零件，属于箱体类。长度方向的尺寸，应当以左、右对称平面（主视图中的竖直中心线）为基准。因此，标注出了 240、180、

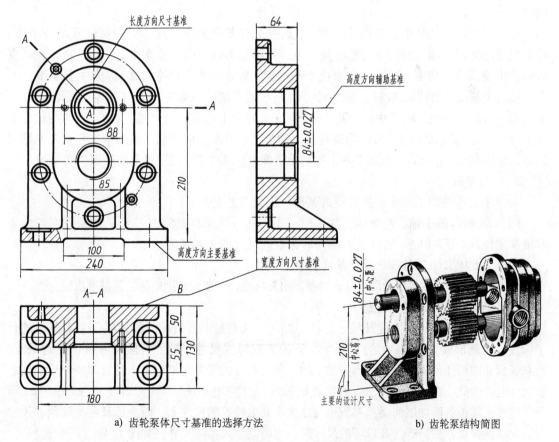

a) 齿轮泵体尺寸基准的选择方法　　　　　b) 齿轮泵结构简图

图 7-6　泵座的尺寸基准选择

85、88 等对称尺寸，以便保证安装孔、螺钉孔之间的长向距离及其对于轴孔的对称关系。在制作这个零件的木模时，要以这个基准确定其外形；在加工前划线时，也是首先划出这条基准线(参见图 7-7)，然后根据它来确定各个圆孔的中心位置。

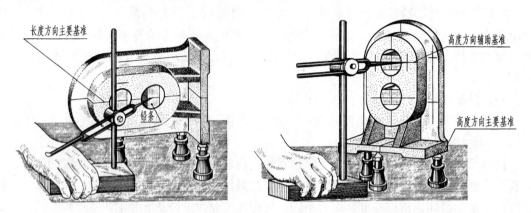

图 7-7　零件划线简图

高度方向的尺寸，应当以泵座的底面为基准，以便保证主动轴到底面的距离 210 这个重要尺寸。宽度方向的尺寸，应当选择 B 面为基准(图 7-6)。因为 B 面是一个安装结合面，而且是一个最大的加工表面，同时也可保证底板上安装孔间的宽向距离。这三个基准均为设计基准。

在高度方向上，两个齿轮的中心距 84 是一个有严格要求的尺寸。为保证其尺寸精度，这个尺寸必须以上轴孔的轴线为基准往下注，而不能再以底面为基准往上注。这样，在高度方向就出现了两个基准。其中，底面这个基准(即决定主要尺寸的基准)称为主要基准，上孔轴线这个基准称为辅助基准(在加工划线时，应先定出这两个基准，然后才能定出其他定位线，参见图 7-7)。就是说，在零件长、宽、高的每一个方向上都应有一个主要基准(有时与设计基准重合)，而除了主要基准之外的附加基准，称为辅助基准。应注意，辅助基准与主要基准之间必须直接有尺寸相联系，如图 7-8 中的辅助基准是靠尺寸 210 与主要基准底面相联系的。

2. 工艺基准

为便于对零件加工和测量所选定的基准，称为工艺基准。

图 7-8a 所示的小轴，在车床上加工时，车刀每一次车削的最终位置，都是以右端面为基准来定位的(图 7-8b)。因此，右端面即为轴向尺寸的工艺基准。

在图 7-6 中，工艺基准与设计基准重合。

基准确定之后，主要尺寸即应从设计基准出发标注，一般尺寸则应从工艺基准出发标注。

二、避免注成封闭的尺寸链

图 7-9 中的轴，除了对全长尺寸进行了标注，又对轴上各组成段的长度一个不漏地进行了标注，这就形成了封闭的尺寸链。如按这种方式标注尺寸，轴上各段尺寸可以得到保证，而总长尺寸则可能得不到保证。因为加工时，各段尺寸的误差积累起来，最后都集中反映到总长尺寸上。为此，在注尺寸时，应将次要的轴段尺寸空出不注(称为开口环)，如图 7-10a 所示。这样，其他各段加工的误差都积累至这个不要求检验的尺寸上，而全长及主要轴段的尺寸则因此得到保证。如需标注开口环的尺寸时，可将其注成参考尺寸，如图 7-10b、c 所示。

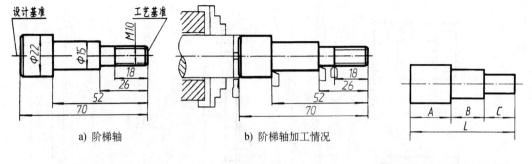

图 7-8　阶梯轴的工艺基准与设计基准　　图 7-9　封闭尺寸链

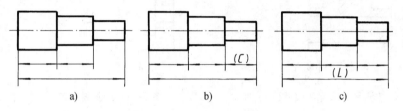

图 7-10　开口环的确定

三、按加工要求标注尺寸

图 7-11 是滑动轴承的下轴衬。因它的外圆与内孔是与上轴衬对合起来一起加工的,所以轴衬上的半圆尺寸要以直径形式注出。

为使不同工种的工人看图方便,应将零件上的加工面与非加工面尺寸,尽量分别注在图形的两边(图 7-12)。对同一工种的加工尺寸,要适当集中(如图 7-13 中的铣削尺寸注在上面,车削尺寸注在下面),以便于加工时查找。

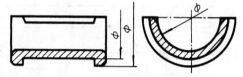

图 7-11　下轴衬的尺寸标注

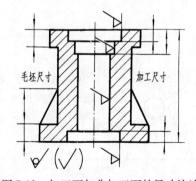

图 7-12　加工面与非加工面的尺寸注法

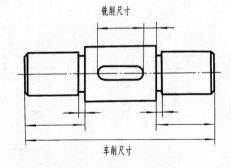

图 7-13　同工种加工的尺寸注法

四、按测量要求标注尺寸

对所注尺寸,要考虑零件在加工过程中测量的方便。如图 7-14a 和图 7-15a 中孔深尺寸的测量就很方便,而图 7-14b 中 A、B 和图 7-15b 中 9 的注法就不合理了,既不便于测量,也很难量得准确。

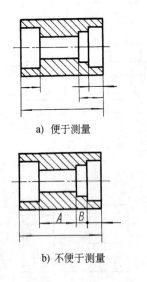
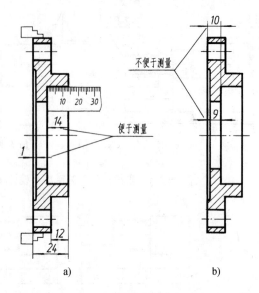

a) 便于测量

b) 不便于测量

图 7-14 按测量要求标注尺寸(一)

图 7-15 按测量要求标注尺寸(二)

五、零件上常见孔的尺寸注法

光孔、锪孔、沉孔和螺孔是零件上常见的结构，它们的尺寸标注分为普通注法和旁注法，见表 7-1(除螺孔外，均为简化注法)。

表 7-1 零件上常见孔的尺寸注法

类型	普通注法	旁注法		说 明
光孔	（$4×\phi4$，$C1$，深10）	$4×\phi4↓10$ $C1$	$4×\phi4↓10$ $C1$	"↓"为孔深符号 "C"为45°倒角符号
	（$4×\phi4H7$，深10/12）	$4×\phi4H7↓10$ 孔↓12	$4×\phi4H7↓10$ 孔↓12	钻孔深度为12，精加工孔(铰孔)深度为10，H7表示孔的配合要求
	该孔无普通注法。注意: $\phi4$ 是指与其相配的圆锥销的公称直径(小端直径)	锥销孔$\phi4$ 配作	锥销孔$\phi4$ 配作	"配作"系指该孔与相邻零件的同位锥销孔一起加工

(续)

类型	普通注法	旁注法		说　明
锪孔	φ13 / 4×φ6.6	4×φ6.6 ⌴φ13	4×φ6.6 ⌴φ13	"⌴"为锪平、沉孔符号。锪孔通常只需锪出圆平面即可，因此沉孔深度一般不注
沉孔	90° φ13 / 6×φ6.6	6×φ6.6 ⌵φ13×90°	6×φ6.6 ⌵φ13×90°	"⌵"为埋头孔符号。该孔为安装开槽沉头螺钉所用
沉孔	φ11 / 6.8 / 4×φ6.6	4×φ6.6 ⌴φ11▽6.8	4×φ6.6 ⌴φ11▽6.8	该孔为安装内六角圆柱头螺钉所用，承装头部的孔深应注出
螺孔	3×M6-7H / 2×C1	3×M6-7H / 2×C1	3×M6-7H / 2×C1	"2×C1"表示两端倒角均为C1
螺孔	3×M6 EQS / 10 / 12	3×M6▽10 孔▽12 EQS	3×M6▽10 孔▽12 EQS	"EQS"为均布孔的缩写词。各类孔均可采用旁注加符号的方法进行简化标注。应注意：引出线应从装配时的装入端或孔的圆形视图的中心引出
螺孔	3×M6 EQS / 10	3×M6▽10 EQS	3×M6▽10 EQS	

第三节　表面结构的表示法

所谓表面结构是指零件表面的几何形貌。它是表面粗糙度、表面波纹度、表面纹理、表面缺陷和表面几何形状的总称。国家标准(GB/T 131—2006)对表面结构的表示法作了全面的规定。本节只介绍我国目前应用最广的表面粗糙度在图样上的表示法及其符号、代号的标注与识读方法。

表面粗糙度是指加工表面上具有较小的间距和峰谷所组成的微观几何形状特征。

经过加工的零件表面,看起来很光滑,但将其断面置于放大镜(或显微镜)下观察时,则可见其表面具有微小的峰谷,如图7-16所示。这种情况,是由于在加工过程中,刀具从零件表面上分离材料时的塑性变形、机械振动及刀具与被加工表面的摩擦而产生的。表面粗糙度对零件摩擦、磨损、抗疲劳、抗腐蚀,以及零件间的配合性能等有很大影响。粗糙度值越高,零件的表面性能越差;粗糙度值越低,则表面性能越好,但加工费用也必将随之增加。因此,国家标准规定了零件表面粗糙度的评定参数,以便在保证使用功能的前提下,选用较为经济的评定参数值。

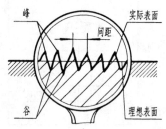

图7-16　表面粗糙度示意图

一、表面结构的评定参数及数值

评定表面结构要求时普遍采用的是轮廓参数。本节将重点介绍粗糙度轮廓(R轮廓)中的两个高度方向上的参数 Ra 和 Rz。

1. 轮廓算术平均偏差 Ra

在一个取样长度内,纵坐标值 $Z(x)$ 绝对值的算术平均值,如图7-17所示,其值的算式如下:

$$Ra = \frac{|Z_1| + |Z_2| + |Z_3| + \cdots + |Z_n|}{n}$$

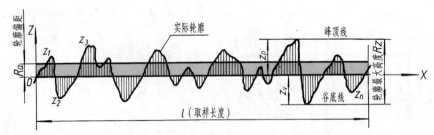

图7-17　轮廓算术平均偏差(Ra)

2. 轮廓最大高度 Rz

在一个取样长度内,最大轮廓峰高 Z_p 和最大轮廓谷深 Z_v 之和的高度(即轮廓峰顶线与轮廓谷底线之间的距离),如图7-17所示。

Ra、Rz 的常用参数值(单位:μm)为 0.4,0.8,1.6,3.2,6.3,12.5,25。数值越小,表面越平滑;数值越大,表面越粗糙。其数值的选用应根据零件的功能要求而定。

二、表面结构符号

在图样中，对表面结构的要求可用几种不同的图形符号表示。

各种符号及其含义见表7-2。

表7-2 表面结构的符号及其含义（GB/T 131—2006）

符号名称	符号	含义及说明
基本图形符号	∨	基本图形符号，简称基本符号 表示对表面结构有要求的符号。基本符号仅用于简化代号的标注，当通过一个注释解释时可单独使用，没有补充说明时不能单独使用
扩展图形符号	∀	要求去除材料的图形符号，简称扩展符号 在基本符号上加一短横，表示指定表面是用去除材料的方法获得，如通过机械加工（车、铣、钻、磨、剪切、抛光、腐蚀、电火花加工、气割等）的表面
	∀○	不允许去除材料的图形符号，简称扩展符号 在基本符号上加一个圆圈，表示指定表面是用不去除材料的方法获得，如铸、锻等
完整图形符号	∨ ∀ ∀○	完整图形符号，简称完整符号 在上述所示的符号的长边上加一横线，用于对表面结构有补充要求的标注。左、中、右符号分别用于"允许任何工艺""去除材料""不去除材料"方法获得的表面的标注
工件轮廓各表面的图形符号	（见图）	工件轮廓各表面的图形符号 当在图样某个视图上构成封闭轮廓的各表面有相同的表面结构要求时，应在完整符号上加一圆圈，标注在图样中工件的封闭轮廓线上见左图。如果标注会引起歧义时，各表面应分别标注。左图中的符号是指对图形中封闭轮廓的六个面的共同要求（不包括前后面）

三、表面结构代号

在表面结构的完整图形符号（图7-18）中，加注参数代号、极限值等要求后，称为表面结构代号，如图7-19所示。下面仅对代号中的主要内容作以介绍。

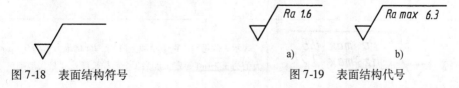

图7-18 表面结构符号　　　　　图7-19 表面结构代号

极限值是指图样上给定的粗糙度参数值。极限值的判断规则是指在完工零件表面上测出实测值后，如何与给定值比较，以判断其是否合格的规则。极限值的判断规则有两种：

（1）16%规则　当所注参数为上限值时，用同一评定长度测得的全部实测值中，大于图样上规定值的个数不超过测得值总个数的 16% 时，则该表面是合格的。

对于给定表面参数下限值的场合，如果用同一评定长度测得的全部实测值中，小于图样上规定值的个数不超过总数的 16% 时，该表面也是合格的。

（2）最大规则 是指在被检的整个表面上测得的参数值中，一个也不应超过图样上的规定值。为了指明参数的最大值，应在参数代号后面增加一个"max"的标记，例如：Rzmax。

16% 规则是所有表面结构要求标注的默认规则。当参数代号后无"max"字样者均为"16% 规则"（默认）。

当标注单向极限要求时，一般是指参数的上限值，此时不必加注说明；如果是指参数的下限值，则应在参数代号前加"L"，例如：$L\ Ra\ 6.3$（16% 规则）、$L\ Ra$max 1.6（最大规则）。

表示双向极限时应标注极限代号，上限值在上方用 U 表示，下限值在下方用 L 表示（如图 7-20，上下极限值可以用不同的参数代号表达）。如果同一参数具有双向极限要求，也应标注 U、L（图 7-21），但在不会引起歧义的情况下，可以不加 U、L，见图 7-22。

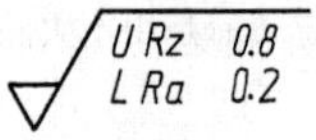

| 图 7-20 不同参数的注法 | 图 7-21 同一参数的注法 | 图 7-22 "省略注法" |

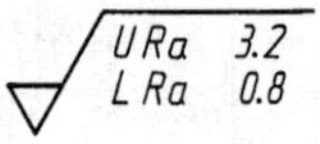

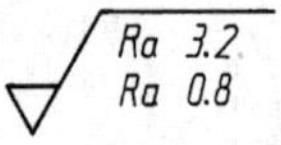

四、表面结构代号的含义

表面结构代号的含义及其解释见表 7-3。

表 7-3 表面结构代号的含义及解释

序号	代号	含义及解释
1	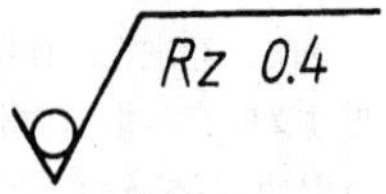 $Rz\ 0.4$	表示不允许去除材料，Rz（粗糙度的最大高度）的上限值为 $0.4\mu m$
2	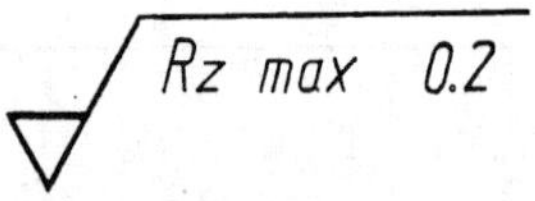 Rz max 0.2	表示去除材料，Rz 的最大值为 $0.2\mu m$，"最大规则"
3	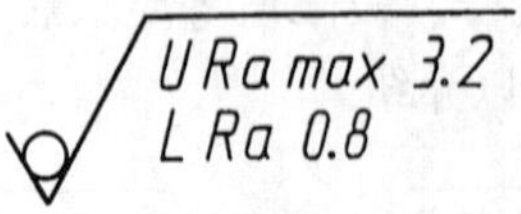 $U\ Ra$ max 3.2 $L\ Ra\ 0.8$	表示不允许去除材料，双向极限值。上限值：Ra 为 $3.2\mu m$，"最大规则"；下限值：Ra 为 $0.8\mu m$
4	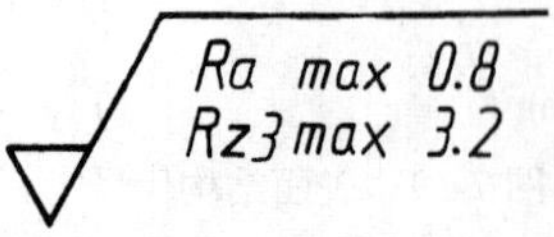 Ra max 0.8 $Rz3$ max 3.2	表示去除材料，两个单项上限值：Ra 的最大值为 $0.8\mu m$，Rz 的最大值为 $3.2\mu m$（评定长度为 3 个取样长度），"最大规则"
5	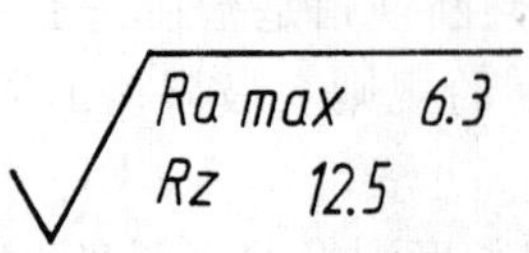 Ra max 6.3 $Rz\ 12.5$	表示任意加工方法，两个单项上限值：Ra 的最大值为 $6.3\mu m$，"最大规则"；Rz 的上限值为 $12.5\mu m$

（续）

序号	代　号	含义及解释
6	![铣 Ra 0.8 Rz1 3.2 ⊥]	表示去除材料，Ra 的上限值为 $0.8\mu m$，Rz 的上限值为 $3.2\mu m$（评定长度为一个取样长度）。"铣"表示加工工艺（铣削）。"⊥"（表面纹理符号）：表示纹理及其方向，即纹理垂直于标注代号的视图所在的投影面

五、表面结构代号的标注

表面结构代号的画法和有关规定，以及在图样上的标注方法见表 7-4。

表 7-4　表面结构代号及其标注

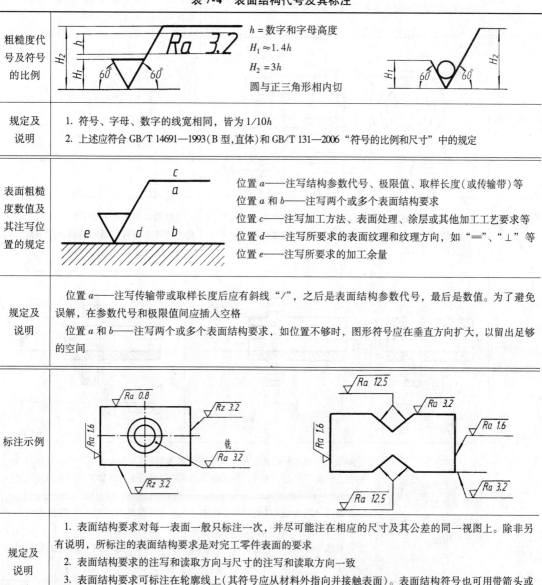

粗糙度代号及符号的比例	h = 数字和字母高度；$H_1 \approx 1.4h$；$H_2 = 3h$；圆与正三角形相内切
规定及说明	1. 符号、字母、数字的线宽相同，皆为 $1/10h$ 2. 上述应符合 GB/T 14691—1993（B 型，直体）和 GB/T 131—2006 "符号的比例和尺寸"中的规定
表面粗糙度数值及其注写位置的规定	位置 a——注写结构参数代号、极限值、取样长度（或传输带）等 位置 a 和 b——注写两个或多个表面结构要求 位置 c——注写加工方法、表面处理、涂层或其他加工工艺要求等 位置 d——注写所要求的表面纹理和纹理方向，如"＝"、"⊥"等 位置 e——注写所要求的加工余量
规定及说明	位置 a——注写传输带或取样长度后应有斜线"/"，之后是表面结构参数代号，最后是数值。为了避免误解，在参数代号和极限值间应插入空格 位置 a 和 b——注写两个或多个表面结构要求，如位置不够时，图形符号应在垂直方向扩大，以留出足够的空间
标注示例	（图示）
规定及说明	1. 表面结构要求对每一表面一般只标注一次，并尽可能注在相应的尺寸及其公差的同一视图上。除非另有说明，所标注的表面结构要求是对完工零件表面的要求 2. 表面结构要求的注写和读取方向与尺寸的注写和读取方向一致 3. 表面结构要求可标注在轮廓线上（其符号应从材料外指向并接触表面）。表面结构符号也可用带箭头或黑点的指引线引出标注

(续)

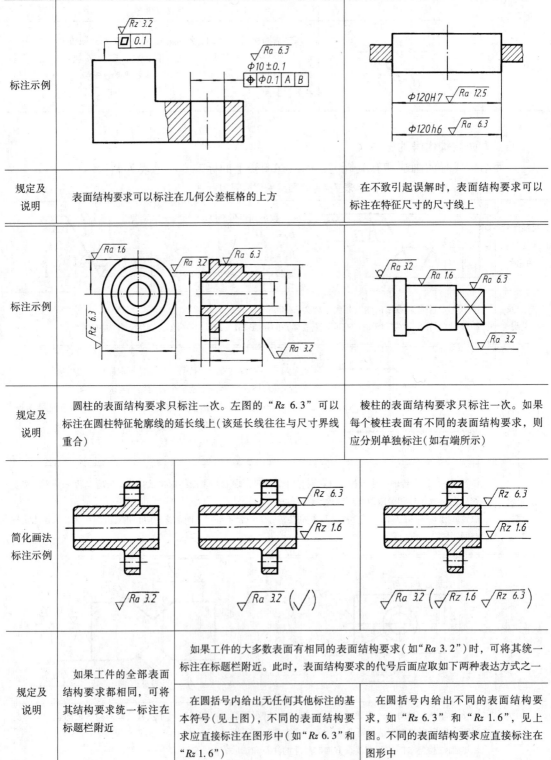

（续）

简化画法标注示例	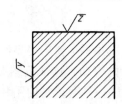 $\sqrt{z} = \sqrt{\begin{matrix}U\ Rz\ 1.6\\ L\ Ra\ 0.8\end{matrix}}$ $\sqrt{y} = \sqrt{Ra\ 3.2}$	$\sqrt{} = \sqrt{Ra\ 3.2}$ $\sqrt{} = \sqrt{Ra\ 3.2}$ $\sqrt{} = \sqrt{Ra\ 3.2}$
规定及说明	当多个表面具有相同的表面结构要求或图纸空间有限时，可以采用简化注法 用带字母的完整符号，以等式的形式，在图形或标题栏附近，对有相同表面结构要求的表面进行简化标注	只用基本符号、扩展符号，以等式的形式给出对多个表面共同的表面结构要求（视图中相应表面上应注有左边符号）
标注示例	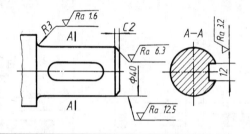	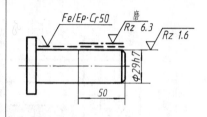
规定及说明	表面结构要求和尺寸可以一起标注在同一尺寸线上（如 R3 和"Ra 1.6"，12 和"Ra 3.2"）； 可以一起标注在延长线上（如 φ40 和"Ra 12.5"）； 可以分别标注在轮廓线和尺寸界线上（如 C2 和"Ra 6.3"，φ40 和"Ra 12.5"）	由几种不同的工艺方法获得的同一表面，当需要明确每种工艺方法的表面结构要求时，可按上图进行标注： 第一道工序：去除材料，上限值，$Rz = 1.6\mu m$ 第二道工序：镀铬 第三道工序：磨削，上限值，$Rz = 6.3\mu m$，仅对长 50mm 的圆柱面有效
标注示例	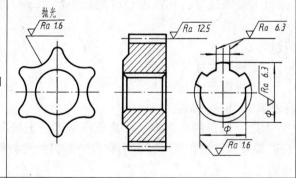	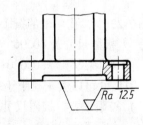
规定及说明	对零件上的连续表面及重复要素（如孔、槽、齿等）的表面，以及用细实线连接的不连续的同一表面，其表面结构要求只标注一次	

第四节　极限与配合

在大批量的生产中，相同的零件必须具有互换性。互换性并不是要求将零件的尺寸都准确地制成一个指定的尺寸，而是将其限定在一个合理的范围内变动，这个范围要以"公差"的标准化——极限制来解决；对于相互配合的零件，这个范围一是要求在使用和制造上是合理、经济的，再就是要求保证相互配合的尺寸之间形成一定的配合关系，以满足不同的使用要求，这就要以"配合"的标准化来解决。为了更好地贯彻执行"极限与配合"制度，国家标准（GB/T 1800.1—2009 和 GB/T 1800.2—2009）对此又进一步地加以规范，并作出了一些新的规定。

一、基本概念

1. 尺寸及其公差（图 7-23）

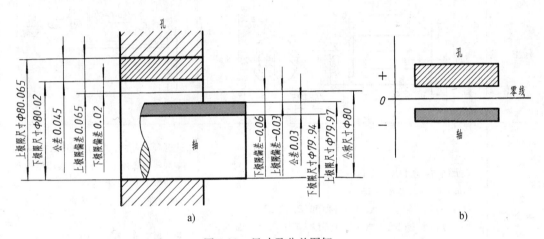

图 7-23　尺寸及公差图解

（1）公称尺寸　通过它应用上、下极限偏差可算出极限尺寸的尺寸，如图 7-23a 中的 $\phi 80$。

（2）极限尺寸　一个孔或轴允许的尺寸的两个极端。实际尺寸位于其中，也可达到极限尺寸。孔或轴允许的最大尺寸，称为上极限尺寸；孔或轴允许的最小尺寸，称为下极限尺寸。

图 7-23 中，孔、轴的极限尺寸分别为：

孔 $\begin{cases} 上极限尺寸为 80.065 \\ 下极限尺寸为 80.020 \end{cases}$　　轴 $\begin{cases} 上极限尺寸为 79.97 \\ 下极限尺寸为 79.94 \end{cases}$

极限尺寸可以大于、小于或等于公称尺寸——$\phi 80$。

（3）极限偏差　极限尺寸减其公称尺寸所得的代数差，称为极限偏差。上极限尺寸减其公称尺寸所得的代数差，称为上极限偏差；下极限尺寸减其公称尺寸所得的代数差，称为下极限偏差。偏差可以是正值、负值或零。

图 7-23a 中孔、轴的极限偏差可分别计算如下：

孔 $\begin{cases} 上极限偏差(ES) = 80.065 - 80 = +0.065 \\ 下极限偏差(EI) = 80.02 - 80 = +0.02 \end{cases}$　　轴 $\begin{cases} 上极限偏差(es) = 79.97 - 80 = -0.03 \\ 下极限偏差(ei) = 79.94 - 80 = -0.06 \end{cases}$

（4）尺寸公差（简称公差）　上极限尺寸减下极限尺寸之差，或上极限偏差减下极限偏差之差，称为公差。它是尺寸允许的变动量，是没有符号的绝对值。

图 7-23 中孔、轴的公差可分别计算如下：

孔 $\begin{cases} 公差 = 上极限尺寸 - 下极限尺寸 = 80.065 - 80.02 = 0.045 \\ 公差 = 上极限偏差 - 下极限偏差 = 0.065 - 0.02 = 0.045 \end{cases}$

轴 $\begin{cases} 公差 = 上极限尺寸 - 下极限尺寸 = 79.97 - 79.94 = 0.03 \\ 公差 = 上极限偏差 - 下极限偏差 = -0.03 - (-0.06) = 0.03 \end{cases}$

由此可知，公差用于限制尺寸误差，是尺寸精度的一种度量。公差越小，尺寸的精度越高，实际尺寸的允许变动量就越小；反之，公差越大，尺寸的精度越低。

（5）公差带　由代表上极限偏差和下极限偏差、或上极限尺寸和下极限尺寸的两条直线所限定的一个区域，称为公差带。在分析公差时，为了形象地表示公称尺寸、偏差和公差的关系，常画出公差带图。为了简便，不画出孔和轴，而只画出放大的孔和轴的公差带来分析问题，图 7-23b 就是图 7-23a 的公差带图。其中，表示公称尺寸的一条直线称为零线。零线上方的偏差为正，零线下方的偏差为负。

2. 配合

公称尺寸相同的、相互结合的孔和轴公差带之间的关系，称为配合。

根据使用要求不同，配合的松紧程度也不同。配合的类型共有三种：

（1）间隙配合　具有间隙（包括最小间隙等于零）的配合称为间隙配合，如图 7-24a、b 所示。此时，孔的公差带在轴的公差带之上，如图 7-24c 所示。孔的上极限尺寸减轴的下极限尺寸之差为最大间隙，孔的下极限尺寸减轴的上极限尺寸之差为最小间隙，实际间隙必须在二者之间才符合要求。间隙配合主要用于孔、轴间需产生相对运动的活动联接。

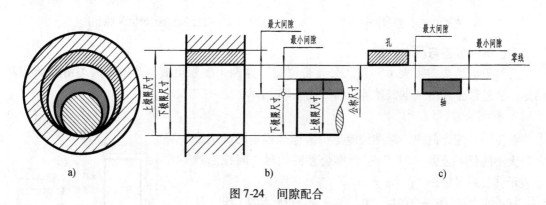

图 7-24　间隙配合

（2）过盈配合　具有过盈（包括最小过盈等于零）的配合称为过盈配合，如图 7-25a、b 所示。此时，孔的公差带在轴的公差带之下，如图 7-25c 所示。孔的下极限尺寸减轴的上极限尺寸之差为最大过盈，孔的上极限尺寸减轴的下极限尺寸之差为最小过盈。实际过盈超过最小、最大过盈即为不合格。由于轴的实际尺寸比孔的实际尺寸大，所以在装配时需要一定的外力才能把轴压入孔中。过盈配合主要用于孔、轴间不允许产生相对运动的紧固联结。

（3）过渡配合　可能具有间隙或过盈的配合称为过渡配合。此时，孔的公差带与轴的公差带相互交叠，如图 7-26、图 7-27 所示。在过渡配合中，间隙或过盈的极限为最大间隙

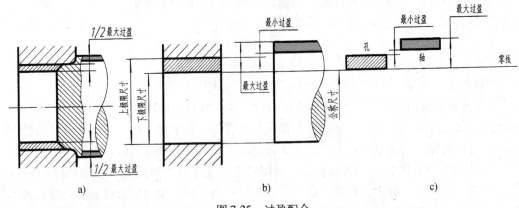

图 7-25 过盈配合

和最大过盈。其配合究竟是出现间隙或过盈,只有通过孔、轴实际尺寸的比较或试装才能知道,分析图 7-27 可弄清这个道理。过渡配合主要用于孔、轴间的定位连接。

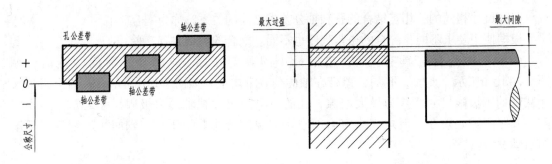

图 7-26 过渡配合公差带图解   图 7-27 过渡配合的最大间隙和过盈

二、标准公差与基本偏差

公差带由"公差带大小"和"公差带位置"这两个要素组成。公差带大小由标准公差确定,公差带位置由基本偏差确定,如图 7-28 所示。

1. 标准公差(IT)

在极限与配合制中,标准公差是国家标准规定的确定公差带大小的任一公差。"IT"是标准公差的代号,阿拉伯数字表示其公差等级。

标准公差等级分 IT01、IT0、IT1 至 IT18 共 20 级。从 IT01 至 IT18 等级依次降低,而相应的标准公差数值依次增大,现示意表示如下:

```
 高        公差等级        低
  ←——————————————————→
       IT01、IT0、IT1、IT2、……、IT18
 小        公差数值        大
```

各级标准公差的数值,可查阅附表 13。从表中可以看出,同一公差等级(例如 IT7)对所有公称尺寸的一组公差值

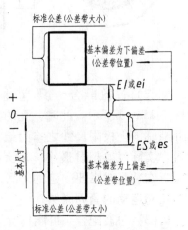

图 7-28 标准公差与基本偏差

由小到大,这是因为随着尺寸的增大,其零件的加工误差也随之增大的缘故。因此,它们都应视为具有同等精确程度。

2. 基本偏差

在极限与配合制中,确定公差带相对零线位置的那个极限偏差称为基本偏差。它可以是上极限偏差或下极限偏差,一般为靠近零线的那个偏差。当公差带位于零线上方时,基本偏差为下极限偏差;当公差带位于零线下方时,基本偏差为上极限偏差,如图7-28所示。

国家标准对孔和轴各规定了28个基本偏差。基本偏差代号用拉丁字母表示,大写字母表示孔,小写字母表示轴。基本偏差系列见图7-29。其中,A~H(a~h)用于间隙配合;J~ZC(j~zc)用于过渡配合或过盈配合。从图中还可以看到:孔的基本偏差A~H为下极限偏差,J~ZC为上极限偏差;轴的基本偏差a~h为上极限偏差,j~zc为下极限偏差;JS和js的公差带对称地分布于零线两边,孔和轴的上、下极限偏差分别都是$+\dfrac{IT}{2}$、$-\dfrac{IT}{2}$。基本偏差系列图只表示公差带的位置,不表示公差带的大小,因此,公差带只画出属于基本偏差的一

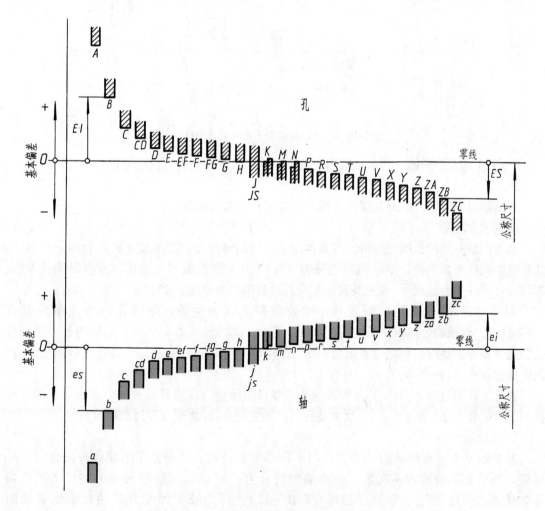

图 7-29 基本偏差系列示意图

端,另一端则是开口的,即公差带的另一端应由标准公差来限定。

为了使用方便,新标准(GB/T 1800.2—2009)规定了孔和轴常用公差带的极限偏差数值,其数值是按 GB/T 1800.1 中的标准公差和基本偏差数值表计算得到的。它包括孔的上极限偏差 ES 和轴的上极限偏差 es、孔的下极限偏差 EI 和轴的下极限偏差 ei 的数值(图7-30)。

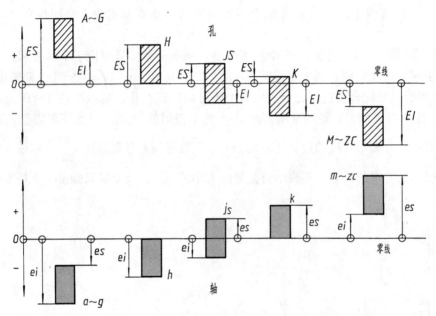

图 7-30　上极限偏差和下极限偏差示意图

附表 14、15 分别摘要列出了常用配合轴和孔的极限偏差表,供读者查阅。

三、配合制

国家标准中规定,配合制度分为两种,即基孔制和基轴制。

1. 基孔制配合

基本偏差一定的孔的公差带,与基本偏差不同的轴的公差带形成各种配合的一种制度。基孔制的孔称为基准孔,基本偏差代号为"H",其上极限偏差为正值,下极限偏差为零,下极限尺寸等于公称尺寸(优先及常用配合孔的极限偏差见附表 15)。

图 7-31 示出了基孔制配合孔、轴公差带之间的关系,即以孔的公差带为基准(图7-31a),当轴的公差带位于它的下方时,形成间隙配合(图 7-31b);当轴的公差带与孔的公差带部分重叠时,形成过渡配合(图 7-31c、d);当轴的公差带位于孔公差带的上方时,则形成过盈配合(图 7-31e)。

实际上,通过图 7-31 中下方所列的孔、轴极限偏差,联想其上方的公差带图,即可直接判断出配合类别(从左至右,分别为基孔制的间隙配合、过渡配合和过盈配合)。

2. 基轴制配合

基本偏差为一定的轴的公差带,与不同基本偏差的孔的公差带形成各种配合的一种制度。基轴制的轴称为基准轴,基本偏差代号为"h",其上极限偏差为零,下极限偏差为负值,上极限尺寸等于公称尺寸(图 7-32)。优先及常用配合轴的极限偏差见附表 14。

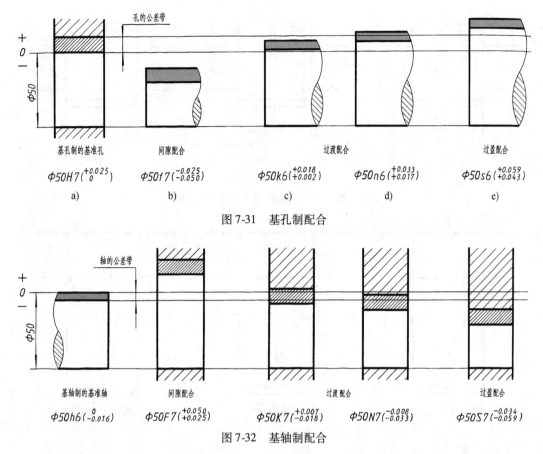

图 7-31 基孔制配合

图 7-32 基轴制配合

基轴制配合,就是将轴的公差带保持一定,通过改变孔的公差带,使孔、轴之间形成松紧程度不同的间隙配合、过渡配合、过盈配合,以满足不同的使用要求,其公差带图解如图7-32所示,其分析方法与图7-31相类似,就不再赘述了。

关于基准制的选择,国家标准明确规定,在一般情况下,应优先采用基孔制配合。

四、极限与配合的标注(GB/T 4458.5—2003)

1. 在装配图上的标注

在装配图中标注线性尺寸的配合代号时,必须在公称尺寸的右边用分数的形式注出,分子位置注孔的公差带代号,分母位置注轴的公差带代号(图 7-33a)。必要时也允许按图 7-33b 或图 7-33c 的形式注出。

2. 在零件图上的标注

用于大批量生产的零件图,可只注公差带代号,如图 7-34a 所示。用于中小批量生产的零件图,一般可只注出极限偏差,上极限偏差注在右上方,下极限偏差应与公称尺寸注在同一底线上,如图 7-34b 所示。如需要同时注出公差带代号和对应的极限偏差值时,则其极限偏差值应加上圆括号,如图 7-34c 所示。

标注极限偏差时应注意:上、下极限偏差的数字的字号应比公称尺寸数字的字号小一号;上、下极限偏差的小数点必须对齐,小数点后右端的"0"一般不予注出(如 $^{-0.060}_{-0.090}$ 应写成 $^{-0.06}_{-0.09}$);如果为了使上、下极限偏差值的小数点后的位数相同,可以用"0"补齐(如 $^{-0.025}_{-0.05}$

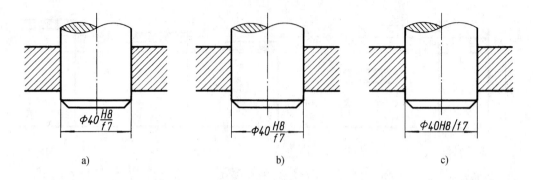

图 7-33 配合代号在装配图上标注的三种形式

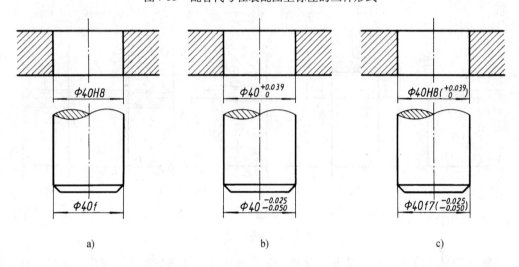

图 7-34 公差带代号、极限偏差在零件图上标注的三种形式

可写成 $^{-0.025}_{-0.050}$,见图 7-34b）。当上极限偏差或下极限偏差为"零"时，用数字"0"标出，并与下极限偏差或上极限偏差的小数点前的个位数对齐，如图 7-34b 所示。当上、下极限偏差的绝对值相同时，偏差数字可以只注写一次，并应在偏差数字与公称尺寸之间注出符号"±"，且两者数字高度相同，如 $\phi 80 \pm 0.03$。

第五节 几何公差

一、概述

在生产实际中，经过加工的零件，不但会产生尺寸误差，而且会产生几何误差。

例如，图 7-35a 所示为一理想形状的销轴，而加工后的实际形状则是轴线变弯了（图 7-35b 所示为夸大了变形），因而产生了直线度误差。

又如，图 7-36a 所示为一要求严格的四棱柱，加工后的实际位置却是上表面倾斜了（图 7-36b 所示为夸大了变形），因而产生了平行度误差。

因此，为提高零件加工质量，应合理地确定出几何误差的最大允许值，如图 7-37a 中的 $\phi 0.08\mathrm{mm}$：表示销轴圆柱面的提取（实际）中心线应限定在直径等于 $\phi 0.08\mathrm{mm}$ 的圆柱面内，

图 7-35　形状误差　　　　　　　　　图 7-36　位置误差

如图7-37b所示[一]；又如图7-38a中的0.01：表示提取（实际）上表面应限定在间距等于0.01平行于基准平面 A 的两平行平面之间，如图7-38b所示。

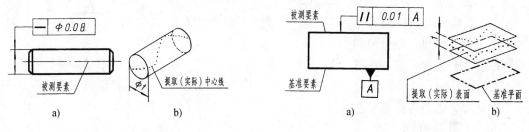

图 7-37　直线度公差　　　　　　　　图 7-38　平行度公差

为将误差控制在一个合理的范围之内，国家标准规定了一项保证零件加工质量的技术指标——"几何公差"（GB/T 1182—2008），即旧标准中的"形状和位置公差"。

二、几何公差的几何特征和符号

几何公差的几何特征和符号见表7-5。

表 7-5　几何公差的几何特征和符号

公差类型	几何特征	符号	有无基准	公差类型	几何特征	符号	有无基准
形状公差	直线度	—	无	方向公差	线轮廓度	⌒	有
	平面度	▱	无		面轮廓度	⌒	有
	圆度	○	无	位置公差	位置度	⊕	有或无
	圆柱度	⌭	无		同心度（用于中心点）	◎	有
	线轮廓度	⌒	无		同轴度（用于轴线）	◎	有
	面轮廓度	⌒	无		对称度	≡	有
方向公差	平行度	∥	有		线轮廓度	⌒	有
					面轮廓度	⌒	有
	垂直度	⊥	有	跳动公差	圆跳动	↗	有
	倾斜度	∠	有		全跳动	↗↗	有

○ 新标准将"中心要素"改为"导出要素"。即"中心线"和"中心面"用于表述非理想形状的导出要素，"轴线"和"中心平面"用于表述理想形状的导出要素。如"轴线"，被测要素称为"中心线"，基准要素称为"轴线"。原"测得要素"改为"提取要素"。

三、几何公差的标注

1. 公差框格

1)用公差框格标注几何公差时,公差要求注写在划分成两格或多格的矩形框格内。其标注内容、顺序及框格的绘制规定等,如图 7-39 所示。

2)公差值,以线性尺寸单位表示的量值。如果公差带为圆形或圆柱形,公差值前应加注符号"φ"(图 7-40c、e);如果公差带为圆球形,公差值前应加注符号"Sφ"(图 7-40d)。

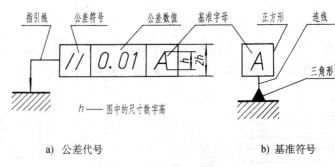

图 7-39 公差代号与基准符号

3)基准,用一个字母表示单个基准或用几个字母表示基准体系或公共基准(图 7-40b、c、d、e)。

4)当某项公差应用于几个相同要素时,应在公差框格的上方被测要素的尺寸之前注明要素的个数,并在两者之间加上符号"×"(图 7-40f)。

5)如果需要限制被测要素在公差带内的形状(如"NC"表示不凸起),应在公差框格的下方注明(图 7-40g)。

6)如果需要就某个要素给出几种几何特征的公差,可将一个公差框格放在另一个的下面(图 7-40h)。

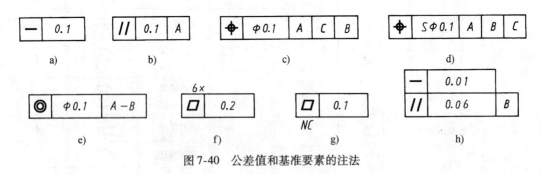

图 7-40 公差值和基准要素的注法

2. 被测要素

按下列方式之一用指引线连接被测要素和公差框格。指引线引自框格的任意一侧,终端带一箭头。

1)当公差涉及轮廓线或轮廓面时,箭头指向该要素的轮廓线或其延长线(应与尺寸线明显错开,见图 7-41a、b);箭头也可指向引出线的水平线,引出线引自被测面(图 7-42)。

2)当公差涉及要素的中心线、中心面或中心点时,箭头应位于相应尺寸线的延长线上(图 7-43)。

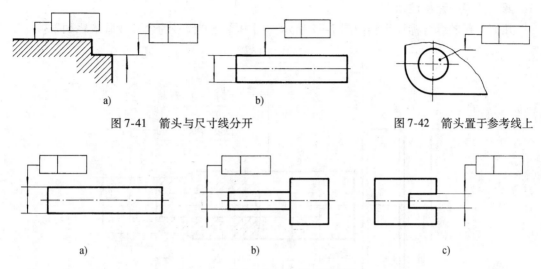

图 7-41 箭头与尺寸线分开　　　　　图 7-42 箭头置于参考线上

图 7-43 箭头与尺寸线的延长线重合

3. 基准

（1）与被测要素相关的基准用一个大写字母表示。字母标注在基准方格内，与一个涂黑的或空白的三角形相连以表示基准（图 7-44）；表示基准的字母还应标注公差框格内。涂黑的和空白的基准三角形含义相同。

（2）带基准字母的基准三角形应按如下规定放置：

1）当基准要素是轮廓线或轮廓面时，基准三角形放置在要素的轮廓线或其延长线上（与尺寸线明显错开，见图 7-44）；基准三角形也可放置在该轮廓面引出线的水平线上（图 7-45）。

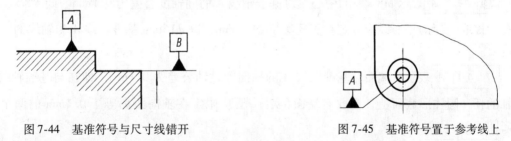

图 7-44 基准符号与尺寸线错开　　　　　图 7-45 基准符号置于参考线上

2）当基准是尺寸要素确定的轴线、中心平面或中心点时，基准三角形应放置在该尺寸的延长线上（图 7-46a、b）。如果没有足够的位置标注基准要素尺寸的两个尺寸箭头，则其中一个箭头可用基准三角形代替（图 7-46b、c）。

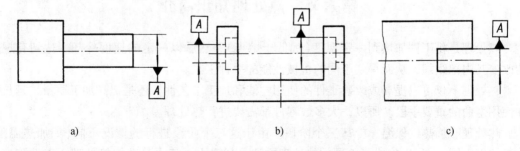

图 7-46 基准符号与尺寸线一致

四、几何公差标注示例

几何公差的综合标注示例如图 7-47 所示。图中各公差代号的含义及其解释如下:

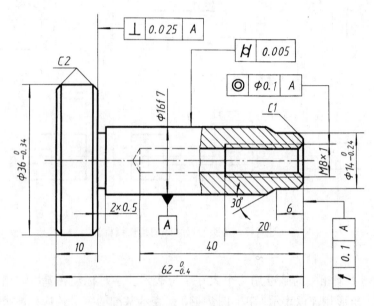

图 7-47 几何公差综合标注示例

⌭ 0.005 表示 φ16 圆柱面的圆柱度公差为 0.005mm。即提取的 φ16mm(实际)圆柱面应限定在半径差为公差值 0.005mm 的两同轴圆柱面之间。

◎ φ0.1 A 表示 M8×1 的中心线对基准轴线 A 的同轴度公差为 0.1mm。即 M8×1 螺纹孔的提取(实际)中心线应限定在直径等于 φ0.1mm,以 φ16mm 基准轴线 A 为轴线的圆柱面内。

↗ 0.1 A 表示右端面对基准轴线 A 的轴向圆跳动公差为 0.1mm。即在与基准轴线 A 同轴的任一圆柱形截面上,提取右端面(实际)圆应限定在轴向距离等于 0.1mm 的两个等圆之间。

⊥ 0.025 A 表示 φ36mm 圆柱的右端面对基准轴线 A 的垂直度公差为 0.025mm。即提取(实际)表面应限定在间距等于 0.025mm 的两平行平面之间。该两平行平面垂直于基准轴线 A。

第六节 热处理知识简介

热处理是将工件加热到一定温度(远低于熔点),然后以一定的速度冷却,达到有规律的改变其内部组织,从而得到不同的机械性能的一种工艺。

热处理不仅可以提高或改善工件的使用性能和加工工艺性,还是提高加工质量、延长工件使用寿命的重要手段。所以,大多数零件都需要进行热处理。

热处理有加热、保温、冷却三个阶段。由于这三个阶段进行的情况不同(如加热温度、冷却速度不同),所以构成了不同的热处理方法,如退火、正火等整体热处理,表面淬火和回火等表面热处理,渗碳、渗氮等化学热处理等。

在图样中,对零件的热处理要求,通常在技术要求中用文字说明,若需要将零件进行局部热处理或局部镀(涂)覆时,应用粗点画线画出其范围并标注相应的尺寸,将其要求注写在表面粗糙度符号长边的横线上,如图7-48所示。

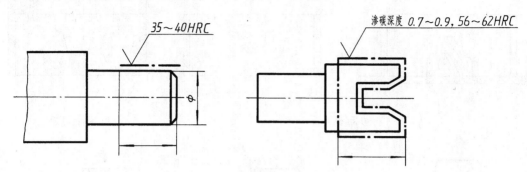

图7-48　热处理要求在图样上的注法

第七节　零件上常见的工艺结构

零件的制造过程,通常是先制造出毛坯件,再将毛坯件经机械加工制作成零件。因此,在绘制零件图时,必须对零件上的某些结构(如铸造圆角、退刀槽等等)进行合理地设计和规范地表达,以符合铸造工艺和机械加工工艺的要求。下面将零件上常见的工艺结构作以简单介绍。

一、铸造工艺结构

1. 起模斜度

造型时,为了能将木模顺利地从砂型中提取出来,一般常在铸件的内外壁上沿着起模方向设计出斜度,这个斜度称为起模斜度,如图7-49a所示。起模斜度一般按1:20选取,也可以角度表示(木模造型约取1°~3°)。该斜度在零件图上一般不画、不标。如有特殊要求,可在技术要求中说明。

2. 铸造圆角

为了便于脱模和避免砂型尖角在浇注时(如图7-49a、b)发生落砂,以及防止铸件两表面的尖角处出现裂纹、缩孔,往往将铸件转角处做成圆角,如图7-49c所示。在零件图上,该圆角一般应画出并标注圆角半径。当圆角半径相同(或多数相同)时,也可将其半径尺寸在技术要求中统一注写,如图7-49d所示。

3. 铸件壁厚

铸件壁厚应尽量均匀或采用逐渐过渡的结构(图7-49d)。否则,在壁厚处极易形成缩孔或在壁厚突变处产生裂纹,如图7-49e所示。

4. 过渡线

由于有铸造圆角,使得铸件表面的交线变得不够明显,图样中若不画出这些线,零件的结构则显得含糊不清,如图7-50a、c所示。

为了便于看图及区分不同表面,图样中仍须按没有圆角时交线的位置,画出这些不太明显的线,此线称过渡线,其投影用细实线表示,且不宜与轮廓线相连,如图7-50b、d所示。

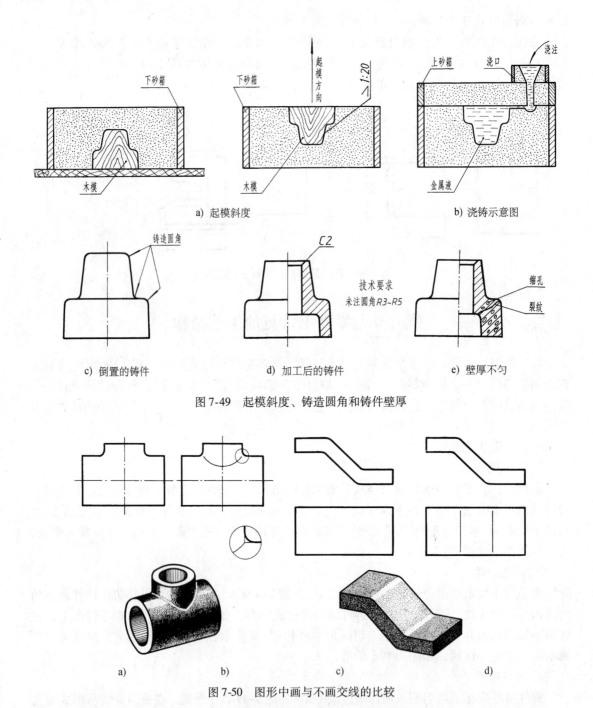

图 7-49 起模斜度、铸造圆角和铸件壁厚

图 7-50 图形中画与不画交线的比较

在铸件的内、外表面上，过渡线随处可见，看图、画图都会经常遇到。下面，再识读几张其应用图例（图 7-51～图 7-53），进一步熟悉它的画法和看法。

在不致引起误解时，图形中的过渡线、相贯线可以简化，例如用圆弧或直线代替非圆曲线，如图 7-53a 所示（图 7-53b 为简化前的画法，旧标准中过渡线的投影用粗实线绘制）。

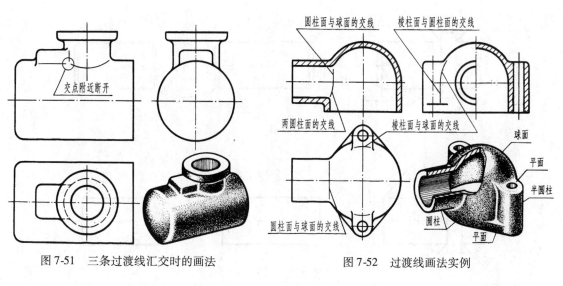

图 7-51 三条过渡线汇交时的画法   图 7-52 过渡线画法实例

图 7-53 过渡线的简化画法

二、机械加工工艺结构

1. 倒角和倒圆

为了去除毛刺、锐边和便于装配,在轴和孔的端部(或零件的面与面的相交处),一般都加工出倒角;为了避免应力集中产生裂纹,将轴肩处往往加工成圆角的过渡形式,此圆角称为倒圆。倒角和倒圆的尺寸可在相应标准中查出,其尺寸注法如图 7-54a 所示。

在不致引起误解时,零件图中的倒角(45°)可以省略不画,其尺寸也可简化标注,如图 7-54b 所示(倒圆也采用了简化画法)。30°、60°倒角的注法,如图 7-54c 所示。

2. 退刀槽和砂轮越程槽

切削时(主要是车制螺纹或磨削),为了便于退出刀具或使磨轮可稍微越过加工面,常

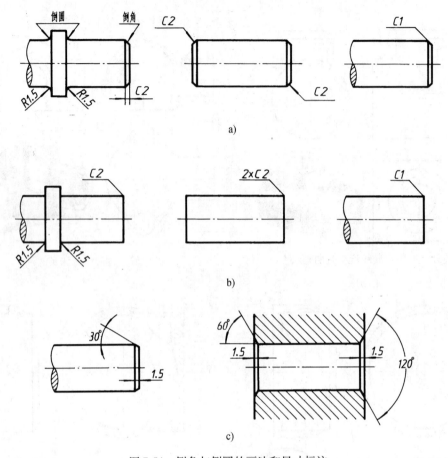

图 7-54 倒角与倒圆的画法和尺寸标注

在被加工面的轴肩处预先车出退刀槽或砂轮越程槽，如图 7-55 所示。退刀槽尺寸可按"槽

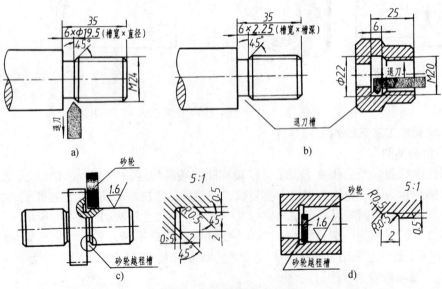

图 7-55 退刀槽和砂轮越程槽

宽×槽深"或"槽宽×直径"的形式注出。当槽的结构比较复杂时,可画出局部放大图标注尺寸,如图7-55c、d所示。

3. 凸台和凹坑

为了使零件表面接触良好和减少加工面积,常在铸件的接触部位铸出凸台和凹坑,其常见形式如图7-56所示。

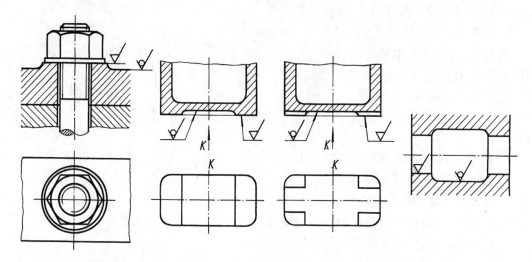

图7-56 凸台与凹坑

4. 钻孔结构

钻孔时,钻头的轴线应与被加工表面垂直,否则会使钻头弯曲,甚至折断(图7-57a)。因此,当零件表面倾斜时,可设置凸台或凹坑(图7-57b、c)。钻头单边受力也容易折断,因此,对于钻头钻透处的结构,也要设置凸台使孔完整(图7-57d、e)。

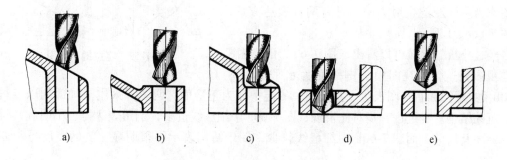

图7-57 钻孔结构

第八节 零件测绘

对实际零件凭目测徒手画出图形,测量并记入尺寸,提出技术要求以完成草图,再根据草图画出零件图的过程,称为零件测绘。在仿造机器和修配损坏零件时,一般都要进行零件测绘。

由于零件草图是绘制零件图的依据,必要时还要直接根据它制造零件,因此,一张完整的零件草图必须具备零件图应有的全部内容，要求做到：图形正确，尺寸完整，线型分明，字体工整，并注写出技术要求和标题栏的相关内容。零件草图和零件工作图的区别只是绘图比例和绘图手段不同，其他内容和要求完全相同。

一、零件测绘的方法和步骤

下面以定位键（图7-58）为例，说明零件测绘的方法和步骤。

1. 了解和分析测绘对象

首先应了解零件的名称，材料以及它在机器或部件中的位置、作用及与相邻零件的关系，然后对零件的内外结构形状进行分析。

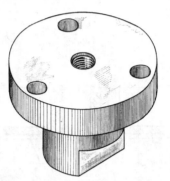

定位键在部件中的位置如图7-59所示。它的作用是将其紧固在箱体上，通过圆柱端的键（两平行平面之间的部分）与轴套的键槽形成间隙配合，使轴套在箱体孔中只能沿轴向左右移动而不能转动。定位键的主体结构由圆盘和圆柱组成；圆盘上有三个均布的沉孔，由此穿进螺钉，将定位键紧固在箱体上。为了方便拆卸定位键，在圆盘中心部位加工一个螺孔。在圆盘与圆柱相接处还制有砂轮越程槽。

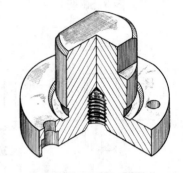

图7-58　定位键

2. 确定表达方案

定位键主要是在车床上加工，故将其轴线水平放置作为主视图的投射方向。可有两种表达方案，如图7-60a、b所示。

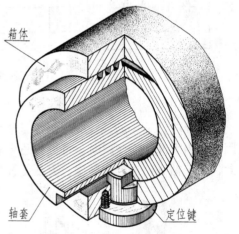

图7-59　定位键的作用

经过分析、比较可以看出，图7-60a用主视图和左视图表达，主视图中的键平面为水平面；图7-60b用主视图和右视图表达，主视图中的键平面为正平面。两图都采用了局部剖以表达螺孔、沉孔结构。经过进一步对比发现，图7-60a中细虚线过多，倒角表达得也不明确，且不便于标注其尺寸。而图7-60b中细虚线较少，倒角结构表示得很明显。键的厚度虽不如图

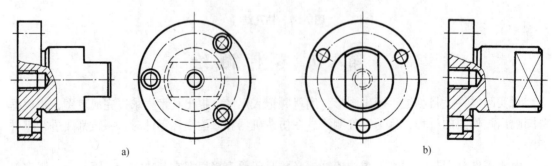

a)　　　　　　　　　　　　　　　　b)

图7-60　定位键的视图选择

7-60a 反映得清晰，但也可以在右视图中表示出来，故选定图 7-60b 作为定位键的表达方案。为了反映砂轮越程槽的细部结构和标注尺寸，还需画出一个局部放大图。整个表达方案如图 7-61 所示。

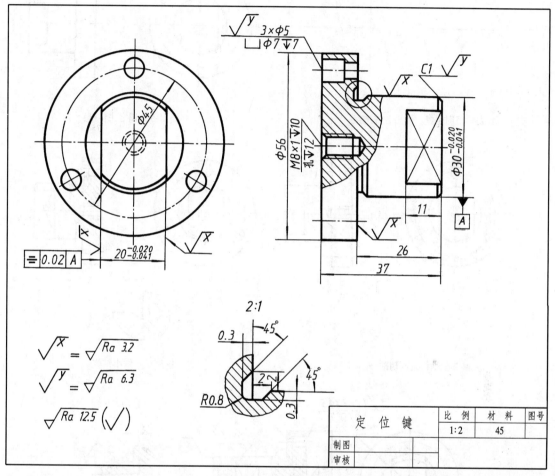

图 7-61　定位键零件图

3. 绘制零件草图

（1）绘制图形　根据选定的表达方案，绘制零件草图，其作图步骤如图 7-62 所示。

1）选定绘图比例，安排视图位置；画图各视图的作图基准线（中心线、轴线、对称线、端面线等），如图 7-62a 所示。

2）用细实线画出各视图的主体部分，注意各部分投影的对应关系及与整体的比例关系，如图 7-62b 所示。

3）画其他结构和剖视部分，如图 7-62c 所示。

4）画出零件上的细小结构，如图 7-62d 所示。

此外还应注意以下两点：

① 零件上的制造缺陷（如砂眼、气孔等），以及由于长期使用造成的磨损、碰伤等，均不应画出。

② 零件上的细小结构（如铸造圆角、倒角、倒圆、退刀槽、砂轮越程槽、凸台和凹坑等）必

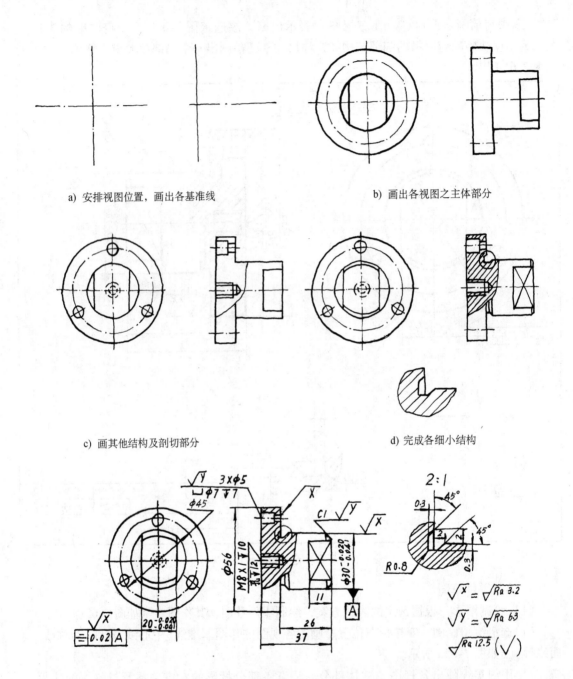

图 7-62 草图的画图步骤

须画出。

(2) 标注尺寸 先选定基准，再标注尺寸。长度方向尺寸以圆盘的右端面为主要基准，圆柱的右端面为长度方向尺寸的辅助基准（也是工艺基准）。以轴线为宽（高）方向尺寸的主要基准。确定基准后，先标注定位尺寸，再标注其他尺寸。

此外，还应注意以下三点：

① 先集中画出所有的尺寸界线、尺寸线和箭头，再依次测量，逐个记入尺寸数字。

② 零件上标准结构（如键槽、退刀槽、销孔、中心孔、螺纹等）的尺寸，必须查阅相应国家标准，并予以标准化。

③ 与相邻零件的相关尺寸（如泵体上螺孔、销孔、沉孔的定位尺寸，以及有配合关系的尺寸等）一定要一致。

（3）标注技术要求　定位键的所有表面均需加工，$\phi 30$ 的圆柱面和键的两侧面粗糙度的要求较高。圆柱的直径和键宽应给出公差；圆柱与箱体孔、键与键槽均应采用基孔制的间隙配合。键还应该给出对称度的位置公差要求等。

总之，技术要求的注写是很重要的。初学者通常应参考同类产品的装配图、零件图采用类比法给出。

（4）填写标题栏　一般可填写零件的名称、材料、绘图比例、绘图者姓名和完成时间等。完成的零件草图如图 7-62e 所示。

4. 根据零件草图画零件工作图

草图完成后，便要根据它绘制零件工作图。完成的零件工作图，如图 7-61 所示。

二、零件尺寸的测量方法

测量尺寸是零件测绘过程中一个很重要的环节，尺寸测量得准确与否，将直接影响零件的制造质量及机器的装配和工作性能，因此，测量尺寸要谨慎。

测量时，应根据对尺寸精度要求的不同选用不同的测量工具。常用的量具有钢直尺，内、外卡钳等；精密的量具有游标卡尺和千分尺等；此外，还有专用量具，如螺纹规和圆角规等。

零件上常见几何尺寸的测量方法，见表 7-6。

表 7-6　零件上常见几何尺寸的测量方法

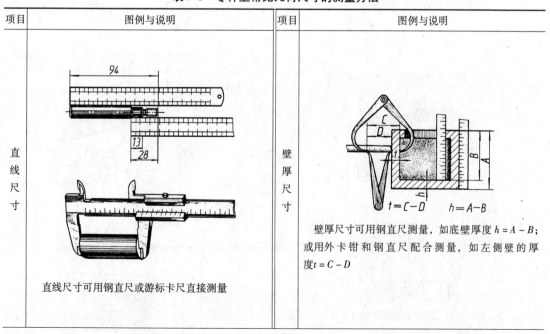

项目	图例与说明	项目	图例与说明
直线尺寸	直线尺寸可用钢直尺或游标卡尺直接测量	壁厚尺寸	壁厚尺寸可用钢直尺测量，如底壁厚度 $h = A - B$；或用外卡钳和钢直尺配合测量，如左侧壁的厚度 $t = C - D$

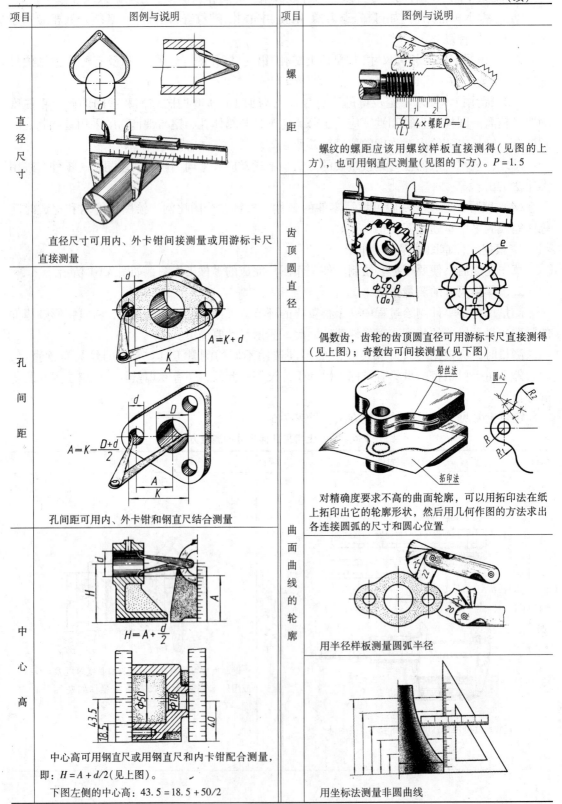

第九节 看零件图

一、看图要求

看零件图的要求是：了解零件的名称、所用材料和它在机器或部件中的作用。通过分析视图、尺寸和技术要求，想象出零件各组成部分的结构形状和相对位置，从而在头脑中建立起一个完整的、具体的零件形象，并对其复杂程度、要求高低和制作方法做到心中有数，以便设计加工过程。

二、看图的方法和步骤

1. 看图的方法

看零件图的基本方法仍然是形体分析法和线面分析法。

较复杂的零件图，由于其视图、尺寸数量及各种代号都较多，初学者看图时往往不知从哪看起，甚至会产生畏难心理。其实，就图形而言，看多个视图与看三视图的道理一样。视图数量多，主要是因为组成零件的形体较多，所以将表示每个形体的三视图组合起来，加之它们之间有些重叠的部位，图形就显得繁杂了。实际上，对每一个基本形体来说，仍然是只用 2~3 个视图就可以确定它的形状。所以看图时，只要善于运用形体分析法，按组成部分"分块"看，就可将复杂的问题分解成几个简单的问题处理了。

2. 看图的步骤

（1）看标题栏　了解零件的名称、材料、绘图比例等，为联想零件在机器中的作用、制造要求以及有关结构形状等提供线索。

（2）分析视图　先根据视图的配置和有关标注，判断出视图的名称和剖切位置，明确它们之间的投影关系。进而抓住图形特征，分部分想形状，合起来想整体。

（3）分析尺寸　先分析长、宽、高三个方向的尺寸基准，再找出各部分的定位尺寸和定形尺寸，搞清楚哪些是主要尺寸，最后还要检查尺寸标注是否齐全和合理。

（4）分析技术要求　可根据表面粗糙度、尺寸公差、几何公差以及其他技术要求，弄清楚哪些是要求加工的表面以及精度的高低等。

（5）综合归纳　将识读零件图所得到的全部信息加以综合归纳，对所示零件的结构、尺寸及技术要求都有一个完整的认识，这样才算真正将图看懂。

看图时，上述的每一步骤都不要孤立地进行，应视其情况灵活运用。此外，看图时还应参考有关的技术资料和相关的装配图或同类产品的零件图，这对看图是很有好处的。

三、典型零件看图举例

零件的形状虽然千差万别，但根据它们在机器或部件中的作用和形状特征，仍可以大体将它们划分为如下几种类型：

（1）轴套类零件　如机床上的主轴、传动轴、空心套等。

（2）轮盘类零件　如各种轮子、法兰盘、端盖等。

（3）叉架类零件　如拨叉、连杆、支架等。

（4）箱体类零件　如机座、阀体、床身等。

下面，将结合各种典型零件举例说明看图的方法步骤，并介绍典型零件的作用、结构形状和视图表达等特点。

1. 轴套类零件

轴类零件在机器中起着支承和传递动力的作用。图 7-63 所示是铣床上的一个部件——铣刀头的轴测图。从其中的轴可以看出常用轴所具有的结构：轴的主体是由几段不同直径的圆柱、圆锥体所组成，构成阶梯状。轴上加工有键槽、螺纹、挡圈槽、倒角、倒圆、中心孔等。

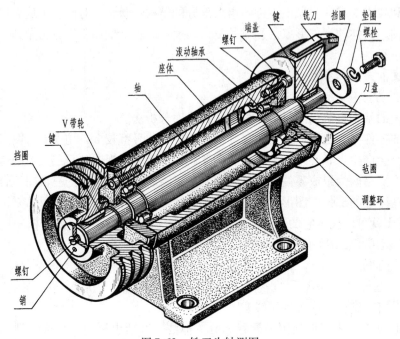

图 7-63　铣刀头轴测图

例 7-1　识读轴的零件图（图 7-64）。

（1）看标题栏　该轴是铣刀头（图 7-63）上的一个主要零件，材料为 45 钢，比例为 1∶2。由轴测图可以看出它的功用。

（2）分析视图　该图共有七个图形，它们是：一个主视图，两个置于其上的局部视图，两个置于其下的移出断面图，两个局部放大图。

主视图为基本视图，它反映出轴的主体结构形状。左、右两端的局部剖表达了键槽的结构，中间采用了断裂画法；两个局部视图都是按第三角画法配置的，两个移出断面因画在剖切线的延长线上，故未标注，它们把键槽的形状、尺寸和对表面粗糙度、公差及两个轴端中心孔的结构要求表示得很清楚。

放大图Ⅰ表示出圆柱销孔的尺寸和公差，放大图Ⅱ则反映出退刀槽的宽度、深度和圆角半径等尺寸。经过如此分析，可想象出该轴的整体形状（图 7-63）。

（3）分析尺寸　轴零件的主要尺寸是轴向尺寸（长度方向）和径向尺寸（宽、高方向）。该轴的轴向尺寸主要基准为重要的定位面（$\phi44$ 轴段左面的轴肩，即 $\phi35k6$ 处的轴承定位面），径向尺寸的主要基准为轴线。$\phi44$ 轴段的右轴肩和轴的左、右端面，均为轴向尺寸的辅助基准，由基准注出的尺寸，都是需控制的重要尺寸，如 $32_{-0.2}^{0}$、23、$194_{-0.3}^{0}$ 等等。

（4）分析技术要求　技术要求应从表面粗糙度、极限与配合、几何公差等方面进行分析，

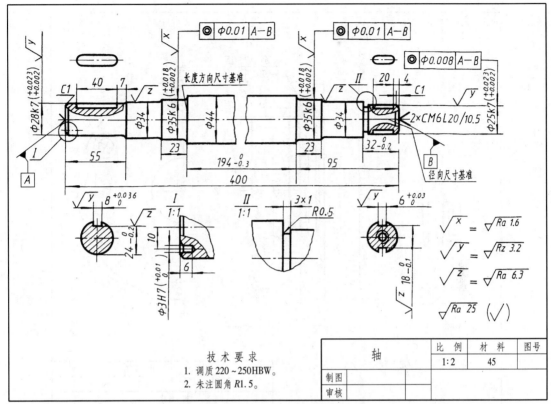

图 7-64 铣刀头中阶梯轴的零件图

尤其要把握住技术指标要求较高的部位，如两处 φ35 安装滚动轴承的轴段，其表面粗糙度的 Ra 值为 $1.6\mu m$，极限偏差为 $^{+0.018}_{+0.002}$，同轴度公差为 φ0.01 等，这是加工时必须要达到要求的。此外，为了提高材料的强度和韧性，又在文字说明中提出了调质要求（布氏硬度值为 220~250）。

通过上述分析可以看出，轴类零件通常按加工位置画出主视图，以表达轴的主体结构，采用断面图、局部视图、剖视图、放大图表示局部结构；径向尺寸基准为轴线，轴向尺寸基准为定位面或端面。轴上的标准结构很多，应查表按规定标注尺寸；有配合或有相对运动的轴段，各项技术指标都应控制得严格一些。此外，轴类零件往往还需进行调质处理或其他热处理等。

套类零件通常安装在轴上，起定向定位、传动或联接作用。其视图选择、尺寸标注等特点与轴类零件相类似，不再多述。

2. 轮盘类零件

轮盘类零件有各种手轮、带轮、法兰盘、端盖及压盖等。这类零件在机器中主要起支承、轴向定位及密封作用。轮盘类零件的结构形状比较复杂，它主要是由同一轴线不同直径的若干个回转体组成，零件上常有凸台、凹坑、螺孔、销孔和肋板等结构。

例 7-2 识读端盖的零件图（图 7-65）。

（1）读标题栏 该端盖是铣刀头上的零件（图 7-63），比例为 1:1，材料为 HT150，它在铣刀头上起连接、轴向定位和密封作用。

（2）分析视图 该零件图共有三个图形：全剖的主视图表达了端盖的主要结构；左视

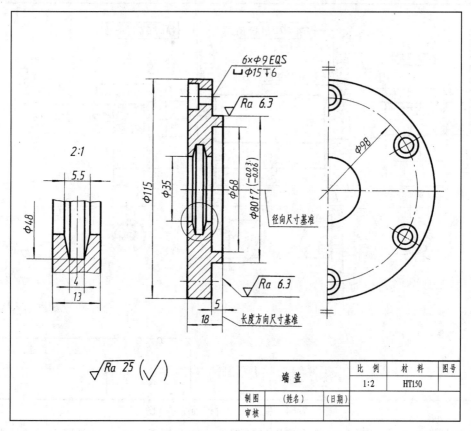

图 7-65 端盖零件图

图(只画一半,简化画法)反映出零件的端面形状和沉孔的位置;局部放大图清楚地表示出密封槽的结构,同时也便于标注尺寸。

(3) 分析尺寸 如图 7-65 所示,端盖的径向尺寸基准为轴线,故圆柱体及圆孔的直径尺寸一般都注在投影为非圆的视图上;轴向尺寸则以端盖与滚动轴承外圈端面相接触的面为基准,由此注出了尺寸 5 和 18 等。

(4) 分析技术要求 该端盖的配合表面很少,精度要求较低,只有 $\phi 80f7(^{-0.03}_{-0.06})$ 为配合尺寸。

总之,轮盘类零件通常在车床或镗床上加工,故主视图常将其轴线水平放置,且作全剖视(由一个或几个相交的剖切面剖切获得)。

一般选用 1~2 个基本视图,零件上的细小结构常用局部放大图、断面图和简化画法表达。尺寸标注比较简单。对结合面(工作面)的表面粗糙度、尺寸精度和几何公差等有比较高的要求。

3. 叉架类零件

叉架类零件包括拨叉、连杆和各种支架等等。拨叉主要用在机器的操纵机构上,起操纵传动作用。支架主要起支承、连接作用。通常可将其分为支承、连接、安装等三大部分,常用肋板加固。其细部结构也较多,如圆孔、螺孔、油槽、油孔、凸台、凹坑等。

例 7-3 识读支架的零件图(图 7-66)。

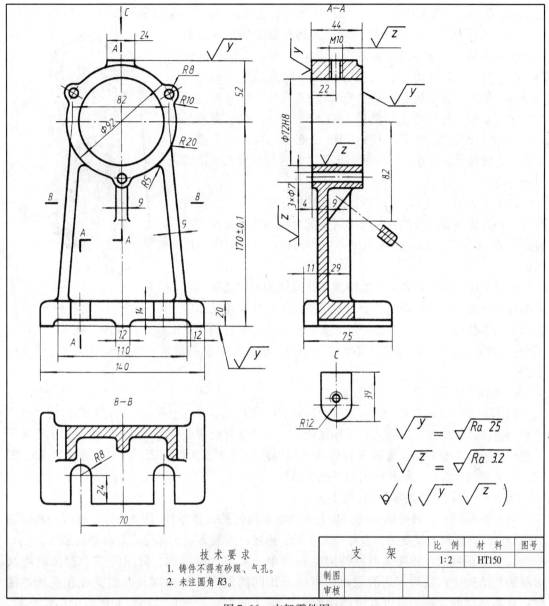

图 7-66　支架零件图

（1）读标题栏　该零件的名称是支架，是用来支承轴的，材料为灰铸铁（HT150），比例为 1:2。

（2）分析视图　图中共有五个图形：三个基本视图、一个按向视图形式配置的局部视图 C 和一个移出断面图。主视图是外形图；俯视图 B—B 是全剖视图，是用水平面剖切的；左视图 A—A 也是全剖视图，是用两个平行的侧平面剖切的；局部视图 C 是移位配置的；断面画在剖切线的延长线上，表示肋板的剖面形状。

从主视图可以看出上部圆筒、凸台、中部支承板、肋板和下部底板的主要结构形状和它们之间的相对位置；从俯视图可以看出底板、安装板（槽）的形状及支承板、肋板间的相对位置；局部视图反映出带有螺孔的凸台形状。综上所述，再配合全剖的左视图，则支架由圆筒、支承板、肋板、底板及油孔凸台组成的情况就很清楚了，整个支架的形状如图 7-67 所示。

（3）分析尺寸　从图中可以看出，其长度方向尺寸以对称面为主要基准，标注出安装槽的定位尺寸 70，还有尺寸 9、24、82、12、110、140 等；宽度方向尺寸以圆筒后端面为主要基准，标注出支承板定位尺寸 4；高度方向尺寸以底板的底面为主要基准，标注出支架的中心高 170±0.1，这是影响工作性能的定位尺寸，圆筒孔径 ϕ72H8 是配合尺寸，它们都是支架的主要尺寸。各组成部分的定形尺寸、定位尺寸希望读者自行分析。

（4）分析技术要求　圆筒孔径 ϕ72 中心高注出了公差带代号，轴孔表面及底板的底面分别属于配合面和安装面，要求较高，Ra 值分别 3.2μm 和 6.3μm。这些指标在加工时应予以保证。

通过上述分析可以看出，叉架类零件的结构比较复杂，它需经过多种加工。一般需用三个主要视图，主视图常按工作位置和结构形状确定。尺寸基准一般为安装面、中心对称面和工作部分的端面。技术要求应把工作（支承）部分和安装面的精度定得高一些，轴孔的中心高是其中最重要的尺寸，通常应给出公差。

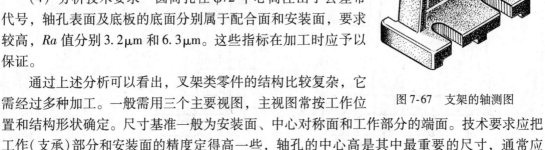

图 7-67　支架的轴测图

4. 箱体类零件

箱体类零件用来支承、包容、保护运动零件或其他零件，也起定位和密封作用。这类零件多为铸件，结构形状比前三类零件复杂。其主体通常由薄壁所围成的较大空腔和供安装用的底板构成；箱壁上有安装轴承用的圆筒或半圆筒，并有肋板加固；此外，还有凸台、凹坑、铸造圆角、螺孔、销孔和倒角等细小结构。

例 7-4　识读座体的零件图（图 7-68）。

（1）读标题栏　该座体是铣刀头上支承轴系组件的一个零件（图 7-63），材料为灰铸铁（HT200），其结构类似支架，也可分为支承、连接、安装等三大部分，且有肋板加固。

（2）分析视图　该箱体类零件的结构简单，且前、后对称，故只用三个视图就将其形状表达清楚了。从局部剖的主视图可以看出圆筒的内部结构以及左右支板和底板的结构；从局部剖的左视图可以看出圆筒端面上螺孔的位置，支板、肋板和底板的结构形状，相对位置及连接关系；俯视图为局部视图，反映出了底板四角的形状和安装孔的位置。由此可想象出座体的形状（图 7-63）。

（3）分析尺寸　座体的底面为安装面，以此作为高度方向尺寸的主要基准；长度方向尺寸以圆筒左端面（接触面、加工面）为主要基准；宽度方向尺寸以座体的前后对称面为基准。座体的中心高尺寸 115，安装孔的尺寸 155、150 都是重要的定位尺寸，ϕ80K7 是配合尺寸。其他尺寸请读者自行分析。

（4）分析技术要求　轴承孔是座体的重要部位，加工精度要求较高。故表面粗糙度 Ra 值为 1.6μm，极限偏差为 $^{+0.009}_{-0.021}$，并且提出了中心线对底面的平行度要求 // 0.04/100 B（表示提取两孔实际中心线对底面的平行度误差在 100 的长度内不大于 0.04mm）。

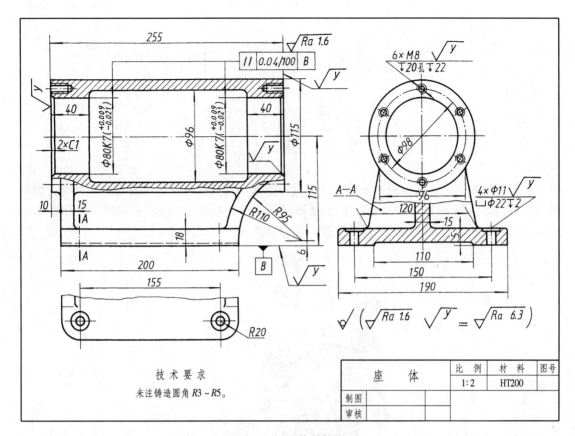

图 7-68 座体零件图

对上述四类典型零件的识读与分析,我们都是采用先概括了解,再依次分析视图、尺寸、技术要求的步骤进行的。实际看图时,这些步骤不要孤立地进行,要相互结合起来进行分析。

第八章 装 配 图

第一节 概 述

任何复杂的机器，都是由若干个部件组成，而部件又是由许多零件装配而成。滑动轴承是一种较为常用的部件，图8-1是它的分解轴测图，图8-2是该部件的装配图。这种表示产品及其组成部分的连接、装配关系的图样，称为装配图。

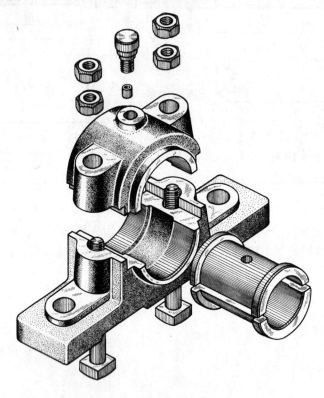

图 8-1 滑动轴承分解轴测图

一、装配图的作用

在工业生产中，无论是开发新产品，还是对其他产品进行仿造、改制，都要先画出装配图。开发新产品，设计部门应首先画出整台机器的总装配图和机器各组成部分的部件装配图，然后再根据装配图画出零件图；制造部门，则首先根据零件图制造零件，然后再根据装配图将零件装配成机器（或部件）；同时，装配图又是安装、调试、操作和检修机器或部件时不可缺少的标准资料。由此可见，装配图是指导生产的重要技术文件。

二、装配图的内容

一张完整的装配图主要包括以下四个方面的内容（图8-2）。

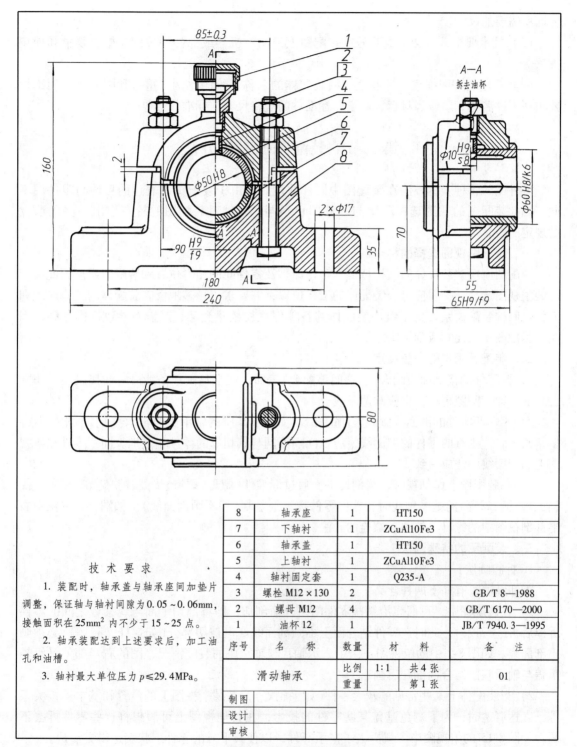

图 8-2 滑动轴承装配图

（1）一组视图　用来表达机器或部件的工作原理、装配关系、连接及安装方式和主要零件的结构形状。

（2）必要的尺寸　用来表示部件或机器的规格、性能以及装配、安装、检验、运输等方面所需要的尺寸。

（3）技术要求　用文字或符号在装配图上说明对机器或部件的装配、检验要求和使用方法等。

（4）标题栏和明细栏　标题栏表明装配体的名称、绘图比例、重量和图号等。明细栏要填写零件名称、序号、材料、数量、标准件的规格尺寸、标准代号等。

第二节　装配图的表达方法

零件图的各种表达方法在装配图中同样适用。但由于装配图所表达的目的与零件图不同，因此装配图的视图选择原则与零件图也不同，并针对装配图的特点作出一些画法上的规定。

一、装配图视图选择的特点

装配图应反映装配体的结构特征、工作原理及零件间的相对位置和装配关系。因此装配图的主视图选择，一般应符合装配体的工作位置，并要求尽量多地反映装配体的工作原理和零件之间的装配关系。由于组成装配体的各零件往往相互交叉、遮盖而导致投影重叠，因此，装配图一般要画成剖视图。

二、装配图画法的一般规定

1）两零件的接触面或配合（包括间隙配合）表面，规定只画一条线。对非接触面、非配合表面，即使间隙再小，也应画两条线。

2）相邻两零件的剖面线倾斜方向应相反（如图 8-2 中的轴承盖与轴承座）。若相邻零件多于两个时，则有的零件的剖面线，应以间隔不同与其相邻的零件相区别。同一零件在各视图上的剖面线画法应一致。

3）在装配图上作剖视时，当剖切平面通过标准件（螺母、螺钉、垫圈、销、键等）和实心件（轴、杆、柄、球等）的基本轴线时，这些零件按不剖绘制（即不画剖面线）。如图 8-2 主视图右半部剖视图中的螺母、垫圈、螺栓的画法。

三、装配图的特殊画法

1. 拆卸画法

拆卸画法，有如下两种含义：

1）在装配图中，可假想沿某些零件的结合面剖切，即将剖切平面与观察者之间的零件拆掉后再进行投射，此时在零件结合面上不画剖面线。但被切部分（如螺杆、螺钉等）必须画出剖面线。如图 8-2 中的俯视图，为了表示轴瓦与轴承座的装配情况，图的右半部就是沿轴承盖与轴承座的结合面剖开后画出的。

2）当装配体上某些常见的较大零件（如手轮等），在某个视图上的位置和基本连接关系等已表达清楚时，为了避免遮盖某些零件的投影，在其他视图上可假想将这些零件拆去不画。如图 8-15 的俯视图中，就拆去了把手等件，以使其下方的零件形状表达得更清楚。

上述两种画法，当需要说明时，可在其视图上方注出"拆去×××等"字样。

2. 假想画法

对于某零件在装配体中的运动范围或极限位置，可用细双点画线画出其轮廓，如图 8-3、图 8-5 所示。对于与该部件相关联但不属于该部件的零（部）件，可用细双点画线画出其轮廓，以利于表达该部件的装配关系和工作原理(见图8-5中的齿轮箱)。

3. 简化画法(图8-4)

1) 对于装配图中若干相同的零件组，如螺栓连接等，可仅详细地画出一组或几组，其

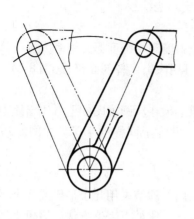

图8-3 运动零件的极限位置

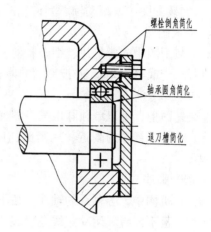

图8-4 简化画法

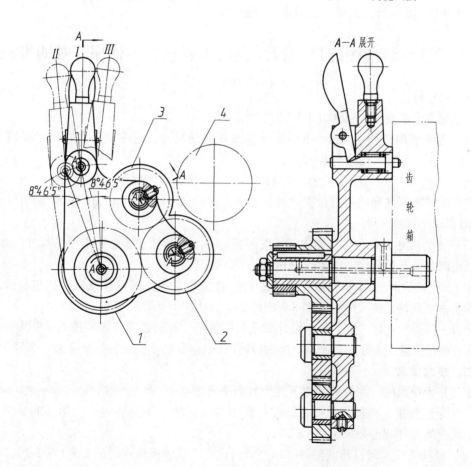

图8-5 展开画法

余只需用细点画线表示其装配位置。

2) 在装配图中，零件的工艺结构，如倒角、倒圆、退刀槽等允许省略不画；螺纹紧固件也可采用简化画法。

3) 在装配图中，滚动轴承允许按简化画法或规定画法绘制。

4. 夸大画法

对于装配图中的薄垫片、细金属丝、小间隙、小斜度和小锥度等允许夸大画出。对于厚度、直径小于或等于2mm的被剖切的薄、细零件，可用涂黑代替剖面符号（图8-4）。

5. 单独表达某零件

在装配图上，可以单独画出某一零件的视图，但必须在所画视图的上方注出该零件的视图名称，在相应视图的附近，用箭头指明投射方向，并注上同样的字母。如图8-20中件2的 A 视图。

6. 展开画法

在传动机构中，各轴系的轴线往往不在同一平面内，即使采用几个平行或几个相交的剖切面剖切，也不能将其运动路线完全表达出来，这时可采用如下表达方法：假想用剖切平面沿传动路线上各轴线顺次剖切，然后使其展开、摊平在一个平面上（平行于某投影面），再画出其剖视图（图8-5），这种画法即为展开画法。

第三节　装配图的尺寸标注、技术要求、零件序号及明细栏

一、尺寸标注

在装配图中，通常应标注以下几类尺寸：

(1) 性能或规格尺寸　表示部件的性能或规格的尺寸，它是设计和选用产品时的主要依据。如图8-2中轴承孔的直径 $\phi50$。

(2) 装配尺寸　装配尺寸由两部分组成，一部分是零件之间的配合尺寸，另一部分是与装配有关的零件之间的相对位置尺寸。图8-2中的 $\phi60H8/k6$、$65H9/f9$ 和 $\phi50H8$ 孔的中心高70都属于这类尺寸。

(3) 安装尺寸　表示将机器或部件安装到地基上或其他设备上所需要的尺寸。如图8-2中轴承座两安装孔的直径 $\phi17$ 和两孔的中心距180等。

(4) 外形尺寸　表示机器或部件的总长、总宽和总高，即机器或部件在包装、运输和安装时所占空间的总体尺寸，如图8-2中的240、80和160等。

除以上四类尺寸外，为了便于设计和绘制零件图，有时还要注出零件的某些重要结构尺寸、运动极限位置尺寸等，如图8-2中两螺栓孔的中心距85、安装板的宽度55、高度35等。

二、技术要求

拟订技术要求时，一般应从以下几个方面来考虑：

(1) 装配要求　机器或部件在装配过程中需注意的事项及装配后应达到的要求，如准确度、装配间隙和润滑要求等（图8-2）。

(2) 检验要求　对机器或部件基本性能的检验、试验及操作时的要求（图8-2）。

(3) 使用要求　对机器或部件的规格、参数及维护、保养的要求及使用时的注意事项。

装配图中的技术要求，通常用文字注写在明细栏的上方或图纸下方的空白处。

三、零件序号和明细栏

1. 零件序号的编写

为了便于看图和图样管理，装配图中所有的零部件都必须编写序号。相同的零(部)件编一个序号，一般只标注一次。序号应注写在视图外明显的位置上。序号的注写形式如图 8-6 所示，其注写规则如下：

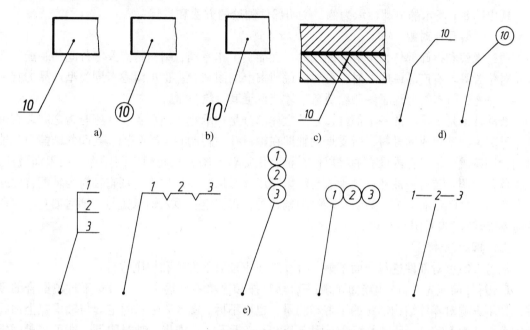

图 8-6 序号注写形式

1) 在所指零部件的可见轮廓内画一圆点，然后从圆点开始画指引线(细实线)，在指引线的另一端画一水平线或圆(细实线)，在水平线上或圆内注写序号，序号的字高比该装配图中所注尺寸数字的高度大一号或两号，如图 8-6a 所示。

2) 在指引线的另一端附近直接注写序号，序号字高比该装配图中所注尺寸数字高度大两号，如图 8-6b 所示。

3) 若所指部分(很薄的零件或涂黑的剖面)内不便画圆点时，可在指引线的末端画出箭头，并指向该部分的轮廓，如图 8-6c 所示。在同一装配图中，编写序号的形式应一致。

4) 指引线相互不能交叉；当通过有剖面线的区域时，指引线不应与剖面线平行；必要时，指引线可以画成折线，但只可曲折一次，如图 8-6d 所示。

5) 一组紧固件以及装配关系清楚的零件组，可以采用公共指引线，如图 8-6e 所示。

6) 序号应按顺时针(或逆时针)方向整齐地顺次排列。如在整个图上无法连续时，可只在每个水平或垂直方向顺次排列。

2. 明细栏

装配图上应画出明细栏。明细栏绘制在标题栏上方，按零件序号由下向上填写。位置不够时，可紧靠在标题栏左边继续编写。

明细栏的填写内容包括零件序号、代号、名称、数量、材料等。明细栏的格式、填写方法等应遵循 GB/T 10609.2—1989《技术制图 明细栏》中的规定。

第四节 部件测绘

部件测绘是指根据现有的部件(或机器),先画出零件草图,再画出装配图和零件工作图等全套图样的过程。

现以图 8-1 所示的滑动轴承为例,说明部件测绘的方法和步骤。

一、了解测绘对象

通过观察和拆卸部件,了解它的用途、性能、工作原理、结构特点及零件间的装配关系和相对位置等。有产品说明书时,可对照说明书上的图来看;也可以参考同类型产品的有关资料。总之,只有充分地了解测绘对象,才能保证其测绘质量。

滑动轴承是支承轴的一个部件,它的主体部分是轴承座和轴承盖。在座与盖之间装有由上、下两半圆筒组成的轴衬,所支承的轴即在轴衬孔中转动。为减少轴、孔间的摩擦力,轴衬用青铜铸成。轴衬孔内设有油槽以便存油,供运转时轴、孔间润滑用。为了注入润滑油,在轴承盖顶部安装有一油杯。轴承盖与轴承座用一对螺栓连接。为了调整轴衬与轴配合的松紧,盖与座之间留有间隙。为防止轴衬随轴转动,将固定套插入轴承盖与上轴衬油孔中,使轴衬不能转动(参看图 8-7)。

二、拆卸部件

通过拆卸可对部件进行全面了解,拆卸工作应按以下方法和规则进行:

1)拆卸前应先分析、确定拆卸顺序,然后按顺序将零件逐个拆下。对于过盈配合的零件,如不影响对零件结构形状的了解和测量,也可不拆。图 8-7 所示固定套与轴承盖上油孔的配合关系为 H9/s8,是过盈配合,固定套可不必拆下,只需将上轴衬取下,即可测量固定套的尺寸。

2)拆下的零件,特别是零件多的部件,应编以号签,妥善保管。对小零件(如螺钉、键、销等),要防止丢失;对重要零件和零件上的重要表面,要防止碰伤、变形、生锈,以免影响精度。

3)对零件较多的部件,为便于在拆卸后重装,往往要用示意画法画出装配示意图,用

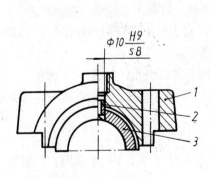

图 8-7 轴承盖
1—轴承盖 2—固定套 3—上轴衬

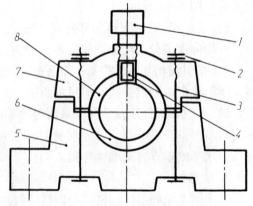

图 8-8 滑动轴承装配示意图
1—油杯 2—螺母 3—螺栓 4—固定套 5—轴承座 6—下轴衬 7—轴承盖 8—上轴衬

以表明零件间的相对位置和装配关系。所谓示意画法，就是用规定符号和较形象的图线绘制图样的表意性图示方法。现以滑动轴承为例，说明示意图的画法(图 8-8)。对一般零件，可按零件外形和结构特点用图线形象地画出零件的大致轮廓；绘图时可从主要零件着手，按装配顺序逐个画出。对零件的前后层次，可把它们当作透明体，不加回避地径直画出；画示意图时，应尽可能把所有零件都集中在一个视图上表达出来，实在表达不清楚时才画第二个图；示意图要对各零件进行编号或写出零件名称，并应与所拆卸零件的号签相同；对传动部分中的一些零件、部件，可按国家标准(GB/T 4460—1984)《机械制图 机构运动简图符号》绘制。

三、画零件草图

零件草图是画装配图和零件图的依据。因此，在拆卸工作结束后，要对零件进行测绘，画出零件草图。

画零件草图时，应注意以下几点：

1) 标准件可不画草图，但要测出其主要尺寸(如螺纹的大径 d、螺距 P；键长 L、宽 b 等)。然后查找有关标准，确定其标记代号，列出明细栏予以详细记录。如图 8-8 中的油杯 1 和螺母 2 等。

2) 零件的配合尺寸，应正确判定其配合状况(可参阅有关资料)，并成对地在两个零件草图上同时进行标注。如图 8-7 所示的轴承盖油孔 $\phi 10H9$ 和固定套 $\phi 10s8$。

3) 相互关联的零件，应考虑其联系尺寸。如轴承座、轴承盖上螺栓孔的中心距、座与盖的宽度等。

4) 测绘完毕后，要对相互关联的零件进行仔细地审查校对。

四、画装配图和零件图

根据零件草图和装配示意图绘制装配图。在画装配图时，如发现零件草图中有差错，要及时予以纠正。装配图一定要按尺寸准确画出。最后再根据装配图和零件草图绘制零件图。

第五节 装配图的画法

下面以图 8-1 所示滑动轴承为例，介绍绘制装配图的方法和步骤。

一、选择表达方案

1. 主视图的选择

主视图应符合部件的工作位置，尽可能反映部件的结构特征；应能反映该部件的工作原理和主要装配线；应尽量多地反映零件间的相对位置关系。如图 8-2 所示，其主视图(半剖)既表达了该部件的工作位置，又反映出它的结构形状特征及零件间的配合和连接关系。

2. 其他视图的选择

其他视图的选择，应能补充主视图尚未表达清楚的部分。图 8-2 中所选择的俯视图，能够表达多个零件的外形、轴衬的结构特点及与轴承座、盖的装配关系。同时也将装配体的两个安装孔表示出来了。半剖的左视图则重点表达了轴承座、盖的外形及轴衬与它们之间的配合关系。应注意，选择视图时，不可遗漏任何一个表明装配关系的细小内容。

二、画图步骤

画图前，要先定比例、选图幅、合理布图。要为标注尺寸、编写标题栏、明细栏等留出位置。

画图时，要先画作图基准线、对称线、轴线和中心线等(图 8-9a)；再按"先主后次"

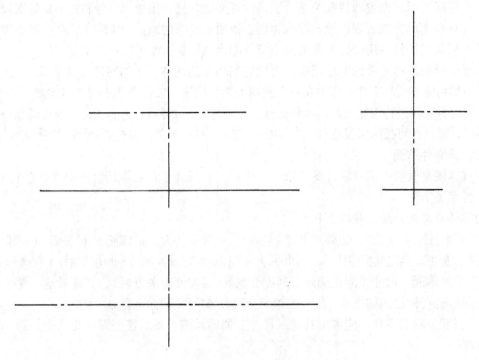

a) 画各视图的主要基准线

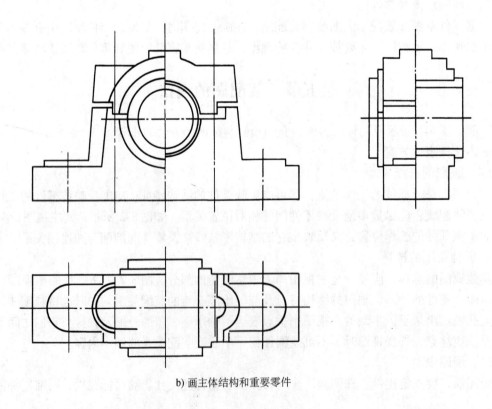

b) 画主体结构和重要零件

图 8-9 滑动

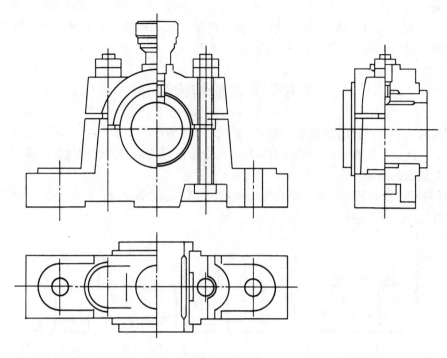

c) 画其他次要零件

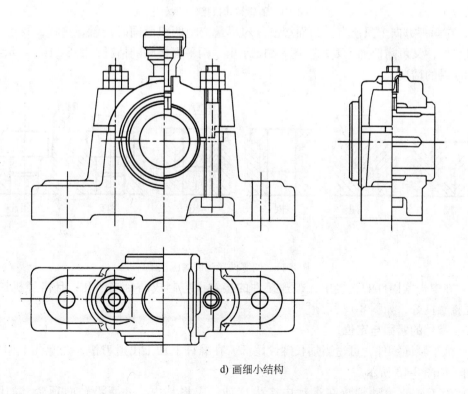

d) 画细小结构

轴承画图步骤

的原则，画主要零件(轴承座、盖，上、下轴衬)的大体轮廓(图 8-9b)；画其他零件的大体轮廓(图 8-9c)；画出各零件的细部(图 8-9d)；修正底稿，加深图线；最后注尺寸、编序号，画标题栏和明细栏，注写技术要求，完成全图(图 8-2)。

第六节 装配结构简介

装配结构是否合理，将直接影响部件(或机器)的装配、工作性能，以及检修时拆、装是否方便。因此，下面就设计绘图时应考虑的几个装配结构的合理性问题加以简介。

一、接触面的结构

1) 轴肩面与孔端面接触时，应将孔边倒角或将轴的根部切槽，以保证轴肩面与孔的端面接触良好，如图 8-10 所示。

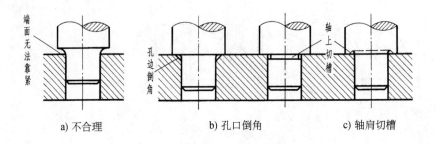

图 8-10 轴肩与孔口接触的画法

2) 在同一方向上只能有一组面接触，应尽量避免两组面同时接触。这样，既可保证两面接触良好，又可降低加工要求。图 8-11a 示出了两平面接触的情况；图 8-11b、c 示出了两圆柱面接触的情况。

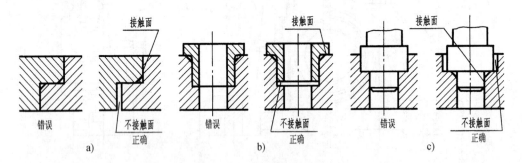

图 8-11 两零件接触面的画法

3) 在螺栓紧固件的连接中，被连接件的接触面应制成凸台或凹孔，且需经机械加工，以保证接触良好，如图 8-12 所示。

二、零件的紧固与定位

1) 为了紧固零件，可适当加长螺纹尾部，在螺杆上加工出退刀槽，在螺孔上作出凹坑或倒角，如图 8-13 所示。

2) 为了防止滚动轴承在运动中产生窜动，应将其内、外圈沿轴向顶紧，如图 8-14 所示。

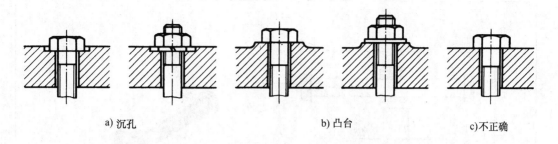

图 8-12　紧固件与被连接件接触面的结构

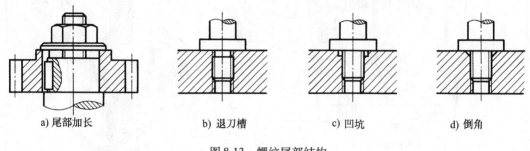

图 8-13　螺纹尾部结构

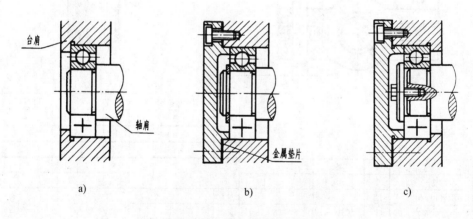

图 8-14　滚动轴承的紧固

第七节　看装配图

在生产工作中，经常要看装配图。例如在设计过程中，要按照装配图来设计零件；在装配机器时，要按照装配图来安装零件或部件；在技术交流时，则需要参阅装配图来了解具体结构等。

看装配图的目的是搞清该机器（或部件）的性能、工作原理、装配关系、各零件的主要结构及装拆顺序。

一、看装配图的方法和步骤

例 8-1　识读拆卸器装配图（图 8-15）。

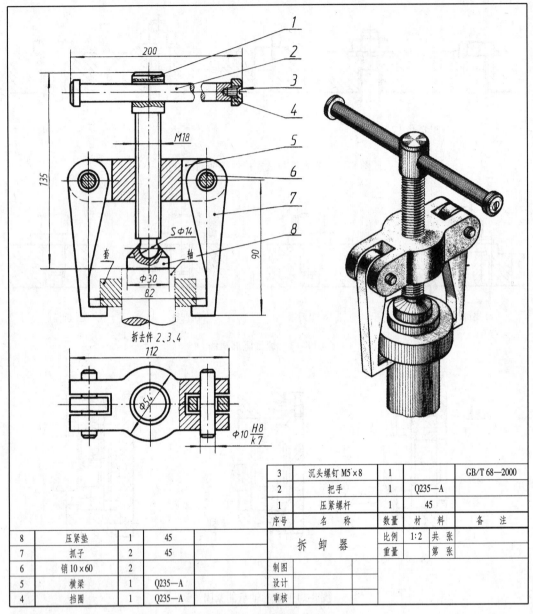

图 8-15 拆卸器装配图

1. 概括了解

由标题栏了解部件的名称、用途及绘图比例；由明细栏了解零件数量，估计部件的复杂程度。

从标题栏可知该体是拆卸器，是用来拆卸紧固在轴上的零件的。从绘图比例和图中的尺寸看，这是一个小型的拆卸工具。它共有 8 种零件，是个很简单的装配体。

2. 分析视图

了解各视图、剖视、断面的相互关系及表达意图，为下一步深入看图作准备。

主视图主要表达了整个拆卸器的结构外形，并在上面作了全剖视，但压紧螺杆 1、把手 2、抓子 7 等紧固件或实心零件按规定均未剖，为了表达它们与其相邻零件的装配关系，又作了三个局部剖。而轴与套本不是该装配体上的零件，用细双点画线画出其轮廓（假想画法），以体现其拆卸功能。为了节省图纸幅面，较长的把手则采用了折断画法。

俯视图采用了拆卸画法（拆去了把手2、沉头螺钉3和挡圈4），并取了一个局部剖视，以表示销轴6与横梁5的配合情况，以及抓子与销轴和横梁的装配情况。同时，也将主要零件的结构形状表达得很清楚。

3. 分析工作原理和传动路线

分析时，应从机器或部件的传动入手。该拆卸器的运动应由把手开始分析，当顺时针转动把手时，则使压紧螺杆转动。由于螺纹的作用，横梁即同时沿螺杆上升，通过横梁两端的销轴，带着两个抓子上升，被抓子勾住的零件也一起上升，直到从轴上拆下。

4. 分析尺寸和技术要求

尺寸82是规格尺寸，表示此拆卸器能拆卸零件的最大外径不大于82mm。尺寸112、200、135、$\phi 54$是外形尺寸。尺寸$\phi 10H8/k7$是销轴与横梁孔的配合尺寸，是基孔制，过渡配合。

5. 分析装拆顺序

由图中可分析出，整个装卸器的装配顺序是：先把压紧螺杆1拧过横梁5，把压紧垫8固定在压紧螺杆的球头上，在横梁5的两旁用销轴6各穿上一个抓子7，最后穿上把手2，再将把手的穿入端用螺钉3将挡圈4拧紧，以防止把手从压紧螺杆上脱落。

拆卸器的立体形状如图8-15右图所示。

例8-2 识读齿轮油泵装配图（图8-16）。

识读该图可采用如下方法和步骤：

（1）概括了解　看装配图时，首先通过标题栏和产品说明书了解部件的名称、用途等。从明细栏可以了解组成该部件的零件名称、数量、材料以及标准件的规格等。通过对视图的游览，了解装配图的表达情况和复杂程度。通过以上初步了解，并参阅有关尺寸，从而对装配图大体轮廓和内容有一个概括的了解。

齿轮油泵是机器润滑、供油系统中的一个部件。从技术要求中可以看出，该部件应传动平稳，保证供油，不能有渗漏。从绘图比例和外形尺寸可知油泵的大小。从明细栏中可以了解到它由14种零件组成，其中标准件六种，填料、垫片两种，一对啮合齿轮（其中有一轴齿轮），此外，还有四种零件，可见这是一个较简单的部件。

（2）分析视图、了解工作原理　齿轮油泵装配图，共选用三个基本视图。其中主视图采用了大面积的局部剖视，它将该部件的结构特点和各零件间的装配关系和连接形式大部分表现出来。右视图采用以拆卸代替剖视的画法，将一对齿轮的啮合情况和进、出油口的结构表达得比较完善。全剖的俯视图则主要表达了从动轴和轴齿轮与泵体、泵盖的装配关系，并将泵体底板的形状表达出来。

通过以上分析，可了解齿轮油泵的传动路线：动力由电动机心轴通过传动件和键4带动主动轴齿轮3，进而带动从动齿轮12旋转。

由此可分析出工作原理（图8-17）：当一对齿轮在泵体内作啮合传动时，啮合区内上边空间压力降低而产生局部真空，油池内的油在大气压力作用下，进入油泵低压区内的进油口，随着齿轮的转动，齿槽中的油不断沿箭头方向被带至下边的出油口把油压出，送至机器中需要润滑的部位。

技 术 要 求

1. 泵盖与齿轮间的端面间隙为 0.05～0.12mm，间隙用垫片调整。
2. 油泵用 17.6×10⁵Pa 的柴油进行压力试验，不能有渗漏。
3. 装配后，齿顶圆与泵体内圆表面间隙为 0.02～0.06mm。
4. 装配试验，用 60±2℃ 和 13.7×10⁵Pa 的柴油进行试验，当转速为 950r/min 时，输油量不得小于 10L/min。

14	密封圈		1	浸油石棉		
13	小轮		1	45	$m=3$ $z=14$	
12	从动齿轮		1	45		GB/T 97.1—2002
11	垫圈 8		6			GB/T 898—1988
10	螺柱 M8×32		6			
9	泵盖		1	HT200		
8	垫片		1	软钢纸板		QB/T 365—1981
7	压盖		1	HT150		
6	螺柱 M8×40		2			GB/T 898—1988
5	螺母 M8		8			GB/T 41—2000
4	键 5×5×10		1			GB/T 1096—2003
3	主动轴齿轮		1	45	$m=3$ $z=14$	
2	销 6m 6×20		2			GB/T 119.1—2000
1	泵体		1	TH200		
序号	名 称		数量	材 料		备 注
齿轮油泵			比例	1:1		03
			重量		共 4 张 第 1 张	
制图						
设计						
审核						

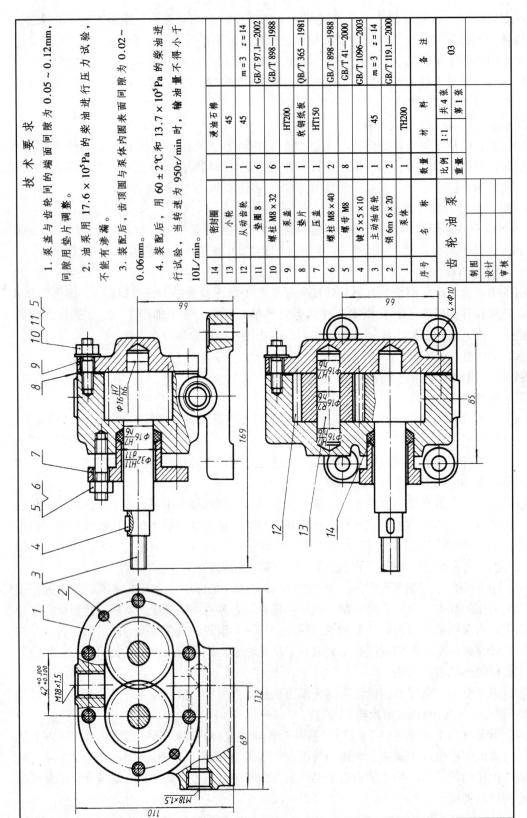

图 8-16 齿轮油泵装配图

凡属泵、阀类部件都要考虑防漏问题。为此,该泵在泵体与泵盖的结合处加入了垫片8,并在主动轴齿轮3的伸出端,用密封圈14、压盖7和螺母5加以密封。

(3) 分析装配关系、连接方式　分析清楚零件之间的配合关系和连接方式,能够进一步了解为保证实现部件的功能所采用的相应措施,以更加深入地了解部件。

1) 配合关系:小轴与从动齿轮孔之间为过盈配合(R7/h6),通过齿轮和轴的牢固连接,以保证齿轮的正常转动,实现其吸油、压油的功能。

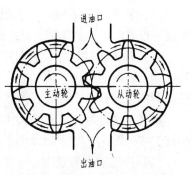

图8-17　油泵工作原理示意图

$\phi16H7/h6$ 为间隙配合,它采用了间隙配合中间隙为最小的方法,以保证轴在泵体、泵盖孔中既能转动,又可减小或避免轴的径向圆跳动。

另外一些配合代号和尺寸公差,请读者自行分析。

2) 连接方式:从图中可以看出,它是采取用两个圆柱销定位、用8个双头螺柱紧固的方法,将泵盖和压盖与泵体牢靠地连接在一起。

(4) 分析零件　分析零件一般可先从主要零件(泵体)开始,因为一些小的或次要的零件,往往在分析装配关系和分析主要零件的过程中,就可把它们的结构形状弄清楚了。分析零件时,应根据同一零件的剖面线在各个视图上的方向相同、间隔相等的规定,划定零件的投影范围,进而运用形体分析和线面分析的方法进行仔细推敲。

当某些零件的结构形状在装配图中表达不够完整时,可先分析相邻零件的结构形状,根据它和周围零件的关系及其作用,再来确定该零件的结构形状就比较容易了。有时还需参考零件图来加以分析,弄清零件的细小结构及其作用。

(5) 归纳总结　在以上分析的基础上,还要对技术要求和全部尺寸进行分析,并把部件的性能、结构、装配、操作、维修等几方面联系起来研究,进行总结归纳,这样对部件才能有一个全面的了解。

要看懂装配图,除掌握上面介绍的一般方法外,还必须具备有关的专业知识和机械常识。因此,还应通过后续课程的学习,不断提高看装配图的能力。

二、由装配图拆画零件图

在设计过程中,一般是先画出装配图,再根据装配图拆画零件图,这一环节称为拆图。拆图应在上述看懂装配图并弄清零件结构形状的基础上,按照零件图的内容和要求,画出其零件图。

下面仍以齿轮油泵为例,介绍拆图的相关知识。

1. 拆画零件图应注意的几个问题

(1) 完善零件结构　装配图主要是表达装配关系,有些零件的结构形状往往表达得不够完整,因此,在拆图时,应根据零件的功用加以设计、补充、完善。

(2) 重新选择表达方案　装配图的视图选择,是从表达装配关系和整个部件的情况考虑的,因此在选择零件的表达方案时,不应简单照搬,应根据零件的结构形状,按照零件图的视图选择原则重新考虑。但在多数情况下,尤其是箱体类零件的主视图方位与装配图还是一致的。一是它能够符合选择主视图的条件,二是在装配机器时也便于对照。对于轴套类零件,一般应按加工位置(轴线水平位置)选取主视图。

(3) 补全工艺结构 在装配图上，零件上的细小工艺结构，如倒角、圆角、退刀槽等往往予以省略，在拆图时，这些结构均应补全，并加以标准化。

(4) 补齐所缺尺寸，协调相关尺寸 装配图上的尺寸很少，所以拆图时必须补足所缺的尺寸。装配图已注出的尺寸，应将其直接注在相应零件图上。未注的尺寸，可由装配图上量取并按比例算出，数值可作适当圆整。

相邻零件接触面的有关尺寸和连接件的有关定位尺寸必须一致，拆图时应一并将它们注在相关零件图上。对于配合尺寸和重要的相对位置尺寸，应注出偏差数值。

(5) 确定表面粗糙度 零件上各表面的粗糙度是根据其作用和要求确定的。凡接触面与配合面的粗糙度要低些，而自由表面的粗糙度要高些。但有密封、耐磨蚀、美观等要求的表面粗糙度要低些。

(6) 注写技术要求 技术要求在零件图上占有重要地位，它直接影响零件的加工质量。但正确判定技术要求，涉及到许多专业知识，初学者可参照同类产品的相似零件图，用类比法确定。

2. 拆画零件图举例

下面以拆画齿轮油泵泵盖为例，介绍拆图的方法和步骤。

(1) 确定零件的结构形状 在图 8-16 中，泵盖通过主、俯视图已作了表达。由于在右视图中它被拆去未画，使其端面形状不明确。此时可根据泵盖在油泵中所起的作用及右视图中所表示的泵体端面形状予以确定，即二者接触面的形状及周边孔的数量与分布情况完全相同。

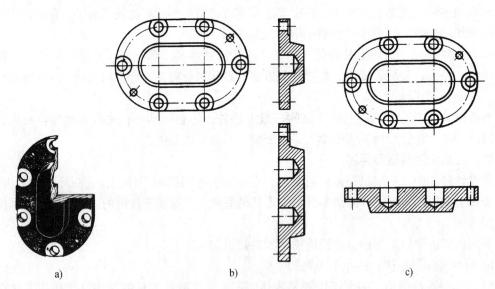

图 8-18 泵盖的表达方案选择

(2) 选择表达方案 该泵盖(图 8-18a)可有以下三种表达方案：一是将其从装配图上照搬，需用三个视图(主视图、俯视图、右视图或左视图)，如图 8-18b 所示；二是以此方案中的右视图作为主视图，再配以全剖的俯视图，如图 8-18c 所示；三是不考虑泵盖在装配图上的表达方法，而是根据其结构特点和加工方法重新确定表达方案，即将它归属为盘盖类零件，按其加工位置和常规位置选择主视图，并取全剖以表达内腔结构，再选一左视的外形图，以表达泵盖的端面形状和沉孔、销孔的分布情况，如图 8-19 所示。

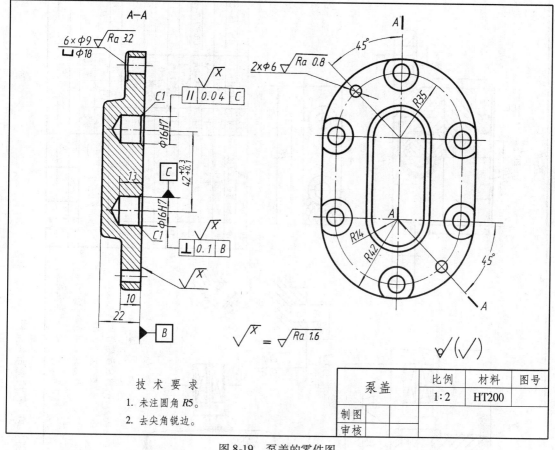

图 8-19 泵盖的零件图

总之，上述三种表达方案均可。但经过比较，显然选择后者更为合适。

例 8-3 看懂机用虎钳装配图（图 8-20），并回答问题。

看图要求：先看懂装配图，回答问题，然后再与"问题解答"相对照。

(1) 问题

1) 该装配体共由_____种零件组成。

2) 该装配图共有_____个图形。它们分别是_____，_____，_____，_____，_____，_____。

3) 断面图 C—C 的表达意图是什么？

4) 局部放大图的表达意图是什么？

5) 件 6 与件 9 是由_____连接的。

6) 件 9 螺杆与件 1 固定钳身左右两端的配合代号是什么？它们是表示_____制，_____配合。在零件图上标注右端的配合要求时，孔的标注方法是_____，轴的标注方法是_____。

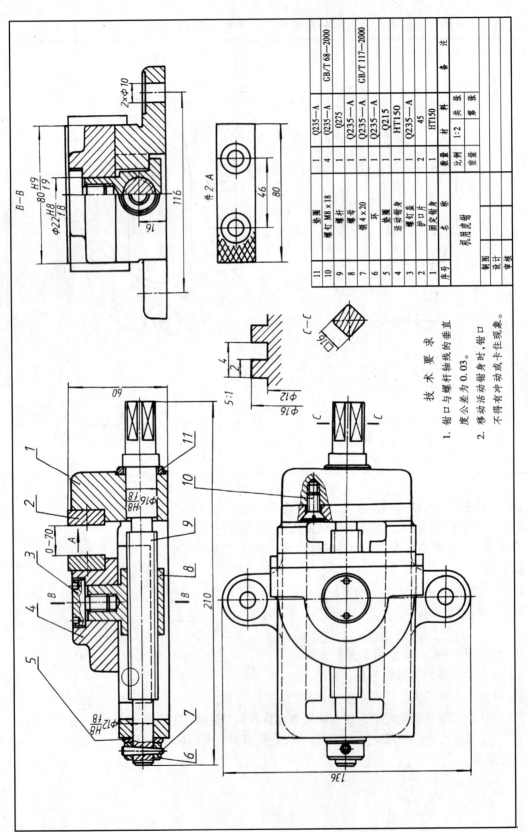

图 8-20 机用虎钳装配图

7) 件 4 活动钳身是靠件_____带动它运动的,件 4 和件 8 是通过件_____来固定的。

8) 件 3 上的两个小孔有什么用途?

9) 简述该装配体的装、拆顺序。

10) 总结机用虎钳的工作原理。

(2) 问题解答

1) 该装配体共由 <u>11</u> 种零件组成。

2) 该装配图共有 <u>6</u> 个图形。它们分别是 <u>全剖的主视图</u>、<u>半剖的左视图</u>、<u>局部剖的俯视图</u>、<u>移出断面图</u>、<u>局部放大图</u>、<u>单独表达零件 2 的 A 视图</u>。

3) 断面图 $C—C$ 是为了表达件 9 的右端形状,"□16" 表示断面各对边之间的距离均为 16,此为"16×16"的简化注法。

4) 局部放大图是为了表示螺纹牙型(方牙)及其尺寸等,这是非标准螺纹的表示方法。

5) 件 6 与件 9 是由<u>圆锥销</u>连接的。

6) 件 9 螺杆与件 1 固定钳身左右两端的配合代号分别是 $\phi 12 \frac{H8}{f8}$ 和 $\phi 16 \frac{H8}{f8}$,它们是表示<u>基孔制</u>、<u>间隙配合</u>。

在零件图上标注右端的配合要求时,孔的标注方法是 $\phi 16H8(^{+0.027}_{0})$ 或 $\phi 16H8$、$\phi 16^{+0.027}_{0}$;轴的标注方法是 $\phi 16f8(^{-0.016}_{-0.043})$ 或 $\phi 16f8$、$\phi 16^{-0.016}_{-0.043}$。

7) 件 4 活动钳身是靠 <u>8</u> 带动它运动的,件 4 和件 8 是通过件 <u>3</u> 来固定的。

8) 件 3 上的两个小孔,其用途是当需要旋入或旋出螺钉 3 时,要借助一工具上的两个销插入两小孔内,才能转动螺钉 3。

9) 该装配体的装配顺序是:

① 先将护口片 2,各用两个螺钉 10 装在固定钳身 1 和活动钳身 4 上。

② 将螺母 8 先放入固定钳身 1 的槽中,然后将螺杆 9(装上垫圈 11),旋入螺母 8 中;再将其左端装上垫圈 5、环 6,同时钻铰加工销孔,然后打入圆锥销 7,将环 6 和螺杆 9 连接起来。

③ 将活动钳身 4 跨在固定钳身 1 上,同时要对准并装入螺母 8 上端的圆柱部分,再拧上螺钉 3,即装配完毕。

该装配体的拆卸顺序与装配顺序相反。

10) 机用虎钳的工作原理如下:机用虎钳是装在机床上夹持工件用的。螺杆 9 由固定钳身 1 支承,在其尾部用圆锥销 7 把环 6 和螺杆 9 连接起来,使螺杆只能在固定钳身上转动。将螺母 8 的上部装在活动钳身 4 的孔中,依靠螺钉盖 3 把活动钳身 4 和螺母 8 固定在一起。当螺杆转动时,螺母便带动活动钳身作轴向移动,使钳口张开或闭合,把工件放松或夹紧。为避免螺杆在旋转时,其台肩和环同钳身的左右端面直接摩擦,又设置了垫圈 5 和 11。

机用虎钳的轴测图和分解轴测图见图 8-21。

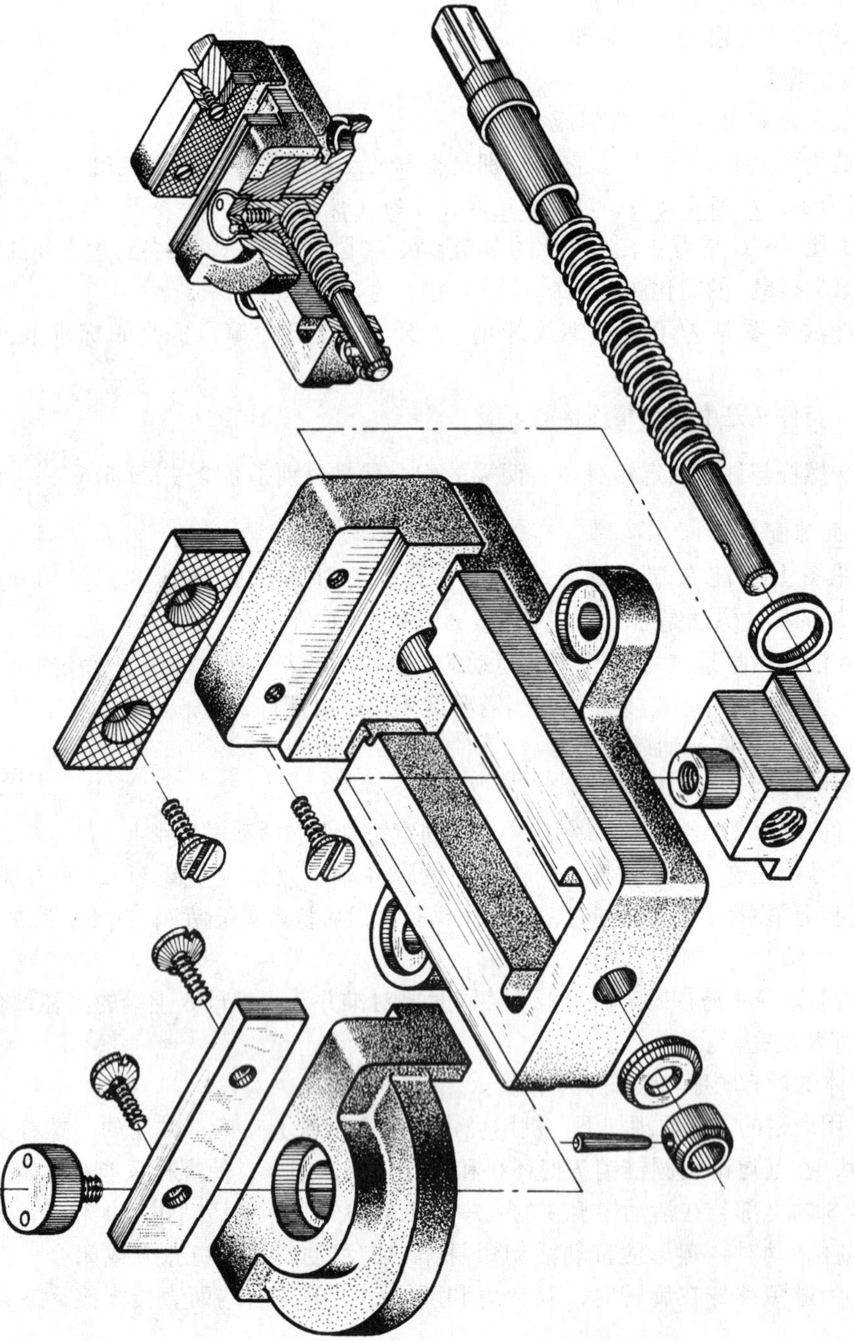

图 8-21 机用虎钳轴测图

第九章 计算机绘图

AutoCAD 是由美国 Autodesk 公司开发的计算机辅助设计软件，是 20 世纪 80 年代以来最引人注目的开放型人机对话交互式软件包，也是目前世界上应用最广的 CAD 软件之一。随着软件功能的不断完善，AutoCAD 已由原来的二维绘图而发展成二维和三维兼备的绘图技术，且可进行网上设计的多功能 CAD 软件系统。它不仅绘图速度快、精度高，还具有易于修改、管理和交流等特点。目前在机械、建筑、电子、航天、造船、石油化工、轻工、农业、气象等各个领域和科研设计等部门得以广泛应用。

本章将简要介绍 AutoCAD 2012 系统的主要绘图、编辑、图层管理、文本和表格、尺寸标注等基本功能。

第一节 AutoCAD 2012 的基本操作

一、启动 AutoCAD 2012

双击桌面上 AutoCAD 2012 中文版快捷图标，弹出如图 9-1 所示的 AutoCAD 2012 绘图界面。该绘图界面主要由标题栏、菜单栏、工具栏、文本窗口与命令行、绘图窗口和状态栏等几部分组成。

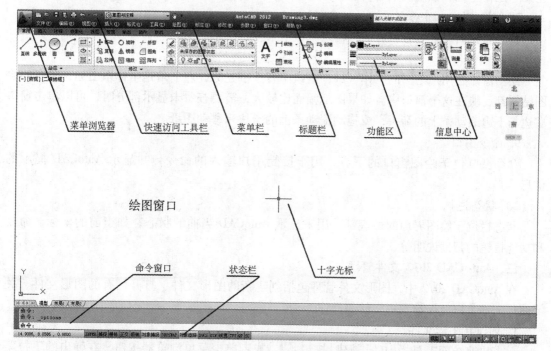

图 9-1 AutoCAD 2012 绘图界面

二、AutoCAD 2012 绘图界面

1. 标题栏

标题栏位于界面顶部的中间位置，用于显示当前正在运行的程序名及文件名等信息，如果是当前新建的图形文件尚未保存，则其名称为 DrawingN. dwg（N 表示数字，N = 1, 2, 3, …, 表示第 N 个默认图形文件）。

2. 菜单浏览器

单击绘图界面左上角的"菜单浏览器"按钮，则会弹出应用程序菜单，用于新建、打开、保存、打印文件的命令。

3. 快速访问工具栏

快速访问工具栏中有多个常用的命令：新建 、打开 、保存 、另存 、放弃 、重做 、打印 等。

4. 菜单栏

AutoCAD 2012 中文版的菜单栏由【文件】、【编辑】、【视图】等菜单组成，几乎包括了 AutoCAD 中全部的功能和命令。

5. 功能区

功能区由绘图、修改、图层等多个选项卡组成，每个选项卡的面板上包含许多控件（按钮）。

6. 工具栏

AutoCAD 2012 可通过选择菜单命令"工具/工作空间/工作空间设置"，选择"AutoCAD 经典"工作空间，该空间没有功能区命令按钮，取而代之的是绘图界面两侧的命令按钮。

7. 信息中心

在绘图界面的右上方，可通过输入关键字来搜索信息。

8. 绘图窗口

绘图窗口是用户绘图的工作区域，窗口中有十字光标，左下角是坐标系图标，所有的绘图结果都反映在这个窗口中。如果图纸幅面比较大，需要查看未显示部分时，可以单击窗口右边与下边滚动条上的箭头，或拖动滚动条上的滑块来移动图纸。

9. 命令窗口

命令窗口位于绘图窗口的下方，用于接受用户输入的命令，并显示 AutoCAD 提示的信息。

10. 状态栏

状态栏位于绘图界面的最底部，用来显示 AutoCAD 当前的状态，如当前的坐标、命令和功能按钮的帮助说明等。

三、AutoCAD 2012 文件管理

在 AutoCAD 2012 中，图形文件管理包括创建新的图形文件、打开已有的图形文件、关闭图形文件，以及保存图形文件等操作。

1. 创建新图形文件

单击快速访问工具栏中的【新建】按钮 ，或者单击菜单浏览器按钮，在弹出的下拉菜单中单击【新建】|【图形】按钮命令，即可新建一个空白图形文件，文件名称为 DrawingN. dwg（N 为系统根据文件创建的顺序给出的编号）。

2. 打开图形文件

在快速访问工具栏中，单击【打开】按钮，或者通过菜单栏中的【文件】|【打开】命令，在对话框的列表中选择要打开的文件，然后单击【打开】按钮，即可打开选中的图形文件。

3. 保存图形文件

在快速访问工具栏中，单击【保存】按钮，或者通过菜单栏中的【文件】|【保存】命令，保存当前正在编辑的图形文件，如果当前图形尚未命名，可输入该文件的名称，并选择保存路径和文件类型。

四、AutoCAD 2012 绘图设置

在实际绘图时，首先要设置基本的绘图环境，如设置绘图单位和精度、图形界限、线型、线宽、颜色等，以便顺利地完成绘图。

1. 设置绘图单位和精度

通过菜单栏中的【格式】|【单位】，打开图形单位对话框，如图9-2 所示。

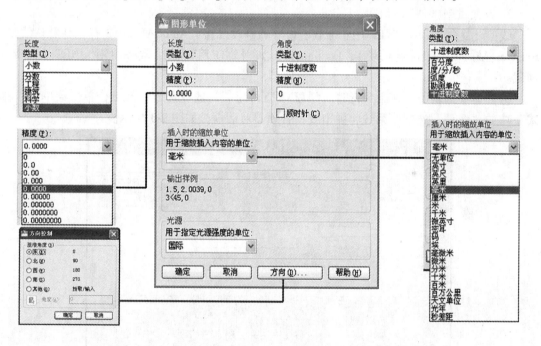

图9-2　图形单位对话框

各项说明如下：

1）在"长度"项目下，类型选择"小数"，"精度"选择0.00。

2）在"角度"项目下，类型选择"十进制度数"，精度选择0.0。系统默认逆时针方向为正角度方向。

3）在"插入时的缩放单位"项目下选择"毫米"，在命令行里输入直线的尺寸为1时，则表明直线长度为1毫米。

4）单击"方向"按钮，打开方向控制对话框，可以选择基准角度的起点方向，系统默认的基准角度是"东"。

2. 设置图形界限(LIMITS)

图形界限是一个矩形绘图区域，它标明用户的工作区域和图纸边界，设置绘图界限可以

避免绘制的图形超出图纸边界。

执行菜单栏中的【格式】|【图形界限】命令，在命令行分别输入绘图区域矩形左下角和右上角的坐标，即可设定图形界限。

在命令行执行 LIMITS ∠，命令行提示"指定左下角点或 [开(ON)/关(OFF)] <0.0000,0.0000>:"，回车接受默认值。命令行提示"指定右上角点 <420.0000, 297.0000>:"，输入新的坐标值是"297, 210 ∠"，则图形界限是横装 A4 号图纸幅面尺寸：长 297，宽 210。

在状态栏中单击"栅格"按钮，启用该功能，视图中显示出栅格点矩阵，栅格点的范围就是图形的界限。

命令行中的提示信息[开(ON)/关(OFF)]，如在其后输入"ON"，则打开界限检查，此时系统将检测输入点，拒绝输入图形界限外部的点，因此也无法在界限外创建图形。输入"OFF"，则关闭界限检查，系统不对输入点进行检测。

3. 设置线型(LINETYPE)

线型设置命令 LINETYPE 用于加载、设置和修改线型，AutoCAD 2012 有三种默认线型：ByLayer(随层)、ByLock(随块)、Continuous，如需要使用其他线型必须用 LINETYPE 命令加载。

(1) 命令的调用　在命令行输入"LINETYPE ∠"，或在命令状态下，单击菜单栏"格式"中的"线型"选项，系统将弹出线型管理器对话框，如图 9-3 所示。

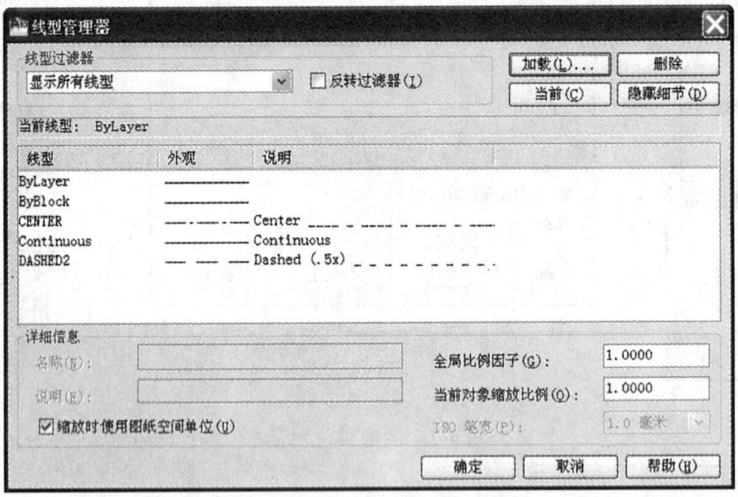

图 9-3　线型管理器

(2) 命令的说明　ByLayer（随层）：表示该图形对象的线型将取其所属图层的线型。ByLock(随块)：表示该图形对象的线型将取其所属块插入到图层中时的线型。

通过全局更改或分别更改每个对象的线型比例因子，可以以不同的比例使用同一种线型。默认情况下，全局线型和独立线型的比例均设置为 1.0。比例越小，每个绘图单位中生成的重复图案数越多。例如，设置为 0.5 时，每个图形单位在线型定义中显示两个重复图案。由于不能显示一个完整线型图案的短直线段将显示为连续线段，因此对于太短甚至不能显示一条虚线的直线，可以使用更小的线型比例。

4. 设置绘图颜色、线宽

命令状态下,单击菜单栏"格式"中的"颜色"或"线宽"选项,或者使用特性面板,如图 9-4 所示,都可以设置绘图所用的颜色、线宽等,如图 9-5 所示。

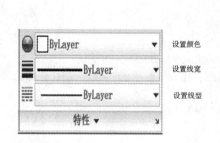

图 9-4　特性面板　　　　　　　　图 9-5　线宽设置

5. 设置视图显示

使用 AutoCAD 2012 绘图时,经常需要放大图形观察细节,或者缩小图形以观察全图,或者移动视图到某个位置,此时都需要用到视图显示控制命令,这些命令只改变图形在屏幕上的位移和大小,并不改变图形的实际尺寸。

(1) 平移视图和重生成　在菜单栏选择"视图/平移/实时"选项,光标变成手形,此时按住鼠标左键即可拖动图形移动。用户也可直接按住鼠标中间滑轮移动视图。

当多次移动图形后可能无法移动时,或需要刷新屏幕显示、清除屏幕上的标识点等,可在命令行状态下输入"REDRAW↙",从当前窗口重新生成整个图形。

(2) 缩放视图　在菜单栏选择"视图/缩放/窗口"选项,或在命令行执行 ZOOM↙,命令行提示"指定窗口的角点,输入比例因子(nX 或 nXP),或者[全部(A)/中心(C)/动态(D)/范围(E)/上一个(P)/比例(S)/窗口(W)/对象(O)] <实时>:",用户可输入不同的选项进行缩放操作。

6. 设置图层

图层是管理图形对象的工具,它相当于图纸绘图中使用的重叠图纸,每一张图纸可看作是一个图层,在每一个图层上可以单独绘图和编辑,设置不同的特性而不影响其他的图纸,重叠在一起又成为一幅完整的图形。

图层是图形中使用的主要组织工具。可以将图形、文字、标注等对象分别放在不同的图层中,并根据每个图层中图形的类别设置不同的线型、颜色及其他属性,还可以设置每个图层的可见性、冻结、锁定以及是否打印等。

创建图层的步骤和方法如下:

(1) 在功能区"图层"面板中单击"图层特性"按钮 ,或者在菜单栏选择"格式/图层"命令,打开"图层特性管理器"选项板,如图 9-6 所示。

(2) 单击"新建图层"按钮,在列表中即会自动生成一个名为"图层 1"的新图层,在新图层上可以设置图层的特性,如颜色、线型、线宽、打印等特性。

(3) 关闭"图层特性管理器"选项板,完成图层的定义。当需要在某个图层绘图时,在"图层"面板中单击图层的名称,即可把该图层设置为当前图层,其图层名称显示在列表最顶端。

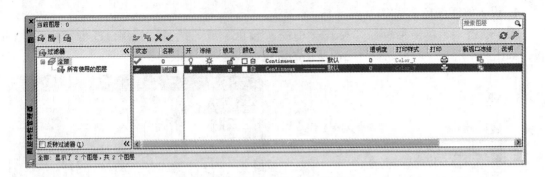

图 9-6　图层特性管理器

五、AutoCAD 2012 坐标系

AutoCAD 图形中各点的位置都是由坐标系来确定的。在 AutoCAD 2012 中，有两种坐标系：一个称为世界坐标系（WCS）的固定坐标系和一个称为用户坐标系（UCS）的可移动坐标系。

1. 世界坐标系（WCS）

在 WCS 中，X 轴是水平的，Y 轴是垂直的，Z 轴垂直于 XY 平面，该坐标系存在于任何一个图形中且不可更改。世界坐标系是 AutoCAD 的默认坐标系，显示在绘图窗口的左下角位置，其原点位置有一个方块标记。

2. 用户坐标系（UCS）

有时为了方便绘图，AutoCAD 允许用户根据需要改变坐标系的原点和方向，这时坐标系就变成用户坐标系（UCS）。在菜单栏【工具】|【新建 UCS】中设置，设置完成后，坐标轴原点位置的方块消失，表示用户当前的坐标系为 UCS。

3. 点坐标的输入

（1）绝对直角坐标格式："X，Y"（实际输入时不加双引号）　例：10，20　表示该点相对于原点 X 坐标为 10，Y 坐标为 20。

（2）相对直角坐标格式："@dx，dy"　"@"符号表示该坐标值为相对坐标（实际输入时不加双引号）。

例 9-1　@10，-20　表示该点与前一点的距离在 X 轴方向为 10，在 Y 轴方向为 -20。

（3）绝对极坐标格式："L<α"　L 表示该点距原点的连线长度，α 表示两点连线与当前坐标系 X 轴所成的角度。系统规定以 X 轴正向为基线，逆时针方向的角度为正值，顺时针方向的角度为负值。

例 9-2　10<30　表示该点相对于原点的距离为 10，与 X 轴正向的夹角为 30°。

（4）相对极坐标格式："@L<α" L 表示该点距前一点的连线长度，α 表示该点与前一点连线与当前坐标系 X 轴所成的角度。

例 9-3　@10<45　表示该点相对于前一点距离为 10，两点连线相对于 X 轴的夹角为 45°。

六、AutoCAD 2012 辅助绘图工具

在用 AutoCAD 绘制图形时，除了可以使用坐标系来精确设置点的位置，还可以直接使用鼠标在视图中单击确定点的位置。使用鼠标定位虽然方便，但精度不高，因此 AutoCAD

提供了捕捉、对象捕捉、对象追踪、栅格等辅助功能，在不输入坐标的情况下快速、精确地绘制图形。这些工具主要集中在状态栏上。

1. 正交绘图

在用 AutoCAD 绘图的过程中，经常需要绘制水平直线和垂直直线，但是用鼠标拾取线段的端点时很难保证两个点严格沿水平或垂直方向，为此，AutoCAD 提供了"正交"功能，当启用正交模式时，画线或移动对象时只能沿水平方向或垂直方向移动光标，因此只能画平行于坐标轴的正交线段。

在状态栏中单击"正交"按钮，可启用正交模式。也可用功能键 F8 来回切换。

2. 启用栅格和捕捉

栅格是一些标定位置的小点，遍布于整个图形界限内，用户可以应用显示栅格工具，使绘图区域上出现可见的网格，这个栅格能够捕捉光标，约束它只能落在栅格的某一个节点上，使用户能够高精确度地捕捉和选择这个栅格上的点。

执行菜单栏【工具】|【草图设置】，弹出栅格和捕捉设置窗口，如图 9-7 所示。

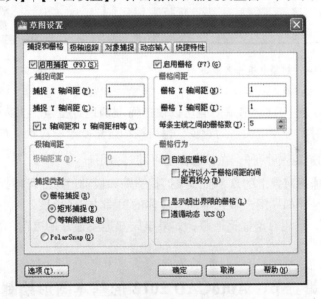

图 9-7　栅格和捕捉设置窗口

3. 对象捕捉

在绘图过程中，用户经常要用到一些特殊的点，例如圆心、切点、线段或圆弧的端点、中点等，如果仅靠视觉用鼠标拾取，要准确地找到这些点是十分困难的。为此，AutoCAD 提供了一些识别这些点的工具，通过这些工具可轻松地构造出新的几何体，这种功能称之为对象捕捉功能。利用该功能，可以迅速、准确地捕捉到某些特殊点，从而迅速、准确地绘制出图形。

AutoCAD 2012 常用的实现对象捕捉的方法：

（1）利用工具栏实现对象捕捉　执行菜单栏【工具】|【草图设置】，弹出对象捕捉设置窗口，选择"对象捕捉"，如图 9-8 所示。

（2）利用状态栏实现对象捕捉　用鼠标左键点击状态栏"对象捕捉"按钮，打开对象捕捉，或右键点击"对象捕捉"按钮，弹出图 9-9 所示的菜单，选择"启用"。

 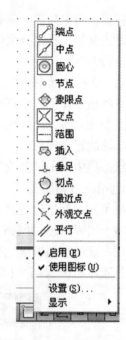

图 9-8 对象捕捉设置窗口　　　　图 9-9 对象捕捉菜单

4. 自动追踪

在 AutoCAD 中，使用自动追踪功能可以快速而准确地定位点，大大提高绘图效率。使用它可绘制与其他对象有特定关系的对象，也可按指定角度绘制对象。自动追踪功能分对象捕捉追踪和极轴追踪两种，在状态栏上可同时启用。

对象捕捉只能捕捉对象上的点，而对象捕捉追踪和极轴追踪还可捕捉对象以外空间上的一个点。具体用法是，如果用户事先不知道具体的追踪方向（角度），但知道与其他对象的某种关系（如相交），则用对象捕捉追踪；如果事先知道要追踪的方向（角度），则使用极轴追踪。

第二节　AutoCAD 2012 的基本图形绘制

一、绘制直线（LINE）

直线命令可以绘制一条或多条连续的线段，但每一条线段都是一个独立的图形对象，可以对任何一条线段单独进行编辑操作。

1. 直线命令的调用

可在功能区选择直线按钮 ∕ 或在命令行输入 LINE ↙。

2. 命令说明

只要给出两端点的坐标位置，直线命令即可完成一条线段的绘制。

3. 绘图示例

下面按点坐标的三种不同输入情况，根据绝对直角坐标格式、相对直角坐标格式、极坐标格式绘制线段。

1）单击绘制直线按钮 ∕，命令行提示："指定第一点："。

2）在命令行输入起点坐标"30，20"，按 < Enter > 键，创建直线的起点。

3）命令行提示"指定下一点或[放弃(U)]:"，输入终点坐标"70，40"，按 < Enter > 键，创建直线的终点，同时完成第一条线段的绘制。

4）以第一条线段的终点坐标(70,40)为起点，输入第二条线段终点的相对坐标"@15，-20"，按 < Enter > 键，创建直线的终点，完成第二条线段的绘制。

5）以第二条线段的终点为起点，输入第三条线段终点的极坐标"@40<30"，按 < Enter > 键，创建直线的终点，完成第三条线段的绘制。

6）按 < Enter > 键，结束直线命令的操作，绘出的三条线段如图9-10所示。

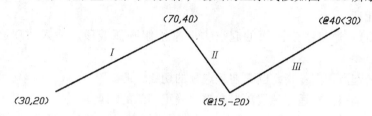

图 9-10　直线的绘制

二、绘制多段线（PLINE）

在 AutoCAD 中，多段线是指一种首尾相连的由直线段和圆弧组合而成的图形对象，可具有不同线宽。它们既可以一起编辑，也可以分开来编辑。

1. 多段线命令的调用

可在功能区选择多段线按钮⤴或在命令行输入 PLINE ↙。

2. 命令说明

（1）指定起点：

当前线宽为 0.0000

（2）指定下一个点或[圆弧(A)/半宽(H)/长度(L)/放弃(U)/宽度(W)]：指定点或输入选项，在绘图区的适当位置单击左键，指定多段线的下一点，从而绘制出一条线段。根据命令的提示，可以继续指定下一点，从而不断地绘制出由多段直线组成的多段线。

典型情况下，相邻多段线线段的交点将倒角。但在圆弧段互不相切、有非常尖锐的角或者使用点画线线型的情况下将不倒角。

（3）圆弧(A)　在命令提示行输入"A↙"，则多段线的下一段变成绘制圆弧段。命令行将提示：指定圆弧的端点或[角度(A)/圆心(CE)/方向(D)/半宽(H)/直线(L)/半径(R)/第二个点(S)/放弃(U)/宽度(W)]：指定圆弧的端点或指定一个选项。

1）指定圆弧的端点：通过指定一个圆弧的端点来绘制圆弧线段。该圆弧线段从多段线的上一段的终点开始绘制，并与上一段线相切。

2）角度(A)：通过指定从起点开始的圆弧包含的圆心角来绘制圆弧段。输入正值将按逆时针方向创建圆弧段，输入负值将按顺时针方向创建圆弧段。输入"A↙"，命令行将提示：

指定包含角：输入圆弧所对应的圆心角度。

指定圆弧的端点或[圆心(CE)/半径(R)]：指定圆弧的端点，或指定一个选项。

指定圆弧的端点：通过指定圆弧的端点来绘制圆弧线段。

圆心(CE)：通过指定圆弧的圆心来绘制圆弧线段。

半径(R)：通过指定圆弧的半径来绘制圆弧线段。

3）圆心(CE)：通过指定圆弧的圆心来绘制圆弧线段。输入"CE↙"，命令行将提示：

指定圆弧的圆心：在适当位置单击左键，确定圆弧的圆心。

指定圆弧的端点或[角度(A)/长度(L)]：指定圆弧的端点，或指定一个选项。

指定圆弧的端点：通过指定圆弧的端点来绘制圆弧线段。

角度(A)：通过指定从圆弧的圆心角来绘制圆弧线段。

长度(L)：通过指定圆弧的弦长来绘制圆弧线段。如果前一段是圆弧，则绘制的圆弧将与前一个圆弧相切。

4）方向(D)：通过指定圆弧的起点方向来绘制圆弧线段。输入"D↙"，命令行将提示：

指定圆弧的起点切向：指定圆弧在起点处的切线方向。

指定圆弧的端点：在适当位置单击左键，确定圆弧的端点。

5）半宽(H)：指从宽多段线段的中心到其一边的宽度。输入"H↙"，命令行提示：

指定起点半宽<0.0000>：输入圆弧起点处线的半宽值，或按<Enter>键使用默认值。

指定端点半宽<0.0000>：输入圆弧终点处线的半宽值，或按<Enter>键使用默认值。

起点半宽将成为默认的端点半宽。端点半宽在再次修改半宽之前将作为所有后续线段的统一半宽。宽线线段的起点和端点位于宽线的中心。

6）直线(L)：退出圆弧选项，返回到初始的直线绘制命令提示。

7）半径(R)：通过指定圆弧的半径来绘制圆弧线段。输入"R↙"，命令行将提示：

指定圆弧的半径：在适当位置单击左键，确定圆弧的半径，或输入圆弧的半径值。

指定圆弧的端点或[角度(A)]：指定圆弧的端点，或使用"角度(A)"选项。

8）第二个点(S)：指定三点圆弧的第二点和端点来绘制圆弧线段。输入"S↙"，命令行提示：

指定圆弧上的第二个点：在适当位置单击左键，确定圆弧的端点。

指定圆弧的端点：在适当位置单击左键，确定圆弧的端点。

9）放弃(U)：删除最近一次添加到多段线上的圆弧线段。

10）宽度(W)：指定下一圆弧段的宽度值。输入"W↙"，命令行将提示：

指定起点宽度<0.0000>：输入圆弧起点处线的宽度值，或按<Enter>键使用默认值。

指定端点宽度<0.0000>：输入圆弧终点处线的宽度值，或按<Enter>键使用默认值。

(4) 闭合(C)：使一条带圆弧线段的多段线闭合。

(5) 半宽(H)：指定多段线段的每一段起点和端点的半宽值。

(6) 长度(L)：以前一线段相同的角度，按指定长度绘制直线段。如果前一段为圆弧，将绘制一条直线段与圆弧段相切。

(7) 放弃(U)：删除最近一次添加到多段线上的直线段。

(8) 宽度(W)：指定多段线段的每一段起点和端点的宽度值。端点宽度在再次修改宽度之前将作为所有后续线段的统一宽度。宽线线段的起点和端点位于宽线的中心。

3. 绘图示例

绘制图9-11所示的多段线，具体步骤如下：

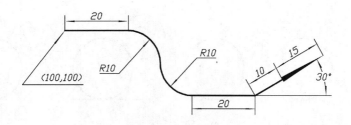

图 9-11　多段线的绘制

指定起点：100，100 ↙

当前线宽为 0.0000

指定下一个点或［圆弧(A)/半宽(H)/长度(L)/放弃(U)/宽度(W)］：@20，0 ↙

指定下一点或［圆弧(A)/闭合(C)/半宽(H)/长度(L)/放弃(U)/宽度(W)］：A ↙

指定圆弧的端点或［角度(A)/圆心(CE)/方向(D)/半宽(H)/直线(L)/半径(R)/第二个点(S)/放弃(U)/宽度(W)］：130，90 ↙

指定圆弧的端点或［角度(A)/圆心(CE)/方向(D)/半宽(H)/直线(L)/半径(R)/第二个点(S)/放弃(U)/宽度(W)］：140，80 ↙

指定圆弧的端点或［角度(A)/圆心(CE)/方向(D)/半宽(H)/直线(L)/半径(R)/第二个点(S)/放弃(U)/宽度(W)］：L ↙

指定下一点或［圆弧(A)/闭合(C)/半宽(H)/长度(L)/放弃(U)/宽度(W)］：@20，0 ↙

指定下一点或［圆弧(A)/闭合(C)/半宽(H)/长度(L)/放弃(U)/宽度(W)］：@10<30 ↙

指定下一点或［圆弧(A)/闭合(C)/半宽(H)/长度(L)/放弃(U)/宽度(W)］：W ↙

指定起点宽度<0.0000>：1.5 ↙

指定端点宽度<0.0000>：0 ↙

指定下一点或［圆弧(A)/闭合(C)/半宽(H)/长度(L)/放弃(U)/宽度(W)］：@15<30 ↙

指定下一点或［圆弧(A)/闭合(C)/半宽(H)/长度(L)/放弃(U)/宽度(W)］：↙，结束多段线的绘制，即可完成图 9-11 所示图形的绘制。

三、绘制圆(CIRCLE)

AutoCAD 中提供了多种绘制圆的方式。

1. 命令的调用

可在功能区选择画圆命令按钮 ⊙ 或在命令行输入 CIRCLE ↙。

2. 命令的说明

画圆有以下五种方式；可通过画圆命令按钮的下拉菜单分别得以实现。

1) 给定圆心和半径(或直径)画圆，如图 9-12a 所示。

2) 给定圆直径上的两个端点画圆，如图 9-12b 所示。

3) 给定圆周上的三个点画圆，如图 9-12c 所示。

4) 用指定半径画与两个对象相切的圆，如图 9-12d 所示。

5) 画与三个对象相切的圆，如图 9-12e 所示。

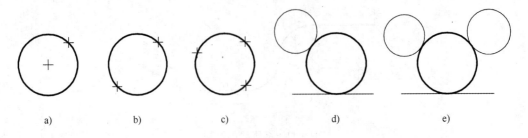

图 9-12 画圆的五种方式

3. 绘图示例

在正三角形内分别用"相切、相切、半径"和"相切、相切、相切"的方法绘制两个圆,如图 9-13 所示。

1)单击"相切、相切、半径"按钮⊙,将十字光标移至三角形的边上,分别单击三角形的 AC 边和 AB 边,命令行提示"指定圆的半径:",如输入"4↙",即可创建一个半径为 4mm 且相切于 AC 和 AB 边的小圆。

2)单击"相切、相切、相切"按钮⊙,将十字光标移至三角形的边上,显示出切点的捕捉标记,分别捕捉并单击三条边上的切点,创建一个与三角形三条边都相切的大圆。

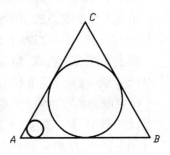

图 9-13 圆的绘图示例

四、绘制圆弧(ARC)

AutoCAD 2012 中提供了多种绘制圆弧的方法。

1. 命令的调用

可在功能区选择画圆弧命令⌒按钮或在命令行输入 ARC↙。

2. 命令的说明

要绘制圆弧,可以指定圆心、端点、起点、半径、角度、弦长和方向值的各种组合形式。

(1)三点 通过指定三点绘制圆弧是最常用的一种方法,指定的第一个点为圆弧的起点,第二个点为圆弧上任意一点,第三个点为圆弧的终点。

(2)起点、圆心、端点 首先指定圆弧的起点,然后指定圆心,最后指定圆弧的终点来绘制圆弧。

(3)起点、圆心、角度 首先指定圆弧的起点,然后指定圆心,最后指定圆弧所对应的圆心角度来绘制圆弧。正的角度按逆时针方向画圆弧,负的角度按顺时针方向画圆弧。

(4)起点、圆心、长度 首先指定圆弧的起点,然后指定圆心,最后指定圆弧所对应的弦长来绘制圆弧。该方法都是按逆时针方向画圆弧,只是正的弦长画的是小于 180°的圆弧,负的弦长画的是大于 180°的圆弧。

(5)起点、端点、角度 首先指定圆弧的起点,然后指定圆弧的终点,最后指定圆弧所对应的圆心角度来绘制圆弧。

(6)起点、端点、方向 首先指定圆弧的起点,然后指定圆弧的终点,最后指定圆弧起点的切向方向来绘制圆弧。

(7)起点、端点、半径 首先指定圆弧的起点,然后指定圆弧的终点,最后指定圆弧的半径来绘制圆弧。

(8) 圆心、起点、端点 首先指定圆弧的圆心，然后指定圆弧的起点，最后指定圆弧的终点来绘制圆弧。

(9) 圆心、起点、角度 首先指定圆弧的圆心，然后指定圆弧的起点，最后指定圆弧所对应的圆心角度来绘制圆弧。

(10) 圆心、起点、长度 首先指定圆弧的圆心，然后指定圆弧的起点，最后指定圆弧所对应的弦长来绘制圆弧。

(11) 继续 最近一次画出的直线或圆弧的终点将作为新圆弧的起点，并以其终点的切线方向作为新圆弧的起始方向，当指定圆弧的终点后，即可画出新圆弧。

3. 绘图示例

绘制图9-14所示的图形，具体步骤如下：

1) 调用画圆弧命令"起点、圆心、角度"，命令行提示如下：

_arc 指定圆弧的起点或[圆心(C)]：指定圆弧的起点A，单击左键。

指定圆弧的第二个点或[圆心(C)/端点(E)]：_c 指定圆弧的圆心"@0，6↙"。

指定圆弧的端点或[角度(A)/弦长(L)]：_a 指定包含角"180↙"，画出圆弧AB。

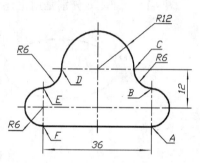

图9-14 圆弧绘图示例

2) 调用画圆弧命令"继续"，命令行提示如下：

指定圆弧的端点：@-6，6↙。

指定圆弧的另一端点(C点)，画出圆弧BC。

3) 调用画圆弧命令"起点、圆心、角度"，命令行提示如下：

_arc 指定圆弧的起点或[圆心(C)]：指定圆弧起点C。

指定圆弧的端点或[角度(A)/弦长(L)]：_a 指定包含角"180↙"，画出圆弧CD。

4) 调用画圆弧命令"继续"，命令行提示如下：

指定圆弧的另一端点(E点)：@-6，-6↙，画出圆弧DE。

5) 调用画圆弧命令"起点、圆心、长度"，命令行提示如下：

_arc 指定圆弧的起点或[圆心(C)]：指定圆弧起点E。

指定圆弧的第二个点或[圆心(C)/端点(E)]：_c 指定圆弧的圆心"@0，-6↙"。

指定圆弧的端点或[角度(A)/弦长(L)]：_l 指定弦长"12↙"，画出圆弧EF。

6) 调画直线命令LINE，连接FA。

五、绘制椭圆

1. 命令的调用

可在功能区选择画椭圆命令 ⊙ 按钮或在命令行输入Ellipse↙。

2. 命令的说明

创建椭圆的按钮有三种，默认情况下只显示"轴、端点"按钮 ⊙，其他按钮隐藏，单击其右侧的下拉按钮，其余两种也会一起显示，分别是"圆心"和"椭圆弧"按钮。

(1) 单击"轴、端点"按钮，命令行提示"指定椭圆的轴端点或[圆弧(A)/中心点(C)]:"，在视图中单击指定第一条轴的第一个端点，命令行提示"指定轴的另一个端点:"，在视图中单击指定第一条轴的第二个端点。命令行提示"指定另一条半轴长度或[旋转(R)]:"，单击确定长度，创建椭圆完成。

(2) 单击"圆心"按钮，也是通过三点来绘制椭圆。但指定一个点是中心点。

(3) 单击"椭圆弧"按钮，命令行提示与单击"轴、端点"画椭圆一样，只不过当椭圆创建完成后，命令行提示"指定起始角度或[参数(P)]:"和"指定终止角度或[参数(P)/包含角度(I)]:"，给定两个角度后，椭圆弧从起点到端点按逆时针方向绘制。

3. 绘图示例

图 9-15 a、b、c 分别是用上述三种方法绘制的椭圆(弧)。

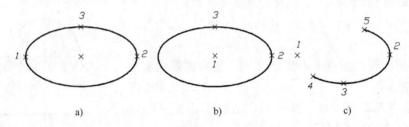

图 9-15 椭圆的三种绘制方式

六、绘制正多边形

1. 命令的调用

可在菜单栏选择"绘图/多边形"命令选项，或者在命令行输入 Polygon ↙。

2. 命令的说明

1) 输入边的数目：正多边形命令可以绘制由 3 到 1024 条边组成的正多边形。

2) 指定正多边形的中心点或[边(E)]：可通过中心点或边长两种方式绘制。

3) 给定中心点后，提示"输入选项[内接于圆(I)/外切于圆(C)] <I>:"。

4) 指定圆的半径：

内接于圆：指定圆的半径就是正多边形中心点至端点的距离，该正多边形的所有顶点都在此圆周上。

外切于圆：指定圆的半径就是正多边形中心点至各边线中点的距离，该正多边形的各边都与这个圆相切。

3. 绘图示例

绘制指定相同半径数值 16 的内接于圆的正六边形和外切于圆的正六边形。如图 9-16 所示，具体步骤如下：

1) 在菜单栏选择"绘图/多边形"命令选项，启动正多边形命令。

2) 命令行提示：

_polygon 输入侧面数 <4>:6 ↙。

指定正多边形的中心点或[边(E)]：单击一点确定正多边形的中心点位置。

输入选项[内接于圆(I)/外切于圆(C)] <I>:I↙，选择内接于圆的方式创建正多边形。

指定圆的半径：16↙，创建内接于圆的正六边形。

3）用同样方法，选"外切于圆（C）"，创建外切于圆的正六边形。

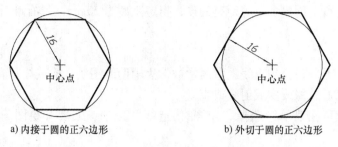

a) 内接于圆的正六边形　　　　b) 外切于圆的正六边形

图9-16　正六边形画法

七、绘制参照点和辅助线

1. 绘制参照点

点在 AuotCAD 中可以作为一个对象被创建，与直线、圆一样可以具有各种属性，并可被编辑。点在绘图中常常用来定位，作为对象捕捉的节点和相对偏移非常有用。更改点的样式，可使它们有更好的可见性，并更容易地与栅格点区分开。

（1）选择点的样式　点的样式有多种，可以根据习惯来设置。选择菜单栏的"格式/点样式"选项，弹出"点样式"对话框，显示出当前点的样式和大小，通过选择图标来更改并设置点的样式，如图9-17所示。

（2）绘制单点　在菜单栏选择"绘图/点/单点"选项，命令行提示"指定点"，输入点的坐标或单击鼠标左键即可创建一个点。

（3）绘制多点　在菜单栏选择"绘图/点/多点"选项，或展开绘图面板，单击"多点"按钮，即可在绘图区域连续单击绘制多个点。

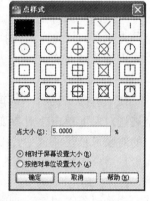

图9-17　点样式

（4）绘制定数等分点　定数等分是将所选对象等分成指定数目的相等长度，这个操作并不将对象实际等分为单独的对象，仅仅是标明定数等分的位置，以便将它们作为几何参考点。

在一个给定的圆上画一个五角星，即可用定数等分点命令创建点，结果如图9-18a所示。

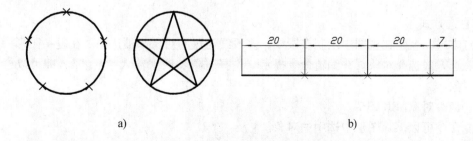

a)　　　　　　　　　　　　　　b)

图9-18　定数等分点和定距等分点

（5）绘制定距等分点　定距等分是将一个选定的对象，从一个端点开始，按指定的长度创建等分点。选定的对象的一个端点划分出相等的长度，等分对象的最后一段可能要比指定的间隔短。

在一条指定线段上创建多个等距离的点，指定距离为20mm，只有最后一段小于20mm，如图9-18b 所示。

2. 绘制构造线

构造线是一条无限延长的直线，它通常被作为辅助绘图线。构造线具有普通图形对象的各项属性，还可以通过修改变成射线或直线。

构造线的创建可在菜单栏选择"绘图/构造线"选项，或展开绘图面板，单击"构造线"按钮。

第三节　AutoCAD 2012 的基本编辑命令

利用绘图工具只能绘制一些基本图形对象，而一些复杂图形往往需经过反复的修改才能达到用户的要求，所以 AutoCAD 2012 提供了强大的图形管理功能，能够快速地编辑现有图形，以保证绘图的准确性，并简化绘图操作，从而极大地提高绘图效率。

一、选择编辑对象的方式

AutoCAD 执行编辑命令时，必须要选择编辑的对象，一般可选择对象再执行编辑命令，也可先执行编辑命令再选择对象。AutoCAD 2012 提供了多种选择编辑对象的方式，下面介绍常用的几种方法。

1. 点选方式

在编辑命令提示"选择对象"时，十字光标变成矩形，称为拾取框。移动拾取框光标至被选对象上单击，对象变成虚线形式显示，表示该对象被选中。再次单击其他对象，被单击的对象可被逐一选中，按 shift 键的同时单击被选中的对象可取消选择。这种方法适合选择少量或分散的对象。

2. 窗口方式

在编辑命令提示"选择对象"时，通过对角线的左侧和右侧两个端点来定义一个矩形框，该矩形框为蓝色的矩形区域，凡完全被矩形框包围的对象即被选中。

3. 窗交方式

在编辑命令提示"选择对象"时，通过对角线的右侧和左侧两个端点来定义一个矩形框，该矩形框为绿色的矩形区域，凡完全被矩形框包围的以及与矩形框相交的对象即被选中。

4. 栏选方式

栏选方式，就是在视图中绘制多段线，多段线经过的对象都被选中。在复杂图形中，可以使用栏选方式选择对象。在编辑命令提示"选择对象"时，输入"F↙"，即可以栏选方式选择对象。

二、删除对象（ERASE）

删除命令可以擦除图形中选中的对象。

1. 命令的调用

在功能区"修改"面板上单击"删除"按钮，或选择菜单命令"修改"中的"删除"选项,或在命令行输入"Erase↙"。

2. 命令说明

1) 结束选择对象时,删除命令也同时结束,并在屏幕上擦除该对象。

2) 删除对象时,也可在命令状态下,先选择对象,再按<Delete>键来删除选择的对象。

三、复制对象(COPY)

复制命令可以将图形中选定的对象复制到指定的位置。

1. 命令的调用

在功能区"修改"面板上单击"复制"按钮,或选择菜单命令"修改"中的"复制"选项,或在命令行输入"COPY↙"。

2. 命令的说明

复制命令在输入基点后,将进行连续的复制操作,要结束命令可直接按<Enter>键。

3. 绘图示例

绘制图 9-19 所示的图例。先绘出一个矩形,并连接左下角到右上角的对角线。以五等分对角线上左下角的的节点为圆心,绘制两个同心圆,然后再用复制的命令绘出右上角的同心圆。

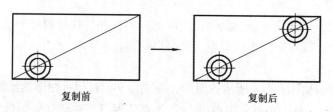

图 9-19　同心圆的复制

其操作方法如下:

命令: COPY↙

选择对象:用窗交方式选定矩形内左下角的圆(按<Shift>键去掉选定的对角线)。

指定基点或 [位移(D)/模式(O)] <位移>:指定同心圆的圆心为基点。

指定第二个点或 <使用第一个点作为位移>:选择矩形右上角的五等分点单击,复制同心圆。

指定第二个点或 [退出(E)/放弃(U)] <退出>:↙,结束复制命令。

四、移动对象(MOVE)

移动命令可以将图形中选定的对象移动到指定的位置。

1. 命令的调用

在功能区"修改"面板上单击"移动"按钮,或选择菜单命令"修改"中的"移动"选项,或在命令行输入"MOVE↙"。

2. 命令的说明

移动对象是指对象的重定位。可以在指定方向上按指定距离移动对象,对象的位置发生了改变,但方向和大小不改变。对象移动的距离与方向是以基点和第二点的连线为依据的。

3. 绘图示例

使用移动命令编辑图 9-20 左侧所示图形，使其矩形上边的所有图形从左端移到右端。

1）执行移动命令后，通过分别单击 P_1、P_2 点的窗交方式选择移动对象。

2）指定基点 A，指定位移的第二点 B，移动后的效果如图 9-20 右侧所示。

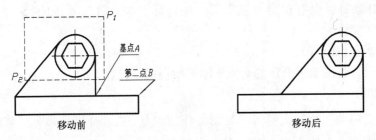

图 9-20　图形移动前后

五、镜像对象（MIRROR）

镜像命令可以将图形中选定的对象，以指定的直线为对称轴创建对称的镜像图像。

1. 命令的调用

在功能区"修改"面板上单击"镜像"按钮▲，或选择菜单命令"修改"中的"镜像"选项，或在命令行输入"MIRROR↙"。

2. 命令的说明

镜像命令中的镜像线是一条辅助线，实际上并不存在。执行命令完成后是看不到镜像线的，它是一条直线，既可以水平或垂直，又可以倾斜。

3. 绘图示例

使用镜像命令编辑图 9-21a 所示的图形，完成图 9-21b 所示图形的绘制。

1）执行镜像命令后，通过分别单击 P_1、P_2 点的窗口方式选择要镜像的对象。

2）通过两条水平线段的中点作为镜像线上的两点，指定了镜像线。最后提示"是否删除原对象？"，选择"N"来完成图 9-21 的绘制。

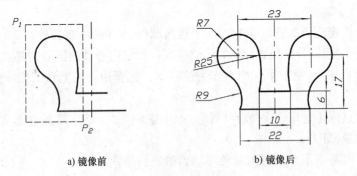

a）镜像前　　　　b）镜像后

图 9-21　图形的镜像

六、旋转对象（ROTATE）

旋转命令可以将图形中选定的对象以指定的中心点、角度进行旋转。

1. 命令的调用

在功能区"修改"面板上单击"旋转"按钮○，或选择菜单命令"修改"中的"旋转"选项，或在命令行输入"ROTATE↙"。

2. 命令的说明

旋转对象时，旋转角度值（0～360°）为原对象与目标位置之间的夹角，正值为逆时针方向旋转，负值为顺时针方向旋转。参照（R）表示将对象从指定角度旋转到绝对角度。

3. 绘图示例

使用旋转命令编辑图 9-22a 所示的图形，完成图 9-22b 的绘制。

1）执行旋转命令后，通过分别单击 P_1、P_2 点的窗交方式选择旋转对象。

2）指定小圆的圆心为基点，输入旋转的角度值"90"，即可完成图 9-22b 所示图形的绘制。

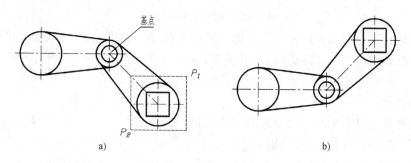

图 9-22 图形的旋转过程

七、修剪对象（TRIM）

修剪命令可以使选择的对象精确地终止于其他对象的边界。

1. 命令的调用

在功能区"修改"面板上单击"修剪"按钮，或选择菜单命令"修改"中的"修剪"选项，或在命令行输入"TRIM↙"。

2. 命令的说明

在 AutoCAD 2012 中，可以作为剪切边界的对象有直线、圆弧、圆、椭圆或椭圆弧、多段线、样条曲线、构造线、射线以及文字等。剪切边也可以同时作为被剪边。默认情况下，选择要修剪的对象（即选择被剪边），系统将以剪切边为界，将被剪切对象上位于拾取点一侧的部分剪切掉。如果按下 <Shift> 键，同时选择与修剪边不相交的对象，修剪边将变为延伸边界，将选择的对象延伸至与修剪边界相交。

3. 绘图示例

使用修剪命令来编辑图 9-23a 所示的原图，最终完成图 9-23c 所示图形的绘制。

1）执行修剪命令后，通过分别单击 P_1、P_2 点的窗交方式选择剪切边。

2）选择剪切的对象（图 9-23b），依次单击画"×"的部分，单击的对象被剪切掉，修剪后的效果如图 9-23c 所示。

八、拉伸对象（STRETCH）

拉伸命令可以将选择点的对象拉长或缩短一段距离。

1. 命令的调用

在功能区"修改"面板上单击"拉伸"按钮，或选择菜单命令"修改"中的"拉伸"选项，或在命令行输入"STRETCH↙"。

2. 命令的说明

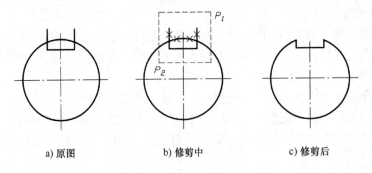

a) 原图　　　　b) 修剪中　　　　c) 修剪后

图9-23　图形的修剪过程

命令行提示"以交叉窗口或交叉多边形选择要拉伸的对象…",选择对象后,拉伸窗交窗口部分包围的对象,将移动(而不是拉伸)完全包含在窗交窗口中的对象或单独选定的对象。

3. 绘图示例

用拉伸命令完成图9-24所示从左图到右图图形的绘制。

1）执行拉伸命令后,通过分别单击 P_1、P_2 点的窗交方式选择拉伸对象。

2）指定基点或[位移(D)]＜位移＞：在图中单击指定一个基点位置。

3）指定第二个点或＜使用第一个点作为位移＞：输入坐标值或向右移动光标,单击指定第二个基点位置,所选对象被拉长。

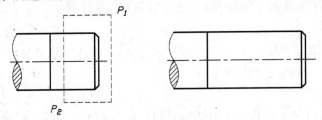

图9-24　图形的拉伸

第四节　AutoCAD 2012 的注释图形

一、图案填充

绘制机械制图中的剖视图和断面图,需要在不同的剖切面区域填充图案,得以区分不同的零部件或材料。

1. 命令的调用

在功能区"绘图"面板上单击"图案填充"按钮 ▦ ,或选择菜单命令"绘图"中的"图案填充"选项,或在命令行输入"BHATCH✓"。

2. 命令的说明

执行命令后,会弹出"图案填充创建"下拉子菜单,如图9-25所示。

（1）边界面板

1）拾取点：根据围绕指定点构成封闭区域的现有对象来确定边界。指定内部点时,可以随时在绘图区域中单击鼠标右键以显示包含多个选项的快捷菜单。

图 9-25 图案填充创建

2）选择：根据构成封闭区域的选定对象确定边界。选择对象时，可以随时在绘图区域单击鼠标右键以显示快捷菜单。可以利用此快捷菜单放弃最后一个或所有选定对象、更改选择方式、更改孤岛检测样式或预览图案填充或填充。

3）删除：从边界定义中删除之前添加的任何对象。

（2）图案面板　显示所有预定义和自定义图案的预览图像。

（3）特性面板

1）图案填充类型：指定是创建实体填充、渐变填充、预定义填充图案，还是创建用户定义的填充图案。

2）透明度：设定新图案填充或填充的透明度。

3）角度：指定图案填充或填充的角度。

4）间距：指定用户定义图案中的直线间距。仅当"图案填充类型"设定为"用户定义"时，此选项才可用。

（4）原点面板　控制填充图案生成的起始位置。

（5）选项面板　控制几个常用的图案填充或填充选项，如关联、注释性、特性匹配等。

（6）关闭面板　关闭图案填充创建。

3. 绘图示例

图 9-26 是通过图案填充绘制断面图和剖视图的图例。

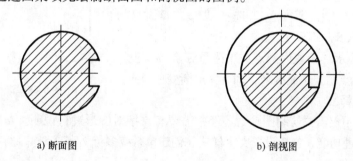

a) 断面图　　　　　　b) 剖视图

图 9-26　图案填充

1）在绘图面板单击"图案填充"按钮，弹出"图案填充创建"下拉子菜单。

2）在图案面板选择"USER"自定义图案选项，在特性面板设置角度值为"45"，间距为"1.5"，其余为默认值。

3）命令行提示"拾取内部点或 [选择对象(S)/设置(T)]:"，在填充区域用鼠标点击确认，即可完成断面图和剖视图的绘制。

4）关闭面板，退出图案填充。

二、渐变色填充

绘图过程中，有许多区域填充的不是图案，而是一种颜色。填充渐变颜色时，能够体现出光照在平面上而产生的过渡颜色效果。常使用渐变色填充在二维图形中表示实体。颜色与渐变色填充结合使用，能使客户更加容易地看清设计意图。

1. 命令的调用

在功能区"绘图"面板上单击"渐变色"按钮，或选择菜单命令"绘图"中的"渐变色"选项，或在命令行输入"GRADIENT↙"。

2. 命令的说明

执行命令后，会弹出"渐变色填充"下拉子菜单，如图9-27所示。

图9-27 创建渐变色填充

将显示以下选项：

（1）渐变图案 显示用于渐变填充的固定图案。这些图案包括线性扫掠状、球状和抛物面状图案。

（2）单色 指定使用从较深着色到较浅色调平滑过渡的单色填充。

（3）双色 指定在两种颜色之间平滑过渡的双色渐变填充。

（4）居中 指定对称的渐变配置。

（5）角度 指定渐变填充的角度。

（6）方向 指定渐变色的角度以及其是否对称。

3. 绘图示例

图9-28是用渐变色填充的绘图示例。

1）调用渐变色命令，设置为双色填充，渐变色1选择"237，237，237"，渐变色2选择"92，92，92"，填充图案选为"GR_INVCYL"。

2）命令行提示"拾取内部点或[选择对象(S)/设置(T)]："，用鼠标点击要填充区域，即可完成渐变色填充。

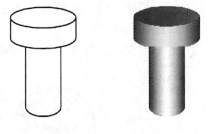

图9-28 渐变色填充

三、文字注释

在绘图时，不仅需要绘制图形，还经常需要有文字对图形进行说明。AutoCAD 2012 提供了强大的文字处理功能，包括设置文字样式、创建单行或多行文字、编辑文字等。

1. 设置文字样式

在文字注释前，首先要设置文字样式，文字样式是一组可随图形保存的文字设置的集合，这些设置包括文字的字体、字号、倾斜角度、方向和其他文字特征等。如果要使用其他文字样式来创建文字，可以将其他文字样式置为当前。

（1）命令的调用 在命令状态下，单击常用选项卡中的"注释"面板的名称，展开面板，显示隐藏的按钮，然后单击"文字样式"按钮，如图9-29所示。

（2）命令的说明 打开文字样式对话框，如图9-30所

图9-29 注释面板

示。各项含义如下:

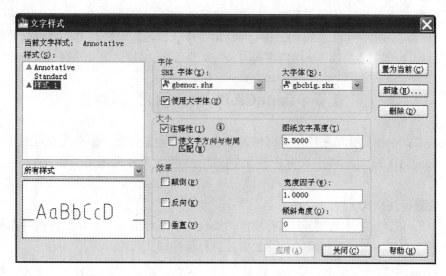

图 9-30 文字样式

1) 样式:列表框中列出了当前可以使用的文字样式,默认的样式为 Standard。

2) 字体:可以设置文字样式使用的字体、字高等属性。在"字体名"下拉列表框中可以选择符合国家制图标准的英文字体"gbenor. shx",在"高度"项目框下设置文字高度,当勾选"大字体"复选项时,用于指定亚洲语言的大字体文件。勾选"注释性"复选框,则注释文字可自动缩放。

3) 效果:可以设置文字的显示效果,如颠倒、反向、垂直显示等。

① 宽度因子:设置字符间距。输入小于 1.0 的值将压缩文字,输入大于 1.0 的值则放大文字。

② 倾斜角度:设置文字的倾斜角。输入一个 -85 和 85 之间的值将使文字倾斜。

2. 创建单行/多行文字

单行文字:是指每一行文字作为一个对象来进行编辑。通常一些简短的、不需要多种字体的内容采用单行文字来编辑。可以使用单行文字创建一行或多行文字,其中每行文字都是独立的对象,可对其进行重定位、调整格式或进行其他修改。

多行文字:是指多行文字对象包含一个或多个文字段落,可作为单一对象处理。可以通过输入或导入文字创建多行文字对象。通常用于创建较长或复杂的内容。

下面以单行文字的创建过程来说明。

(1) 命令的调用 在命令状态下,单击常用选项卡"注释"面板中的"单行文字"按钮 AI,或者选择菜单栏的"绘图/文字/单行文字"选项。

(2) 命令的说明 如果选择的文字样式设置了文字的高度,则在创建单行文字时,命令行不再提示输入文字高度。如果文字样式中的文字高度为 0,则创建单行文字时命令行会提示"指定图纸高度 <2.5000>:",用户可以输入高度数值,也可以单击另一个点,该点与起点之间的距离将定义为文字高度。

旋转的角度就是指以文字的起点为原点坐标,逆时针旋转的角度。

选择样式(S):重新指定文字样式,即文字的外观。

选择对正(J)：命令行会提示选择文字对正的方式，包括对齐、调整、中心、中间、右、左上、中上、右上、左中、正中、右中、左下、中下、右下。

输入单行文字时，可通过输入控制代码创建特殊字符，常用特殊符号的输入形式：％％c 绘制圆直径标注符号(φ)，％％d 绘制度符号（°），％％p 绘制正/负公差符号（±）。

第五节　AutoCAD 2012 的尺寸标注

在机械图样中，尺寸用来描述零部件的形状和相对位置大小，标注就是向图形中添加测量注释。AutoCAD 2012 提供了尺寸标注工具，用户可以为各种图形对象进行各个方向的标注。

一、设置标注样式

图纸中尺寸标注的格式和外观都有规范，如尺寸数字和箭头的大小等，这些都是由尺寸标注样式来控制的，所以进行尺寸标注之前要进行标注样式设置。

1）在"常用"选项卡下，单击"注释"面板名称。单击"标注样式"按钮 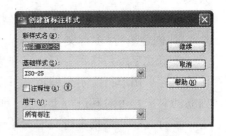，如图 9-29 所示，或者在菜单栏命令中选择"标注/标注样式"，系统将弹出"标注样式管理器"对话框，如图 9-31 所示。

2）单击"新建"按钮，打开"创建新标注样式"对话框，输入新样式的名称，默认为"副本 ISO-25"，如图 9-32 所示，单击"继续"按钮。

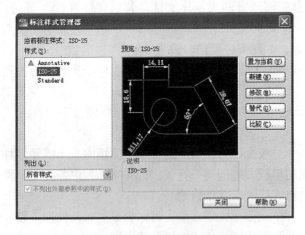

图 9-31　标注样式管理器　　　　　　　　图 9-32　创建新标注样式

3）打开"新建标注样式：副本 ISO-25"对话框，如图 9-33 所示。各选项卡含义如下：

① 线：用于设置尺寸标注的尺寸线和尺寸界线。
② 符号和箭头：用于设置尺寸标注的箭头和圆心的格式和位置。
③ 文字：用于设置尺寸标注文字的外观、位置和对齐方式。
④ 调整：用于设置尺寸标注文字和尺寸线的管理规则。
⑤ 主单位：用于设置尺寸标注主单位的格式和精度。
⑥ 换算单位：用于设置尺寸标注换算单位的格式和精度。
⑦ 公差：用于设置尺寸标注公差的格式。

图 9-33 新建标注样式

二、创建标注尺寸

1. 尺寸标注的类型

标注样式设置完成后,即可通过菜单栏"标注"选项中的各种标注类型进行标注。尺寸标注的类型有很多,AutoCAD 2012 提供了多种标注用以测量设计对象,下面介绍主要常用的尺寸标注类型。

(1) 线性标注 用于标注两点之间的水平和垂直距离或旋转的尺寸。

(2) 对齐标注 用于创建与指定位置或对象平行的标注。在测量斜线长度或非水平、非垂直距离时可以使用。

(3) 弧长标注 用于测量圆弧或多段线弧线段上的距离。为区别于线性标注和角度标注,弧长标注将显示一个圆弧符号"⌒"。

(4) 半径标注 用于测量圆和圆弧的半径尺寸。

(5) 直径标注 用于测量圆和圆弧的直径尺寸。

(6) 折弯的半径标注 当圆或圆弧的中心位于布局之外并且无法在其实际位置显示时,就需要创建折弯半径标注。

(7) 角度标注 用于测量标注两条直线或三个点之间的角度。

(8) 圆心标记 用于创建圆或圆弧的圆心标记或者中心线。

(9) 连续标注 连续标注是指首尾相连的尺寸标注。

(10) 基线标注 从上一个标注或选定标注的基线处创建线性标注、角度标注或坐标标注。

(11) 快速标注 从选定对象快速创建一系列标注。创建系列基线或连续标注,或者为一系列圆或圆弧创建标注时,此命令特别有用。

2. 尺寸标注绘图示例

为图9-34所示的图形进行尺寸标注，具体方法如下：

1）首先进行标注样式设置，将新建的标注样式设置成如下：尺寸界线的"超出尺寸线"设为"2.25"，"起点偏移量"设为"0"，圆心标记位置选"直线"，大小选"1.5"，文字对齐方式选"ISO标准"，主单位精度选"0"，其余为默认值。

2）选择"线性标注"标注水平和垂直的距离。

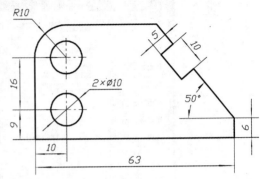

图9-34　尺寸标注

3）选择"对齐标注"标注斜线"10"和"5"的距离。

4）选择"圆心标记"标注出两个圆的中心线。

5）选择"半径标注"标注出图中圆弧的半径。

6）选择"直径标注"标注出圆的直径。

7）选择"角度标注"标注出斜面的角度。

第六节　AutoCAD 2012 的图形打印

当用户绘制完图形之后，一般需要进行图纸输出，AutoCAD 2012 可以使用多种方法输出。可以将图形打印在图纸上，也可以创建成文件以供其他应用程序使用。以上两种情况都需要进行打印设置。

绘图窗口中包括模型空间和图纸空间，模型空间是完成绘图和设计工作的工作空间，图纸空间代表图纸，可以在上面布局图形，也就是最终打印出来的图纸。这两个空间都可以打印出图形，但打印之前都必须进行页面设置等。对于简单的图形，用户可以直接在模型空间打印。以下为图形打印的具体步骤。

一、打印步骤

1）打开已有的图形文件或绘制完一幅新图之后，在界面左上角的快速访问工具栏中，单击打印按钮🖨，或在菜单栏选择"文件/打印"选项，打开"打印-模型"对话框，单击右下角"更多"按钮⊙，展开全部内容，如图9-35所示。

2）设置"打印-模型"对话框中的打印参数，如页面设置、打印机/绘图仪、图形尺寸、打印区域、打印偏移、打印比例及打印选项等。

3）设置完成后，可单击"打印－模型"对话框中的"预览"按钮，预览打印效果。

4）如果效果不满意，可单击"关闭预览窗口按钮"⊗，退出预览并返回到"打印-模型"对话框，重新设置打印参数。如果效果满意，单击"确定"按钮，即可完成图形的打印。

二、打印参数设置

（1）页面设置　显示当前页面设置的名称，使用页面设置为打印作业保存和重复使用设置，可以默认为"＜无＞"。

图 9-35 打印模型对话框

(2) 打印机/绘图仪　打印图形前，必须选择打印机或绘图仪的类型，选择的设备会影响图形的可打印区域。在选择打印设备之后，单击右侧的"特性"按钮，可以查看有关设备名称和位置的详细信息。

(3) 图纸尺寸　显示所选打印设备可用的标准图纸尺寸。当选择一个打印图纸尺寸之后，上面的局部预览图会精确显示图纸尺寸，其中的阴影区域是有效打印区域。

(4) 打印区域　选择打印范围。包括显示、窗口、范围、图形界限等四个选项，各选项的功能如下：

1) 显示：打印区域为当前绘图窗口中所显示的所有图形，没有显示的图形将不被打印。

2) 窗口：打印指定的矩形区域内的图形。当选择"窗口"选项，"窗口"按钮将成为可用按钮。单击"窗口"按钮以使用定点设备指定要打印区域的两个角点，或输入坐标值。

3) 范围：打印当前空间内所有图形，即按图形最大范围输出。

4) 图形界限：打印在图形界限内的图形。

(5) 打印比例　控制图形单位与打印单位之间的相对尺寸。打印布局时，默认缩放比例设置为 1:1。从"模型"选项卡打印时，默认设置为"布满图纸"。

1) 布满图纸：默认为勾选，此时系统将缩放打印图形以布满所选图纸尺寸。

2) 比例：定义打印的精确比例。

(6) 打印偏移　指定打印区域相对于可打印区域左下角或图纸边界的偏移。"打印"对话框的"打印偏移"区域显示了包含在括号中的指定打印偏移选项。如果勾选"居中打印"，系统将自动计算偏移值，在图纸上居中打印。

(7) 图形方向　设置图纸的方向。图纸图标代表所选图纸的介质方向，字母图标代表图形在图纸上的方向。

第七节　AutoCAD 2012 的绘图实例

一、绘制平面图形

例 9-1　按尺寸要求绘制垫片的平面图形(图 9-36a)

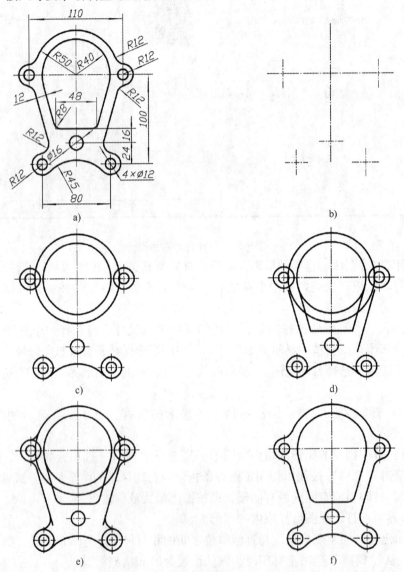

图 9-36　垫片的平面图形绘图步骤

因该图形左右对称,因此可采用镜像(MIRROR)命令提高绘图效率,绘图步骤如下:

1) 设置图层、文字标注样式、尺寸标注样式等。

2) 在中心线图层绘制定位基准线,其定位尺寸有 110、100、80、24 等,如图 9-36b 所示。

3）在轮廓线层先根据定形尺寸 R40、R50、R12、ϕ16、ϕ12 画圆（或圆弧），再使用圆命令（ARC）中的"相切、相切、半径"选项绘制 R45 的圆，然后使用修剪（TRIM）命令，将其修剪成 R45 的圆弧，如图 9-36c 所示。

4）通过 ϕ16 的圆心和尺寸 16 定位，绘制长度为 48 的线段。用直线（LINE）命令，以线段 48 的一个端点为起点，画出 R40 圆的切线，用偏移（OFFSET）命令画出相距 12 的平行线并延长，最后用镜像（MIRROR）命令画出线段 48 另一端点的两条平行线，如图 9-36d 所示。

5）使用圆命令（ARC）中的"相切、相切、半径"选项或圆角命令，完成多处圆角的光滑连接，如图 9-36e 所示。

6）使用修剪（TRIM）命令，裁剪掉所有多余的线段，完成垫片平面图形的绘制，如图 9-36f 所示。

二、绘制三视图

例 9-2 绘制图 9-37 所示的主、俯视图，并补画左视图。

从组合体的已知两视图可以看出，组合体上部八棱柱与矩形底板左右、前后对称，上下叠加，前后平齐。绘图步骤如下：

1. 设置图层、文字标注样式、尺寸标注样式等，在中心线图层绘制中心线

2. 抄画已知视图

1）根据所给尺寸，先用直线命令画出主视图的左半部分，再以中心线为镜像线，镜像生成主视图的右半部分。

2）根据主、俯视图"长对正"的投影关系，在适当位置确定八棱柱和底板的俯视图的长度、底板圆孔的圆心位置，再根据俯视图所给宽度尺寸，画出八棱柱和底板及圆孔的俯视图。

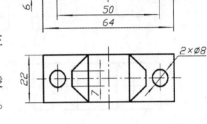

图 9-37　根据主、俯视图补画左视图

3. 画底板的左视图

1）先用射线命令在合适位置画出 45° 投影辅助线。

2）根据主、左视图"高平齐"和俯、左视图"宽相等"的投影关系，确定底板的左视图轮廓线，最后通过底板上的圆孔投影关系，用细虚线画出圆孔的左视图投射线，如图 9-38b 所示。

4. 画八棱柱的左视图

画出八棱柱的顶面、前后面及两侧棱线的左视图投影，如图 9-38c 所示。

5. 画正垂面截切八棱柱截交线的投影

1）求 1″、3″。正垂面与八棱柱左侧面的截交线，其 H 面投影是 1243（等腰梯形），V 面投影积聚为一条线。用直线（LINE）命令，开启对象捕捉和对象追踪功能，按"高平齐"的投影关系求出底边的 W 面投影 1″、3″。

2）用直线（LINE）命令连接 1″2″ 及 3″4″，最后用修剪（TRIM）命令裁剪掉多余线段，即完成图 9-38d 所示的左视图。

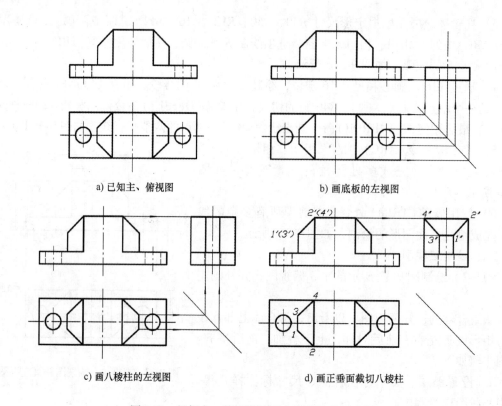

图 9-38 根据主、俯视图补画左视图的作图步骤

三、绘制剖视图

例 9-3 绘制图 9-39 所示的剖视图。

1) 设置图层、文字标注样式、尺寸标注样式等，在中心线图层绘制中心线。

2) 根据所给尺寸，用绘图和编辑命令分别画出底板、圆筒和肋板的主、俯视图，并将主视图修改成剖视图轮廓（注意主视图的肋板并非对称图形，俯视图为对称图形）。画图时可多调用偏移（OFFSET）、镜像（MIRROR）命令提高绘图效率和准确性。最后用绘图命令中的"样条曲线"，在主视图上画出局部剖视波浪线，如图 9-40a 所示。

3) 用图案填充命令画出主视图上两部分的剖面线，如图 9-40b 所示。

4) 用修剪命令（TRIM）裁剪掉多余线段，完成后的剖视图如图 9-40c 所示。

四、绘制零件图

例 9-4 绘制图 9-41 所示轴承座（比例 1:1，材料为 HT150）的零件图。

轴承座属于支架类零件，由支撑轴的空心圆柱及其用以固定在其他零件上的底座组成。该零件用了三个图形来表达，主视图表达零件大部分外形，并用局部剖视表达安装孔内形，左视图采用全剖视表达零件的内形，俯视图采用视图表达零件的外形。

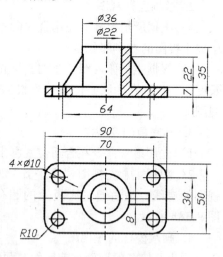

图 9-39 剖视图

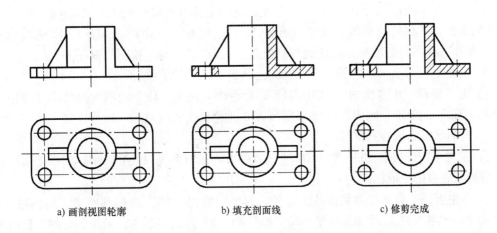

a) 画剖视图轮廓　　b) 填充剖面线　　c) 修剪完成

图 9-40　绘制剖视图过程

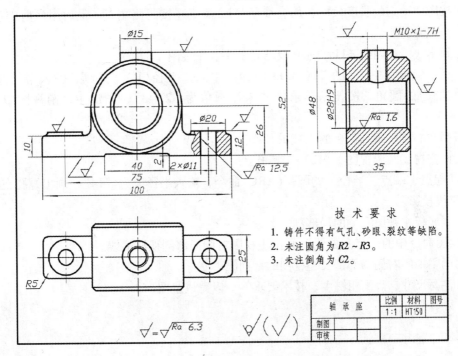

图 9-41　轴承座零件图

具体绘图步骤如下：

1) 设置图纸幅面、绘图比例、图层、文字标注样式、尺寸标注样式等。图层设有"辅助线层"、"中心线层"、"粗实线层"、"细实线层"等，每层设有不同的线型、线宽及颜色。

2) 画基准线。零件三个方向的主要基准分别是：长度基准和宽度基准为零件对称中心线，高度基准为零件下底面。

① 在"辅助线层"以正交的方式，用直线(LINE)命令画出主、左视图底板的底面线。
② 在"中心线层"，按图中所给尺寸绘制三个视图轴孔的中心线。

3) 画轴承座空心圆柱的三视图。

① 在"粗实线层",用画圆命令在主视图上画出 $\phi48$、$\phi28$ 及倒角 C2 的同心圆。

② 根据 $\phi48$ 圆的三视图,以宽度值为"35",用直线(LINE)、偏移(OFFSET)命令画出俯视图和左视图的矩形框,要做到与俯视图"长对正",与主视图"高平齐"。

③ 根据主视图上 $\phi28$ 的圆,在左视图上画出 $\phi28$ 孔轮廓线。

④ 用"编辑"中"倒角"(CHAMFER)命令中"距离(D)"选项,按技术要求中"未标注倒角 C2"的要求,画出 $\phi48$ 矩形框和 $\phi28$ 孔轮廓线的倒角。

4)画轴承座底板的三视图。

① 在"粗实线层",以长为"100"、宽为"25",用直线(LINE)、偏移(OFFSET)命令画出俯视图底板的矩形框。

② 在主视图上以底板的底面线为对象,以给定的值"10"为偏移距离,用偏移(OFFSET)命令画出底板的上面线。同样,以"12"和"2"为偏移距离,画出凸台的上面线和距离底板底面 2mm 的凹槽线。

③ 按图中给定的长度尺寸,用直线(LINE)命令连接两侧端点,最后用修剪(TRIM)命令裁剪掉多余线段。

④ 画出底板上两个 $\phi11$ 的通孔及凸台的主、俯视图。

⑤ 用"编辑"中"圆角"(FILLET)命令中"半径(R)"选项,输入半径值"5",画出俯视图中的圆角。按技术要求中"未注圆角为 R2~3",画出主、俯视图中的其余圆角。

5)画空心圆柱顶部凸台的三视图。

6)画左视图及俯视图上 M10×1 螺孔。

用"起点、端点、半径"的圆弧(ARC)命令,输入半径值为"14",画出螺孔在左视图中的相贯线投影。

7)画底板主视图右侧的局部剖。

用绘图命令中的"样条曲线"画出主视图右侧局部剖视波浪线。

8)画主视图右侧局部剖及左视图的剖面线。

9)注写尺寸、表面粗糙度、技术要求等,以完成全图。

附 录

附表 1 普通螺纹牙型、直径与螺距（摘自 GB/T 192—2003，GB/T 193—2003）（单位：mm）

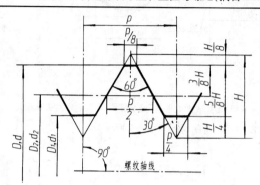

D——内螺纹基本大径（公称直径）
d——外螺纹基本大径（公称直径）
D_2——内螺纹基本中径
d_2——外螺纹基本中径
D_1——内螺纹基本小径
d_1——外螺纹基本小径
P——螺距
H——原始三角形高度

标记示例：
M10（粗牙普通外螺纹、公称直径 $d=10$、右旋、中径及大径公差带均为6g、中等旋合长度）
M10×1-LH（细牙普通内螺纹、公称直径 $D=10$、螺距 $P=1$、左旋、中径及小径公差带均为6H、中等旋合长度）

公称直径 D、d			螺距 P	
第一系列	第二系列	第三系列	粗牙	细牙
4	3.5		0.7	0.5
5			0.8	0.5
		5.5		
6			1	0.75
	7		1	0.75
8			1.25	1、0.75
		9	1.25	1、0.75
10			1.5	1.25、1、0.75
		11	1.5	1.5、1、0.75
12			1.75	1.25、1
	14		2	1.5、1.25、1
		15		1.5、1
16			2	1.5、1
		17		1.5、1
	18		2.5	2、1.5、1
20			2.5	2、1.5、1
	22		2.5	2、1.5、1
24			3	2、1.5、1
		25		1.5
		26		1.5
	27		3	2、1.5、1
		28		2、1.5、1
30			3.5	(3)、2、1.5、1
		32		2、1.5
	33		3.5	(3)、2、1.5
		35		1.5
36			4	3、2、1.5
		38		1.5
		39		3、2、1.5

注：M14×1.25 仅用于火花塞；M35×1.5 仅用于滚动轴承锁紧螺母。

附表2 六角头螺栓

(单位:mm)

六角头螺栓—C级(摘自 GB/T 5780—2000)

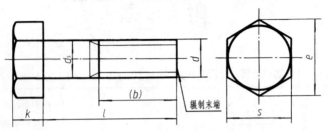

标记示例:

螺栓 GB/T 5780 M20×100

(螺纹规格 d = M20、公称长度 l = 100、性能等级为4.8级、不经表面处理、杆身半螺纹、C级的六角头螺栓)

六角头螺栓—全螺纹—C级(摘自 GB/T 5781—2000)

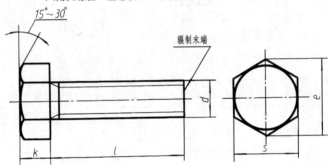

标记示例:

螺栓 GB/T 5781 M12×80

(螺纹规格 d = M12、公称长度 l = 80、性能等级为4.8级、不经表面处理、全螺纹、C级的六角头螺栓)

螺纹规格 d		M5	M6	M8	M10	M12	M16	M20	M24	M30	M36	M42	M48
b 参考	$l \leq 125$	16	18	22	26	30	38	40	54	66	78	—	—
	$125 < l \leq 200$	—	—	28	32	36	44	52	60	72	84	96	108
	$l > 200$	—	—	—	—	—	57	65	73	85	97	109	121
k 公称		3.5	4.0	5.3	6.4	7.5	10	12.5	15	18.7	22.5	26	30
s_{max}		8	10	13	16	18	24	30	36	46	55	65	75
e_{max}		8.63	10.9	14.2	17.6	19.9	26.2	33.0	39.6	50.9	60.8	72.0	82.6
$d_{s max}$		5.48	6.48	8.58	10.6	12.7	16.7	20.8	24.8	30.8	37.0	45.0	49.0
l 范围	GB/T 5780—2000	25~50	30~60	35~80	40~100	45~120	55~160	65~200	80~240	90~300	110~300	160~420	180~480
	GB/T 5781—2000	10~40	12~50	16~65	20~80	25~100	35~100	40~100	50~100	60~100	70~100	80~420	90~480
l 系列		10、12、16、20~50(5进位)、(55)、60、(65)、70~160(10进位)、180、220~500(20进位)											

注:1. 括号内的规格尽可能不用。末端按GB/T 2—2001规定。
    2. 螺纹公差:8g(GB/T 5780—2000);6g(GB/T 5781—2000);机械性能等级:4.6、4.8;产品等级:C。

附表3 1型六角螺母　　　　　　　（单位:mm）

Ⅰ型六角螺母—A和B级（摘自 GB/T 6170—2000）
Ⅰ型六角头螺母—细牙—A和B级（摘自 GB/T 6171—2000）
六角螺母—C级（摘自 GB/T 41—2000）

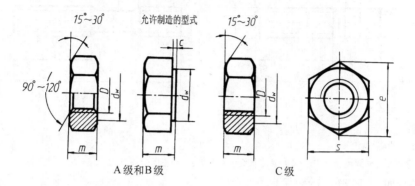

标记示例：

螺母　GB/T 41　M12

（螺纹规格 D = M12、性能等级为5级、不经表面处理、C级的Ⅰ型六角螺母）

螺母　GB/T 6171　M24×2

（螺纹规格 D = M24、螺距 P = 2、性能等级为10级、不经表面处理、B级的Ⅰ型细牙六角螺母）

螺纹规格	D	M4	M5	M6	M8	M10	M12	M16	M20	M24	M30	M36	M42	M48
	$D \times P$	—	—	—	M8×1	M10×1	M12×1.5	M16×1.5	M20×2	M24×2	M30×2	M36×3	M42×3	M48×3
c		0.4	0.5	0.5	0.6	0.6	0.6	0.6	0.8	0.8	0.8	1	1	1
S_{max}		7	8	10	13	16	18	24	30	36	46	55	65	75
e_{min}	A、B级	7.66	8.79	11.05	14.38	17.77	20.03	26.75	32.95	39.95	50.85	60.79	72.02	82.6
	C级	—	8.63	10.89	14.2	17.59	19.85	26.17	32.95	39.95	50.85	60.79	72.02	82.6
m_{max}	A、B级	3.2	4.7	5.2	6.8	8.4	10.8	14.8	18	21.5	25.6	31	34	38
	C级	—	5.6	6.1	7.9	9.5	12.2	15.9	18.7	22.3	26.4	31.5	34.9	38.9
$d_{w\,min}$	A、B级	5.9	6.9	8.9	11.6	14.6	16.6	22.5	27.7	33.2	42.7	51.1	60.6	69.4
	C级	—	6.9	8.7	11.5	14.6	16.5	22	27.7	33.2	42.7	51.1	60.6	69.4

注：1. P——螺距。

2. A级用于 $D \leqslant 16$ 的螺母；B级用于 $D > 16$ 的螺母；C级用于 $D \geqslant 5$ 的螺母。

3. 螺纹公差：A、B级为6H，C级为7H；机械性能等级：A、B级为6、8、10级，C级为4、5级。

附表 4　双头螺柱(摘自 GB/T 897 ~ 900—1988)　　　　　(单位:mm)

$b_m = 1d$(GB/T 897—1988)；　　　$b_m = 1.25d$(GB/T 898—1988)；　　　$b_m = 1.5d$(GB/T 899—1988)；

$b_m = 2d$(GB/T 900—1988)

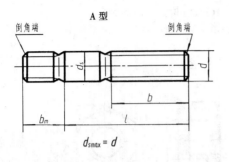
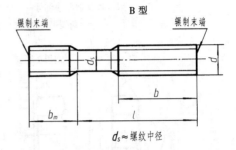

$d_{smax} = d$　　　　　　　　　　　　　　　　$d_s ≈$ 螺纹中径

标记示例：

螺柱　GB/T 900　M10×50

(两端均为粗牙普通螺纹、$d = 10$、$l = 50$、性能等级为 4.8 级、不经表面处理、B 型、$b_m = 2d$ 的双头螺柱)

螺柱　GB/T 900　AM10-10×1×50

(旋入机体一端为粗牙普通螺纹、旋螺母端为螺距 $P = 1$ 的细牙普通螺纹、$d = 10$、$l = 50$、性能等级为 4.8 级、不经表面处理、A 型、$b_m = 2d$ 的双头螺柱)

螺纹规格 d	b_m(旋入机体端长度)				l/b(螺柱长度/旋螺母端长度)				
	GB/T 897	GB/T 898	GB/T 899	GB/T 900					
M4	—	—	6	8	16~22 / 8	25~40 / 14			
M5	5	6	8	10	16~22 / 10	25~50 / 16			
M6	6	8	10	12	20~22 / 10	25~30 / 14	32~75 / 18		
M8	8	10	12	16	20~22 / 12	25~30 / 16	32~90 / 22		
M10	10	12	15	20	25~28 / 14	30~38 / 16	40~120 / 26	130 / 32	
M12	12	15	18	24	25~30 / 16	32~40 / 20	45~120 / 30	130~180 / 36	
M16	16	20	24	32	30~38 / 20	40~55 / 30	60~120 / 38	130~200 / 44	
M20	20	25	30	40	35~40 / 25	45~65 / 35	70~120 / 46	130~200 / 52	
(M24)	24	30	36	48	45~50 / 30	55~75 / 45	80~120 / 54	130~200 / 60	
(M30)	30	38	45	60	60~65 / 40	70~90 / 50	95~120 / 66	130~200 / 72	210~250 / 85
M36	36	45	54	72	65~75 / 45	80~110 / 60	120 / 78	130~200 / 84	210~300 / 97
M42	42	52	63	84	70~80 / 50	85~110 / 70	120 / 90	130~200 / 96	210~300 / 109
M48	48	60	72	96	80~90 / 60	95~110 / 80	120 / 102	130~200 / 108	210~300 / 121
l 系列	12、(14)、16、(18)、20、(22)、25、(28)、30、(32)、35、(38)、40、45、50、55、60、(65)、70、75、80、(85)、90、(95)、100~260(10 进位)、280、300								

注：1. 尽可能不采用括号内的规格。末端按 GB/T 2—2001 规定。

　　2. $b_m = 1d$，一般用于钢对钢；$b_m = (1.25 ~ 1.5)d$，一般用于钢对铸铁；$b_m = 2d$，一般用于钢对铝合金。

附表 5　螺钉（一）　　（单位：mm）

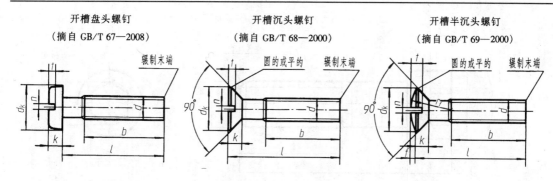

开槽盘头螺钉（摘自 GB/T 67—2008）
开槽沉头螺钉（摘自 GB/T 68—2000）
开槽半沉头螺钉（摘自 GB/T 69—2000）

（无螺纹部分杆径 ≈ 中径，或 = 螺纹大径）

标记示例：
螺钉　GB/T 67　M5×60
（螺纹规格 d = M5、l = 60、性能等级为 4.8 级、不经表面处理的开槽盘头螺钉）

螺纹规格 d	P	b_{min}	n 公称	f GB/T 69	r_f GB/T 67	k_{max} GB/T 68 GB/T 69	k_{max} GB/T 67	$d_{k\,max}$ GB/T 68 GB/T 69	$d_{k\,max}$ GB/T 67	t_{min} GB/T 67	t_{min} GB/T 68	t_{min} GB/T 69	l 范围 GB/T 67	l 范围 GB/T 68 GB/T 69	全螺纹时最大长度 GB/T 67	全螺纹时最大长度 GB/T 68 GB/T 69
M2	0.4	25	0.5	4	0.5	1.3	1.2	4	3.8	0.5	0.4	0.8	2.5~20	3~20	30	30
M3	0.5	25	0.8	6	0.7	1.8	1.65	5.6	5.5	0.7	0.6	1.2	4~30	5~30	30	30
M4	0.7	38	1.2	9.5	1	2.4	2.7	8	8.4	1	1	1.6	5~40	6~40	40	45
M5	0.8	38	1.2	9.5	1.2	3	2.7	9.5	9.3	1.2	1.1	2	6~50	8~50	40	45
M6	1	38	1.6	12	1.4	3.6	3.3	12	12	1.4	1.2	2.4	8~60	8~60	40	45
M8	1.25	38	2	16.5	2	4.8	4.65	16	16	1.9	1.8	3.2	10~80	10~80	40	45
M10	1.5	38	2.5	19.5	2.3	6	5	20	20	2.4	2	3.8	10~80	10~80	40	45

l 系列：2、2.5、3、4、5、6、8、10、12、(14)、16、20~50(5 进位)、(55)、60、(65)、70、(75)、80

注：螺纹公差：6g；机械性能等级：4.8、5.8；产品等级：A。

附表 6　螺钉（二）　　（单位：mm）

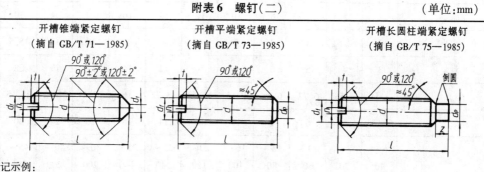

开槽锥端紧定螺钉（摘自 GB/T 71—1985）
开槽平端紧定螺钉（摘自 GB/T 73—1985）
开槽长圆柱端紧定螺钉（摘自 GB/T 75—1985）

标记示例：
螺钉　GB/T 71　M5×20
（螺纹规格 d = M5、公称长度 l = 20、性能等级为 14H 级、表面氧化的开槽锥端紧定螺钉）

螺纹规格 d	P	d_f	$d_{t\,max}$	$d_{p\,max}$	n 公称	t_{max}	Z_{max}	l 范围 GB/T 71	l 范围 GB/T 73	l 范围 GB/T 75
M2	0.4	螺纹小径	0.2	1	0.25	0.84	1.25	3~10	2~10	3~10
M3	0.5	螺纹小径	0.3	2	0.4	1.05	1.75	4~16	3~16	5~16
M4	0.7	螺纹小径	0.4	2.5	0.6	1.42	2.25	6~20	4~20	6~20
M5	0.8	螺纹小径	0.5	3.5	0.8	1.63	2.75	8~25	5~25	8~25
M6	1	螺纹小径	1.5	4	1	2	3.25	8~30	6~30	8~30
M8	1.25	螺纹小径	2	5.5	1.2	2.5	4.3	10~40	8~40	10~40
M10	1.5	螺纹小径	2.5	7	1.6	3	5.3	12~50	10~50	12~50
M12	1.75	螺纹小径	3	8.5	2	3.6	6.3	14~60	12~60	14~60

l 系列：2、2.5、3、4、5、6、8、10、12、(14)、16、20、25、30、35、40、45、50、(55)、60

注：螺纹公差：6g；机械性能等级：14H、22H；产品等级：A。

附表7 内六角圆柱头螺钉(摘自 GB/T 70.1—2008)　　　　(单位:mm)

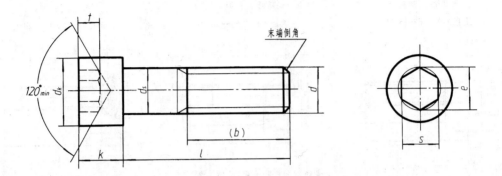

标记示例：

螺钉　GB/T 70.1　M5×20

(螺纹规格 d = M5、公称长度 l = 20、性能等级为8.8级、表面氧化的内六角圆柱头螺钉)

螺纹规格 d		M4	M5	M6	M8	M10	M12	(M14)	M16	M20	M24	M30	M36
螺距 P		0.7	0.8	1	1.25	1.5	1.75	2	2	2.5	3	3.5	4
b 参考		20	22	24	28	32	36	40	44	52	60	72	84
$d_{k\,max}$	光滑头部	7	8.5	10	13	16	18	21	24	30	36	45	54
	滚花头部	7.22	8.72	10.22	13.27	16.27	18.27	21.33	24.33	30.33	36.39	45.39	54.46
k_{max}		4	5	6	8	10	12	14	16	20	24	30	36
t_{min}		2	2.5	3	4	5	6	7	8	10	12	15.5	19
S 公称		3	4	5	6	8	10	12	14	17	19	22	27
e_{min}		3.44	4.58	5.72	6.86	9.15	11.43	13.72	16	19.44	21.73	25.15	30.35
$d_{s\,max}$		4	5	6	8	10	12	14	16	20	24	30	36
l 范围		6~40	8~50	10~60	12~80	16~100	20~120	25~140	25~160	30~200	40~200	45~200	55~200
全螺纹时最大长度		25	25	30	35	40	45	55	55	65	80	90	100
l 系列		6、8、10、12、(14)、(16)、20~50(5进位)、(55)、60、(65)、70~160(10进位)、180、200											

注：1. 括号内的规格尽可能不用。末端按 GB/T 2—2001 规定。

2. 机械性能等级：8.8、12.9。

3. 螺纹公差：机械性能等级8.8级时为6g，12.9级时为5g、6g。

4. 产品等级：A。

附表8 垫圈　　　　　　　　　　　　　　　　　　（单位：mm）

小垫圈——A级（摘自 GB/T 848—2002）
平垫圈——A级（摘自 GB/T 97.1—2002）
平垫圈　倒角型——A级（摘自 GB/T 97.2—2002）
平垫圈——C级（摘自 GB/T 95—2002）
大垫圈——A级（摘自 GB/T 96.1—2002）
特大垫圈——C级（摘自 GB/T 5287—2002）

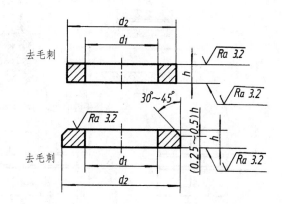

标记示例：

垫圈　GB/T 95　8

（标准系列、公称尺寸 $d=8$、性能等级为100HV级、不经表面处理的平垫圈）

垫圈　GB/T 97.2　8

（标准系列、公称规格8、硬度等级为200HV级、倒角型、不经表面处理的平垫圈）

公称尺寸 (螺纹规格) d	标准系列 GB/T 95 （C级）			标准系列 GB/T 97.1 （A级）			标准系列 GB/T 97.2 （A级）			特大系列 GB/T 5287 （C级）			大系列 GB/T 96.1 （A级）			小系列 GB/T 848 （A级）		
	d_{1min}	d_{2max}	h	d_{1min}	d_{2max}	h	d_{1min}	d_{2max}	h	d_{1min}	d_{2max}	h	d_{1min}	d_{2max}	h	d_{1min}	d_{2max}	h
4	—	—	—	4.3	9	0.8	—	—	—	—	—	—	4.3	12	1	4.3	8	0.5
5	5.5	10	1	5.3	10	1	5.3	10	1	5.5	18	2	5.3	15	1.2	5.3	9	1
6	6.6	12	1.6	6.4	12	1.6	6.4	12	1.6	6.6	22	2	6.4	18	1.6	6.4	11	1.6
8	9	16	1.6	8.4	16	1.6	8.4	16	1.6	9	28	3	8.4	24	2	8.4	15	1.6
10	11	20	2	10.5	20	2	10.5	20	2	11	34	3	10.5	30	2.5	10.5	18	1.6
12	13.5	24	2.5	13	24	2.5	13	24	2.5	13.5	44	4	13	37	3	13	20	2
14	15.5	28	2.5	15	28	2.5	15	28	2.5	15.5	50	4	15	44	3	15	24	2.5
16	17.5	30	3	17	30	3	17	30	3	17.5	56	5	17	50	3	17	28	2.5
20	22	37	3	21	37	3	21	37	3	22	72	5	22	60	4	21	34	3
24	26	44	4	25	44	4	25	44	4	26	85	6	26	72	5	25	39	4
30	33	56	4	31	56	4	31	56	4	33	105	6	33	92	6	31	50	4
36	39	66	5	37	66	5	37	66	5	39	125	8	39	110	8	37	60	5
42①	45	78	8	—	—	—	—	—	—	—	—	—	45	125	10	—	—	—
48①	52	92	8	—	—	—	—	—	—	—	—	—	52	145	10	—	—	—

注：1. A级适用于精装配系列，C级适用于中等装配系列。

2. C级垫圈没有 Ra3.2 和去毛刺的要求。

3. GB/T 848—2002 主要用于圆柱头螺钉，其他用于标准的六角螺栓、螺母和螺钉。

① 表示尚未列入相应产品标准的规格。

附表9 普通型平键及键槽各部尺寸(摘自 GB/T 1096—2003,GB/T 1095—2003) (单位:mm)

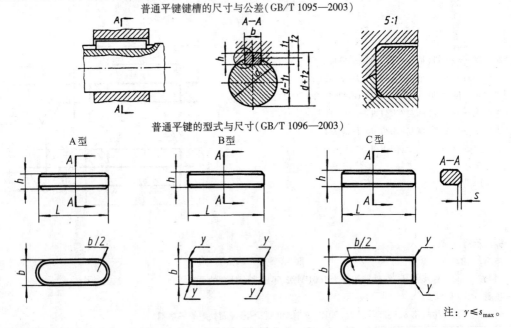

标记示例:

GB/T 1096 键 $16 \times 10 \times 100$ (普通 A 型平键、$b=16$、$h=10$、$L=100$)

GB/T 1096 键 $B16 \times 10 \times 100$ (普通 B 型平键、$b=16$、$h=10$、$L=100$)

GB/T 1096 键 $C16 \times 10 \times 100$ (普通 C 型平键、$b=16$、$h=10$、$L=100$)

轴	键		键槽										
			宽度 b					深 度				半 径 r	
公称直径 d	键尺寸 $b \times h$ (h8)(h11)	倒角或倒圆 s	基本尺寸 b	极限偏差				轴 t_1		毂 t_2			
				正常联结		紧密联结	松联结						
				轴 N9	毂 JS9	轴和毂 P9	轴 H9	毂 D10	基本尺寸	极限偏差	基本尺寸	极限偏差	min	max
>10~12	4×4	0.25~0.40	4	0 −0.030	±0.015	−0.012 −0.042	+0.030 0	+0.078 +0.030	2.5	+0.1 0	1.8	+0.1 0	0.08	0.16
>12~17	5×5		5						3.0		2.3			
>17~22	6×6		6						3.5		2.8		0.16	0.25
>22~30	8×7		8	0 −0.036	±0.018	−0.015 −0.051	+0.036 0	+0.098 +0.040	4.0		3.3			
>30~38	10×8		10						5.0		3.3			
>38~44	12×8	0.40~0.60	12						5.0		3.3			
>44~50	14×9		14	0 −0.043	±0.0215	−0.018 −0.061	+0.043 0	+0.120 +0.050	5.5		3.8		0.25	0.40
>50~58	16×10		16						6.0	+0.2 0	4.3	+0.2 0		
>58~65	18×11		18						7.0		4.4			
>65~75	20×12	0.60~0.80	20						7.5		4.9			
>75~85	22×14		22	0 −0.052	±0.026	−0.022 −0.074	+0.052 0	+0.149 +0.065	9.0		5.4		0.40	0.60
>85~95	25×14		25						9.0		5.4			
>95~110	28×16		28						10		6.4			

注:1. L 系列:6~22(2 进位)、25、28、32、36、40、45、50、56、63、70、80、90、100、110、125、140、160、180、200、220、250、280、320、360、400、450、500。

2. GB/T 1095—2003、GB/T 1096—2003 中无轴的公称直径一列,现列出仅供参考。

附表10　圆柱销(不淬硬钢和奥氏体不锈钢)(摘自 GB/T 119.1—2000)　(单位:mm)

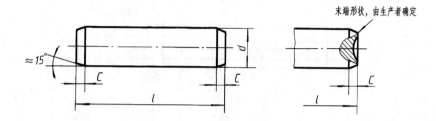

标记示例:

销　GB/T 119.1　6 m6×30

(公称直径 $d=6$、公差为 m6、公称长度 $l=30$、材料为钢、不经表面处理的圆柱销)

销　GB/T 119.1　10 m6×30—A1

(公称直径 $d=10$、公差为 m6、公称长度 $l=30$、材料为 A1 组奥氏体不锈钢、表面简单处理的圆柱销)

d(公称) m6/h8	2	3	4	5	6	8	10	12	16	20	25
$c\approx$	0.35	0.5	0.63	0.8	1.2	1.6	2	2.5	3	3.5	4
l范围	6~20	8~30	8~40	10~50	12~60	14~80	18~95	22~140	26~180	35~200	50~200
l系列(公称)	2、3、4、5、6~32(2 进位)、35~100(5 进位)、120~≥200(按 20 递增)										

附表11　圆锥销(摘自 GB/T 117—2000)　(单位:mm)

A 型(磨削)　　　　　　　　　　　B 型(切削或冷镦)

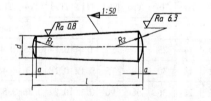 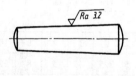

$$R_1 \approx d \qquad R_2 \approx \frac{a}{2}+d+\frac{(0.021)^2}{8a}$$

标记示例:

销　GB/T 117　10×60

(公称直径 $d=10$、长度 $l=60$、材料为 35 钢、热处理硬度 28~38HRC、表面氧化处理的 A 型圆锥销)

d公称	2	2.5	3	4	5	6	8	10	12	16	20	25
$a\approx$	0.25	0.3	0.4	0.5	0.63	0.8	1.0	1.2	1.6	2.0	2.5	3.0
l范围	10~35	10~35	12~45	14~55	18~60	22~90	22~120	26~160	32~180	40~200	45~200	50~200
l系列	2、3、4、5、6~32(2 进位)、35~100(5 进位)、120~200(20 进位)											

附表12 开口销(摘自 GB/T 91—2000)　　　　　　　　(单位:mm)

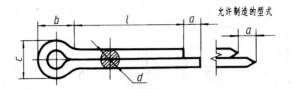

标记示例:

销 GB/T 91 5×50

(公称规格为5、公称长度 $l=50$、材料为低碳钢、不经表面处理的开口销)

d	公称	0.8	1	1.2	1.6	2	2.5	3.2	4	5	6.3	8	10	12
	max	0.7	0.9	1	1.4	1.8	2.3	2.9	3.7	4.6	5.9	7.5	9.5	11.4
	min	0.6	0.8	0.9	1.3	1.7	2.1	2.7	3.5	4.4	5.7	7.3	9.3	11.1
c_{max}		1.4	1.8	2	2.8	3.6	4.6	5.8	7.4	9.2	11.8	15	19	24.8
b		2.4	3	3	3.2	4	5	6.4	8	10	12.6	16	20	26
a_{max}		1.6			2.5			3.2		4			6.3	
$l_{范围}$		5~16	6~20	8~26	8~32	10~40	12~50	14~65	18~80	22~100	30~120	40~160	45~200	70~200
$l_{系列}$		4、5、6~32(2进位)、36、40~100(5进位)、120~200(20进位)												

注:销孔的公称直径等于 $d_{公称}$, d_{min} ≤ (销的直径) ≤ d_{max}。

附表13 标准公差数值(摘自 GB/T 1800.2—2009)

公称尺寸 /mm		标准公差等级																
大于	至	IT1	IT2	IT3	IT4	IT5	IT6	IT7	IT8	IT9	IT10	IT11	IT12	IT13	IT14	IT15	IT16	IT17	IT18
		μm											mm						
—	3	0.8	1.2	2	3	4	6	10	14	25	40	60	0.1	0.14	0.25	0.4	0.6	1	1.4
3	6	1	1.5	2.5	4	5	8	12	18	30	48	75	0.12	0.18	0.3	0.45	0.75	1.2	1.8
6	10	1	1.5	2.5	4	6	9	15	22	36	58	90	0.15	0.22	0.36	0.58	0.9	1.5	2.2
10	18	1.2	2	3	5	8	11	18	27	43	70	110	0.18	0.27	0.43	0.7	1.1	1.8	2.7
18	30	1.5	2.5	4	6	9	13	21	33	52	84	130	0.21	0.33	0.52	0.84	1.3	2.1	3.3
30	50	1.5	2.5	4	7	11	16	25	39	62	100	160	0.25	0.39	0.62	1	1.6	2.5	3.9
50	80	2	3	5	8	13	19	30	46	74	120	190	0.3	0.46	0.74	1.2	1.9	3	4.6
80	120	2.5	4	6	10	15	22	35	54	87	140	220	0.35	0.54	0.87	1.4	2.2	3.5	5.4
120	180	3.5	5	8	12	18	25	40	63	100	160	250	0.4	0.63	1	1.6	2.5	4	6.3
180	250	4.5	7	10	14	20	29	46	72	115	185	290	0.46	0.72	1.15	1.85	2.6	4.6	7.2
250	315	6	8	12	16	23	32	52	81	130	210	320	0.52	0.81	1.3	2.1	3.2	5.2	8.1
315	400	7	9	13	18	25	36	57	89	140	230	360	0.57	0.89	1.4	2.3	3.6	5.7	8.9
400	500	8	10	15	20	27	40	63	97	155	250	400	0.63	0.97	1.55	2.5	4	6.3	9.7

注:公称尺寸小于1mm时,无IT14至IT18。

附表14 滚动轴承

深沟球轴承
（摘自 GB/T 276—1994）

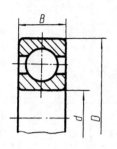

标记示例：

滚动轴承 6310 GB/T 276

圆锥滚子轴承
（摘自 GB/T 297—1994）

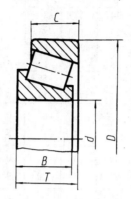

标记示例：

滚动轴承 30212 GB/T 297

推力球轴承
（摘自 GB/T 301—1995）

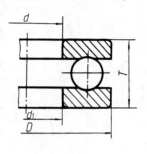

标记示例：

滚动轴承 51305 GB/T 301

轴承型号	尺寸/mm			轴承型号	尺寸/mm					轴承型号	尺寸/mm			
	d	D	B		d	D	B	C	T		d	D	T	d_1
尺寸系列〔(0)2〕				尺寸系列〔02〕						尺寸系列〔12〕				
6202	15	35	11	30203	17	40	12	11	13.25	51202	15	32	12	17
6203	17	40	12	30204	20	47	14	12	15.25	51203	17	35	12	19
6204	20	47	14	30205	25	52	15	13	16.25	51204	20	40	14	22
6205	25	52	15	30206	30	62	16	14	17.25	51205	25	47	15	27
6206	30	62	16	30207	35	72	17	15	18.25	51206	30	52	16	32
6207	35	72	17	30208	40	80	18	16	19.75	51207	35	62	18	37
6208	40	80	18	30209	45	85	19	16	20.75	51208	40	68	19	42
6209	45	85	19	30210	50	90	20	17	21.75	51209	45	73	20	47
6210	50	90	20	30211	55	100	21	18	22.75	51210	50	78	22	52
6211	55	100	21	30212	60	110	22	19	23.75	51211	55	90	25	57
6212	60	110	22	30213	65	120	23	20	24.75	51212	60	95	26	62
尺寸系列〔(0)3〕				尺寸系列〔03〕						尺寸系列〔13〕				
6302	15	42	13	30302	15	42	13	11	14.25	51304	20	47	18	22
6303	17	47	14	30303	17	47	14	12	15.25	51305	25	52	18	27
6304	20	52	15	30304	20	52	15	13	16.25	51306	30	60	21	32
6305	25	62	17	30305	25	62	17	15	18.25	51307	35	68	24	37
6306	30	72	19	30306	30	72	19	16	20.75	51308	40	78	26	42
6307	35	80	21	30307	35	80	21	18	22.75	51309	45	85	28	47
6308	40	90	23	30308	40	90	23	20	25.25	51310	50	95	31	52
6309	45	100	25	30309	45	100	25	22	27.25	51311	55	105	35	57
6310	50	110	27	30310	50	110	27	23	29.25	51312	60	110	35	62
6311	55	120	29	30311	55	120	29	25	31.50	51313	65	115	36	67
6312	60	130	31	30312	60	130	31	26	33.50	51314	70	125	40	72

注：圆括号中的尺寸系列代号在轴承代号中省略。

附表 15 常用配合轴的公差

代号 公称尺寸/mm		a	b	c	d	e	f	g	h					
大于	至	11	11	11	9	8	7	6	5	6	7	8	9	10
—	3	-270 -330	-140 -200	-60 -120	-20 -45	-14 -28	-6 -16	-2 -8	0 -4	0 -6	0 -10	0 -14	0 -25	0 -40
3	6	-270 -345	-140 -215	-70 -145	-30 -60	-20 -38	-10 -22	-4 -12	0 -5	0 -8	0 -12	0 -18	0 -30	0 -48
6	10	-280 -338	-150 -240	-80 -170	-40 -76	-25 -47	-13 -28	-5 -14	0 -6	0 -9	0 -15	0 -22	0 -36	0 -58
10	18	-290 -400	-150 -260	-95 -205	-50 -93	-32 -59	-16 -34	-6 -17	0 -8	0 -11	0 -18	0 -27	0 -43	0 -70
18	30	-300 -430	-160 -290	-110 -240	-65 -117	-40 -73	-20 -41	-7 -20	0 -9	0 -13	0 -21	0 -33	0 -52	0 -84
30	40	-310 -470	-170 -330	-120 -280	-80 -142	-50 -89	-25 -50	-9 -25	0 -11	0 -16	0 -25	0 -39	0 -62	0 -100
40	50	-320 -480	-180 -340	-130 -290										
50	65	-340 -530	-190 -380	-140 -330	-100 -174	-60 -106	-30 -60	-10 -29	0 -13	0 -19	0 -30	0 -46	0 -74	0 -120
65	80	-360 -550	-200 -390	-150 -340										
80	100	-380 -600	-220 -440	-170 -390	-120 -207	-72 -126	-36 -71	-12 -34	0 -15	0 -22	0 -35	0 -54	0 -87	0 -140
100	120	-410 -630	-240 -460	-180 -400										
120	140	-460 -710	-260 -510	-200 -450	-145 -245	-85 -148	-43 -83	-14 -39	0 -18	0 -25	0 -40	0 -63	0 -100	0 -160
140	160	-520 -770	-280 -530	-210 -460										
160	180	-580 -830	-310 -560	-230 -480										
180	200	-660 -950	-340 -630	-240 -530	-170 -285	-100 -172	-50 -96	-15 -44	0 -20	0 -29	0 -46	0 -72	0 -115	0 -185
200	225	-740 -1030	-380 -670	-260 -550										
225	250	-820 -1110	-420 -710	-280 -570										
250	280	-920 -1240	-480 -800	-300 -620	-190 -320	-110 -191	-56 -108	-17 -49	0 -23	0 -32	0 -52	0 -81	0 -130	0 -210
280	315	-1050 -1370	-540 -860	-330 -650										
315	355	-1200 -1560	-600 -960	-360 -720	-210 -350	-125 -214	-62 -119	-18 -54	0 -25	0 -36	0 -57	0 -89	0 -140	0 -230
355	400	-1350 -1710	-680 -1040	-400 -760										
400	450	-1500 -1900	-760 -1160	-440 -840	-230 -385	-135 -232	-68 -131	-20 -60	0 -27	0 -40	0 -63	0 -97	0 -155	0 -250
450	500	-1650 -2050	-840 -1240	-480 -880										

极限偏差表（摘自 GB/T 1800.2—2009） （单位：μm）

等级		js	k	m	n	p	r	s	t	u	v	x	y	z
11	12	6	6	6	6	6	6	6	6	6	6	6	6	6
0 −60	0 −100	±3	+6 0	+8 +2	+10 +4	+12 +6	+16 +10	+20 +14	—	+24 +18	—	+26 +20	—	+32 +26
0 −75	0 −120	±4	+9 +1	+12 +4	+16 +8	+20 +12	+23 +15	+27 +19	—	+31 +23	—	+36 +28	—	+43 +35
0 −90	0 −150	±4.5	+10 +1	+15 +6	+19 +10	+24 +15	+28 +19	+32 +23	—	+37 +28	—	+43 +34	—	+51 +42
0 −110	0 −180	±5.5	+12 +1	+18 +7	+23 +12	+29 +18	+34 +23	+39 +28	—	+44 +33	— +50 +39	+51 +40 +56 +45	—	+61 +50 +71 +60
0 −130	0 −210	±6.5	+15 +2	+21 +8	+28 +15	+35 +22	+41 +28	+48 +35	— +54 +41	+54 +41 +61 +48	+60 +47 +68 +55	+67 +54 +77 +64	+76 +63 +88 +75	+86 +73 +101 +88
0 −160	0 −250	±8	+18 +2	+25 +9	+33 +17	+42 +26	+50 +34	+59 +43	+64 +48 +70 +54	+76 +60 +86 +70	+84 +68 +97 +81	+96 +80 +113 +97	+110 +94 +130 +114	+128 +112 +152 +136
0 −190	0 −300	±9.5	+21 +2	+30 +11	+39 +20	+51 +32	+60 +41 +62 +43	+72 +53 +78 +59	+85 +66 +94 +75	+106 +87 +121 +102	+121 +102 +139 +120	+141 +122 +165 +146	+163 +144 +193 +174	+191 +172 +229 +210
0 −220	0 −350	±11	+25 +3	+35 +13	+45 +23	+59 +37	+73 +51 +76 +54	+93 +71 +101 +79	+113 +91 +126 +104	+146 +124 +166 +144	+168 +146 +194 +172	+200 +178 +232 +210	+236 +214 +276 +254	+280 +258 +332 +310
0 −250	0 −400	±12.5	+28 +3	+40 +15	+52 +27	+68 +43	+88 +63 +90 +65 +93 +68	+117 +92 +125 +100 +133 +108	+147 +122 +159 +134 +171 +146	+195 +170 +215 +190 +235 +210	+227 +202 +253 +228 +277 +252	+273 +248 +305 +280 +335 +310	+325 +300 +365 +340 +405 +380	+390 +365 +440 +415 +490 +465
0 −290	0 −460	±14.5	+33 +4	+46 +17	+60 +31	+79 +50	+106 +77 +109 +80 +113 +84	+151 +122 +159 +130 +169 +140	+195 +166 +209 +180 +225 +196	+265 +236 +287 +258 +313 +284	+313 +284 +339 +310 +369 +340	+379 +350 +414 +385 +454 +425	+454 +425 +499 +470 +549 +520	+549 +520 +604 +575 +669 +640
0 −320	0 −520	±16	+36 +4	+52 +20	+66 +34	+88 +56	+126 +94 +130 +98	+190 +158 +202 +170	+250 +218 +272 +240	+347 +315 +382 +350	+417 +385 +457 +425	+507 +475 +557 +525	+612 +580 +682 +650	+742 +710 +822 +790
0 −360	0 −570	±18	+40 +4	+57 +21	+73 +37	+98 +62	+144 +108 +150 +114	+226 +190 +244 +208	+304 +268 +330 +294	+426 +390 +471 +435	+511 +475 +566 +530	+626 +590 +696 +660	+766 +730 +856 +820	+936 +900 +1036 +1000
0 −400	0 −630	±20	+45 +5	+63 +23	+80 +40	+108 +68	+166 +126 +172 +132	+272 +232 +292 +252	+370 +330 +400 +360	+530 +490 +580 +540	+635 +595 +700 +660	+780 +740 +860 +820	+960 +920 +1040 +1000	+1140 +1100 +1290 +1250

附表 16 常用配合孔的极限

代号		A	B	C	D	E	F	G	H					
公称尺寸/mm									公差					
大于	至	11	11	11	9	8	8	7	6	7	8	9	10	11
—	3	+330 +270	+200 +140	+120 +60	+45 +20	+28 +14	+20 +6	+12 +2	+6 0	+10 0	+14 0	+25 0	+40 0	+60 0
3	6	+345 +270	+215 +140	+145 +70	+60 +30	+38 +20	+28 +10	+16 +4	+8 0	+12 0	+18 0	+30 0	+48 0	+75 0
6	10	+370 +280	+240 +150	+170 +80	+76 +40	+47 +25	+35 +13	+20 +5	+9 0	+15 0	+22 0	+36 0	+58 0	+90 0
10	14	+400 +290	+260 +150	+205 +95	+93 +50	+59 +32	+43 +16	+24 +6	+11 0	+18 0	+27 0	+43 0	+70 0	+110 0
14	18	+400 +290	+260 +150	+205 +95	+93 +50	+59 +32	+43 +16	+24 +6	+11 0	+18 0	+27 0	+43 0	+70 0	+110 0
18	24	+430 +300	+290 +160	+240 +110	+117 +65	+73 +40	+53 +20	+28 +7	+13 0	+21 0	+33 0	+52 0	+84 0	+130 0
24	30	+430 +300	+290 +160	+240 +110	+117 +65	+73 +40	+53 +20	+28 +7	+13 0	+21 0	+33 0	+52 0	+84 0	+130 0
30	40	+470 +310	+330 +170	+280 +120	+142 +80	+89 +50	+64 +25	+34 +9	+16 0	+25 0	+39 0	+62 0	+100 0	+160 0
40	50	+480 +320	+340 +180	+290 +130	+142 +80	+89 +50	+64 +25	+34 +9	+16 0	+25 0	+39 0	+62 0	+100 0	+160 0
50	65	+530 +340	+380 +190	+330 +140	+174 +100	+106 +60	+76 +30	+40 +10	+19 0	+30 0	+46 0	+74 0	+120 0	+190 0
65	80	+550 +360	+390 +200	+340 +150	+174 +100	+106 +60	+76 +30	+40 +10	+19 0	+30 0	+46 0	+74 0	+120 0	+190 0
80	100	+600 +380	+440 +220	+390 +170	+207 +120	+126 +72	+90 +36	+47 +12	+22 0	+35 0	+54 0	+87 0	+140 0	+220 0
100	120	+630 +410	+460 +240	+400 +180	+207 +120	+126 +72	+90 +36	+47 +12	+22 0	+35 0	+54 0	+87 0	+140 0	+220 0
120	140	+710 +460	+510 +260	+450 +200	+245 +145	+148 +85	+106 +43	+54 +14	+25 0	+40 0	+63 0	+100 0	+160 0	+250 0
140	160	+770 +520	+530 +280	+460 +210	+245 +145	+148 +85	+106 +43	+54 +14	+25 0	+40 0	+63 0	+100 0	+160 0	+250 0
160	180	+830 +580	+560 +310	+480 +230	+245 +145	+148 +85	+106 +43	+54 +14	+25 0	+40 0	+63 0	+100 0	+160 0	+250 0
180	200	+950 +660	+630 +340	+530 +240	+285 +170	+172 +100	+122 +50	+61 +15	+29 0	+46 0	+72 0	+115 0	+185 0	+290 0
200	225	+1030 +740	+670 +380	+550 +260	+285 +170	+172 +100	+122 +50	+61 +15	+29 0	+46 0	+72 0	+115 0	+185 0	+290 0
225	250	+1110 +820	+710 +420	+570 +280	+285 +170	+172 +100	+122 +50	+61 +15	+29 0	+46 0	+72 0	+115 0	+185 0	+290 0
250	280	+1240 +920	+800 +480	+620 +300	+320 +190	+191 +110	+137 +56	+69 +17	+32 0	+52 0	+81 0	+130 0	+210 0	+320 0
280	315	+1370 +1050	+860 +540	+650 +330	+320 +190	+191 +110	+137 +56	+69 +17	+32 0	+52 0	+81 0	+130 0	+210 0	+320 0
315	355	+1560 +1200	+960 +600	+720 +360	+350 +210	+214 +125	+151 +62	+75 +18	+36 0	+57 0	+89 0	+140 0	+230 0	+360 0
355	400	+1710 +1350	+1040 +680	+760 +400	+350 +210	+214 +125	+151 +62	+75 +18	+36 0	+57 0	+89 0	+140 0	+230 0	+360 0
400	450	+1900 +1500	+1160 +760	+840 +440	+385 +230	+232 +135	+165 +68	+83 +20	+40 0	+63 0	+97 0	+155 0	+250 0	+400 0
450	500	+2050 +1650	+1240 +840	+880 +480	+385 +230	+232 +135	+165 +68	+83 +20	+40 0	+63 0	+97 0	+155 0	+250 0	+400 0

偏差表（摘自 GB/T 1800.2—2009）　　　　　　　　　　　　　　　　　　（单位：μm）

等级	JS		K			M	N		P		R	S	T	U
12	6	7	6	7	8	7	6	7	6	7	7	7	7	7
+100 / 0	±3	±5	0 / −6	0 / −10	0 / −14	−2 / −12	−4 / −10	−4 / −14	−6 / −12	−6 / −16	−10 / −20	−14 / −24	—	−18 / −28
+120 / 0	±4	±6	+2 / −6	+3 / −9	+5 / −13	0 / −12	−5 / −13	−4 / −16	−9 / −17	−8 / −20	−11 / −23	−15 / −27	—	−19 / −31
+150 / 0	±4.5	±7	+2 / −7	+5 / −10	+6 / −16	0 / −15	−7 / −16	−4 / −19	−12 / −21	−9 / −24	−13 / −28	−17 / −32	—	−22 / −37
+180 / 0	±5.5	±9	+2 / −9	+6 / −12	+8 / −19	0 / −18	−9 / −20	−5 / −23	−15 / −26	−11 / −29	−16 / −34	−21 / −39	—	−26 / −44
+210 / 0	±6.5	±10	+2 / −11	+6 / −15	+10 / −23	0 / −21	−11 / −24	−7 / −28	−18 / −31	−14 / −35	−20 / −41	−27 / −48	— ; −33 / −54	−33 / −54 ; −40 / −61
+250 / 0	±8	±12	+3 / −13	+7 / −18	+12 / −27	0 / −25	−12 / −28	−8 / −33	−21 / −37	−17 / −42	−25 / −50	−34 / −59	−39 / −64 ; −45 / −70	−51 / −76 ; −61 / −86
+300 / 0	±9.5	±15	+4 / −15	+9 / −21	+14 / −32	0 / −30	−14 / −33	−9 / −39	−26 / −45	−21 / −51	−30 / −60 ; −32 / −62	−42 / −72 ; −48 / −78	−55 / −85 ; −64 / −94	−76 / −106 ; −91 / −121
+350 / 0	±11	±17	+4 / −18	+10 / −25	+16 / −38	0 / −35	−16 / −38	−10 / −45	−30 / −52	−24 / −59	−38 / −73 ; −41 / −76	−58 / −93 ; −66 / −101	−78 / −113 ; −91 / −126	−111 / −146 ; −131 / −166
+400 / 0	±12.5	±20	+4 / −21	+12 / −28	+20 / −43	0 / −40	−20 / −45	−12 / −52	−36 / −61	−28 / −68	−48 / −88 ; −50 / −90 ; −53 / −93	−77 / −117 ; −85 / −125 ; −93 / −133	−107 / −147 ; −119 / −159 ; −131 / −171	−155 / −195 ; −175 / −215 ; −195 / −235
+460 / 0	±14.5	±23	+5 / −24	+13 / −33	+22 / −50	0 / −46	−22 / −51	−14 / −60	−41 / −70	−33 / −79	−60 / −106 ; −63 / −109 ; −67 / −113	−105 / −151 ; −113 / −159 ; −123 / −169	−149 / −195 ; −163 / −209 ; −179 / −225	−219 / −265 ; −241 / −287 ; −267 / −313
+520 / 0	±16	±26	+5 / −27	+16 / −36	+25 / −56	0 / −52	−25 / −57	−14 / −66	−47 / −79	−36 / −88	−74 / −126 ; −78 / −130	−138 / −190 ; −150 / −202	−198 / −250 ; −220 / −272	−295 / −347 ; −330 / −382
+570 / 0	±18	±28	+7 / −29	+17 / −40	+28 / −61	0 / −57	−26 / −62	−16 / −73	−51 / −87	−41 / −98	−87 / −144 ; −93 / −150	−169 / −226 ; −187 / −244	−247 / −304 ; −273 / −330	−369 / −426 ; −414 / −471
+630 / 0	±20	±31	+8 / −32	+18 / −45	+29 / −68	0 / −63	−27 / −67	−17 / −80	−55 / −95	−45 / −108	−103 / −166 ; −109 / −172	−209 / −272 ; −229 / −292	−307 / −370 ; −337 / −400	−467 / −530 ; −517 / −580